航空航天领域智能制造丛书

飞行器结构精密焊接技术

占小红　王建峰　赵衍华　主编

科学出版社

北　京

内 容 简 介

本书系统地介绍了航空航天领域主要焊接结构所使用的轻量化焊接方法与基础理论。全书共 12 章,从方法、理论、实践出发,系统地阐述飞行器结构精密焊接的知识架构体系和实际生产情况。焊接方法包括激光焊接、电子束焊接、搅拌摩擦焊、钎焊及扩散连接等,详细地讲述不同焊接方法的基础理论:激光与材料的相互作用、电子束穿透金属的行为、搅拌摩擦焊的强烈塑性变形行为、钎焊及扩散连接冶金行为等。同时讲述焊接接头的主要形式、焊接结构中的应力与变形、焊接缺陷及评价方法和疲劳强度,并且有大量最新的飞行器实际焊接案例分析,理论联系实际,全面深入细致地阐述飞行器精密焊接技术。

本书可作为普通高等学校材料科学与工程、航空宇航科学与技术专业的教材,也可供从事装备制造和焊接技术应用的工程技术人员参考。

图书在版编目(CIP)数据

飞行器结构精密焊接技术 / 占小红, 王建峰, 赵衍华主编. -- 北京:科学出版社, 2024.11. -- (航空航天领域智能制造丛书). -- ISBN 978-7-03-079320-1

I. V47;TG44

中国国家版本馆 CIP 数据核字第 2024770F2L 号

责任编辑:邓 静 / 责任校对:王 瑞
责任印制:赵 博 / 封面设计:马晓敏

科 学 出 版 社 出版

北京东黄城根北街 16 号
邮政编码:100717
http://www.sciencep.com

三河市春园印刷有限公司印刷
科学出版社发行 各地新华书店经销
*

2024 年 11 月第 一 版 开本:787×1092 1/16
2024 年 11 月第一次印刷 印张:14
字数:344 000

定价:69.00 元
(如有印装质量问题,我社负责调换)

航空航天领域智能制造丛书
编委会

丛 书 序

　　当今世界百年未有之大变局加速演进，国际环境错综复杂，全球产业链与供应链面临系统重塑。制造业是实体经济的重要基础，我国正在坚定不移地建设制造强国。2020 年 6 月，习近平总书记主持召开中央全面深化改革委员会第十四次会议，会议强调加快推进新一代信息技术和制造业融合发展，要顺应新一轮科技革命和产业变革趋势，以供给侧结构性改革为主线，以智能制造为主攻方向，加快工业互联网创新发展，加快制造业生产方式和企业形态根本性变革，夯实融合发展的基础支撑，健全法律法规，提升制造业数字化、网络化、智能化发展水平。

　　智能制造是实现我国制造业由大变强的核心技术和主线，发展高质量制造更需要优先推进制造业数字化、网络化、智能化制造。智能制造就是将数字化设计、制造工艺、数字化装备等制造技术、软件、管理技术、智能及信息技术等集成创新与融合发展。智能产品与智能装备具有信息感知、优化决策、执行控制等功能，能更高效、优质、清洁、安全地制造产品、服务用户。数字制造、智能制造、工业互联网变革制造业发展模式，代表制造业的未来。变革制造模式，推动生产资料与生产工具协同，实现网络化制造；变革管理模式，推动异地管理与远程服务融合，实现数字化管理；变革生产方式，推动数字世界与机器世界融合，实现智能化生产。通过发展智能制造，人、机、物全面互联互通，数据驱动，高度智能，从订单管理到设计、生产、销售、原辅材料采购与服务，可实现产品全流程、全生命周期的数字化、智能化、网络化。不仅可以用数字化智能化技术与装备促进传统制造业转型升级，而且可以用数字化智能化技术促进产业基础高级化、产业链现代化。涌现出离散型智能制造、流程型智能制造、网络协同制造、大规模个性化定制、远程运维服务等制造业新模式新业态。更好地适应差异化更大的定制化服务、更小的生产批量和不可预知的供应链变更，应对制造复杂系统的不确定性，实现数据驱动从规模化生产到定制化生产，推动更高质量、更高效率、更高价值的制造。

　　要发展智能制造，就需要加大智能制造相关理论方法、工艺技术与系统装备创新研发，就需要加快培养智能制造领域高水平人才。智能制造工程技术人员主要来自于机械、计算机、仪器仪表、电子信息、自动化等专业领域从业人员，未来需要大量从事智能制造的专门人才。航空航天是关系国家安全和战略发展的高技术产业，是知识密集型、技术密集型、综合性强、多学科集成的产业，也是引领国家技术创新的主战场。与一般机械制造相比，航空航天装备服役环境特殊，产品结构和工艺过程复杂，配套零件种类、数量众多，生产制造过程协同关系繁杂，同时质量控制严格和可靠性要求高，普遍具有多品种、变批量特点，这些都为航空航天实现智能制造带来了诸多挑战。为更好实现航空航天领域的数字化智能化发展，推动我国航空航天领域智能制造理论体系建设和人才培养，我们以南京航空航天大学在航空航天制造领域的数字化智能化科研创新成果及特色优势为基础，依托工业和信息化部"十四五"规划航空航天领域智能制造教材建设重点研究基地，从智能制造基本内涵和基本范式出发，面向航空航天领域的重大工程需求，规划编纂了航空航天领域智能制造系列教材，包括智能设计、智能成形、智能加工、智能装配、智能检测、智能系统、应用实践等。这套丛书汇聚了长期活跃在航空航天领域教学科研一线的专家学者，在翔实的研究实践基础上凝练出切实可行的理论方法、典型案例，具有较强的原创性、学术前瞻性与工程实践性。本套丛书主要面向航空航天领域智能制造相关专业的本科生和研究生，亦可作为从事智能制造领域的工程技术人员的参考书目。由衷希望广大读者多提宝贵意见和建议，以便不断完善丛书内容。

航空航天智能制造发展对高水平创新人才提出新需求，衷心希望这套丛书能够更好地赋能教育教学、科研创新和工程实践，更好地赋能高水平人才培养和高水平科技自立自强。让我们携起手来，努力为科技强国、人才强国、制造强国、网络强国建设贡献更多的智慧和力量。

最后，谨向为这套丛书的出版给予关心支持、指导帮助与付出辛勤劳动的各位领导、专家学者表示衷心的感谢。

单忠德

中国工程院院士

2022 年 6 月

前　言

随着国家经济实力不断增强和科学技术不断发展，我国焊接技术的发展越来越成熟。焊接作为先进制造技术的重要组成部分，在国民经济的发展和国家建设中发挥着重要作用。

本书以习近平新时代中国特色社会主义思想为指导，深入贯彻党的二十大精神和教育方针，面向航空航天重大型号快速发展的行业需求。本书为专业主干课指定教材，本书的编写力求理论联系实际，突出基本理论，注重对思维能力的培养，并适当反映国内外的最新研究成果和发展趋势。针对以往焊接专业学生培养过程中缺乏对航空航天领域焊接结构及工艺实际应用情况的了解，本书对这些方面的知识做了比较详细的介绍。

本书全面介绍了航空航天领域主要焊接结构使用的轻量化焊接工艺和基础理论，系统地讲解精密焊接的知识架构与实际生产情况，涵盖工艺、理论和实践方面的内容。本书分为三篇：基于飞行器结构整体化制造的精密焊接方法、飞行器轻量化精密焊接结构强度的基本理论和飞行器结构件精密焊接的案例分析。第一篇深入介绍激光焊接、电子束焊接、搅拌摩擦焊、钎焊及扩散连接四种焊接工艺的基础理论，针对每种焊接方法讲述其特点、适用条件、焊接设备、焊接材料、焊接工艺以及所派生出的其他方法。第二篇阐述焊接接头的主要形式、焊接结构中的应力与变形、焊接缺陷及评价方法和疲劳强度。第三篇针对每种焊接方法列举工程应用实例，以增强学生对航空航天领域的理解。

本书由南京航空航天大学占小红教授、王建峰副教授，首都航天机械有限公司赵衍华研究员担任主编，由哈尔滨工业大学陈彦宾教授担任主审。本书第 1 章、第 4 章、第 5 章、第 9 章由南京航空航天大学占小红教授编写；第 2 章、第 3 章、第 6 章、第 12 章由南京航空航天大学王建峰副教授编写；第 7 章由南京航空航天大学王磊磊副教授编写；第 8 章由南京航空航天大学李斌斌副教授编写；第 10 章、第 11 章由首都航天机械有限公司赵衍华研究员编写。全书由王建峰副教授统稿。

感谢工业和信息化部"十四五"规划教材研究基地(南京航空航天大学航空航天领域智能制造教材建设重点研究基地)、南京航空航天大学"十四五"规划教材建设项目对本书编写的支持，感谢教材编写组李悦、马超、关肖虎、刘星、卜珩倡、张家豪、章宇盟、孙龙骧等博士生的学术贡献。在编写的过程中，得到了许多同志的帮助和支持，在此表示衷心的感谢，并向本书中所引用文献的作者深表谢意。

由于编者水平有限，书中难免存在不妥之处，敬请广大读者批评指正，也欢迎大家共同探讨。

编　者

2024 年 1 月

目　　录

第一篇　基于飞行器结构整体化制造的精密焊接方法

第二篇　飞行器轻量化精密焊接结构强度的基本理论

第三篇　飞行器结构件精密焊接的案例分析

第一篇 基于飞行器结构整体化制造的精密焊接方法

第1章 激光焊接技术

1960年5月，美国物理学家梅曼在量子电子学的基础上发明了世界上第一台红宝石激光器，开创了激光及其应用的新篇章。随着激光器设备的不断改进和激光束质量的优化，激光快速地应用于材料加工领域，并发展成为具有重要地位的材料特种加工技术——激光加工技术。作为激光加工技术的代表之一，激光焊接技术具有能量密度高、热影响区(heat affected zone，HAZ)小、变形小、生产效率高等优点，已在航空航天、汽车、船舶等领域获得了广泛应用。

本章基于激光产生原理、模式和相关特征参数的介绍，详细阐述激光焊接的原理、特点以及影响激光焊接的诸多因素。针对不同激光焊接技术，通过介绍其工艺特点及焊接过程中的控制技术，深入阐释焊接过程所涉及的问题和挑战。此外，本章还简单介绍现阶段几类激光焊接系统及相关设备。

1.1 激光与材料的相互作用

激光与材料的相互作用是激光加工技术的基础，泛指激光束和材料表面所发生的物理、化学、生物等各种现象，主要包括激光辐射所产生的光学效应、电磁效应、热效应、力效应和生物学效应等。激光与材料的相互作用是由多个因素影响的，其中材料特性、材料表面状况、外部环境以及激光强度都起到重要作用。在足够低的激光强度下，激光与材料的相互作用主要由光学效应和电磁效应构成，这时激光在材料表面产生的熔化或气化现象可以得到控制，从而形成精细的加工特征，如激光微加工技术。而当激光强度增大时，热效应会逐渐成为主导因素，材料熔化、气化和蒸发等现象会更加显著，适用于焊接和切割等技术。

不同功率密度的激光作用于材料表面时，会极大地影响激光和材料之间的相互作用。在激光功率密度低于材料的气化阈值时，金属对激光的吸收率很低，大部分激光能量被材料表面反射，激光加工效率低。一旦激光功率密度超过气化阈值，材料对激光的吸收和焊接深度将急剧增加。当激光功率密度大于等离子体的屏蔽阈值时，吸收率和加工效率又将降低。图1-1展示了不同激光功率密度下，激光辐射金属材料时产生的几个主要物理过程。

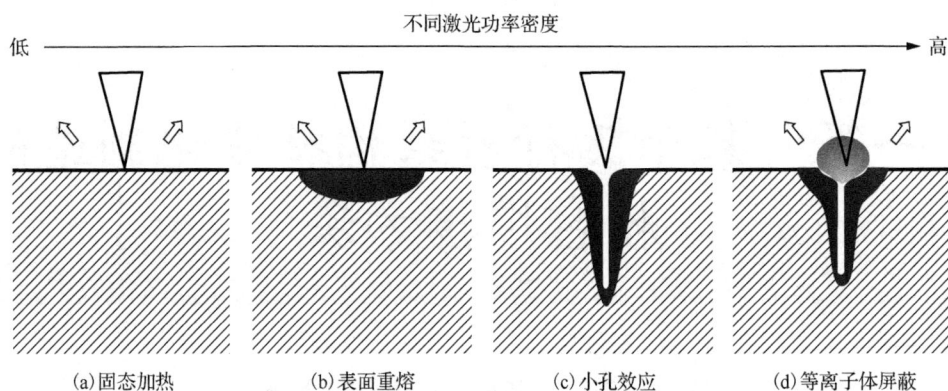

(a)固态加热　　　　(b)表面重熔　　　　(c)小孔效应　　　　(d)等离子体屏蔽

图 1-1　不同激光功率密度下激光辐射金属材料时的主要物理过程

　　作为激光加工技术中的主要应用之一，激光焊接是利用激光与材料相互作用产生的物理现象进行加工的。在激光焊接的研究中，主要考虑被焊材料对激光的吸收以及材料本身的热物理效应，如加热、熔化、气化、等离子体效应等。在激光功率密度较低时，大部分入射光被材料吸收，一般只能加热材料，不能气化和熔化材料。当激光功率密度为 $10^5 \sim 10^6$ W/cm^2 时，达到材料的熔点，材料开始熔化并形成熔池。当激光功率密度进一步升高到 10^7 W/cm^2 以上时，达到材料气化点，材料开始气化和蒸发，形成等离子体。其物理现象主要表现如图 1-2 所示。

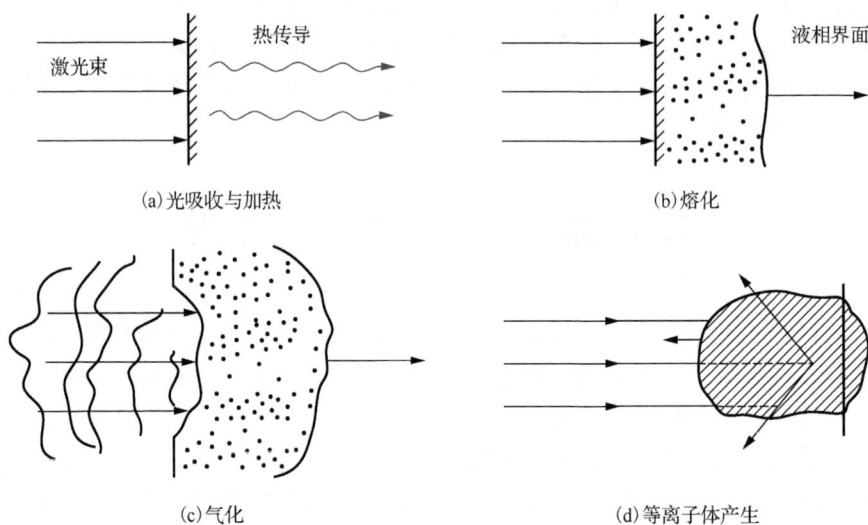

(a)光吸收与加热　　　　　　　　　　　(b)熔化

(c)气化　　　　　　　　　　　　　(d)等离子体产生

图 1-2　激光作用在材料表面发生的物理效应

1.1.1　材料对激光的吸收与被加热

　　当激光从一种介质传播到另一种介质时，会出现反射和折射现象。光波的电磁场与材料中自由电子或束缚电子相互作用，导致光在表面反射、透射和吸收。自由电子在激光电磁波的作用下强迫振动并产生次波。这些次波形成强烈的反射波和较弱的透射波。金属中的自由电子数密度很大，因此透射光波在金属表面的薄表层内被吸收。此外，金属中的束缚电子也会与激光光子相互作用，反射、吸收和散射激光光子的能量。因此，在激光与金属的相互作用中，被焊材料的光学和电学性质对激光的透射、反射和吸收有重要影响。

1. 材料对激光的反射

激光照射到材料上，要满足能量守恒定律，即满足

$$R + T + \alpha = 1 \tag{1-1}$$

式中，R 为材料的反射率；T 为材料的透射率；α 为材料的吸收率。式(1-1)表明，当材料的反射率和透射率减小时，材料吸收激光的能量就越多，吸收率越大。

原子内部带电粒子的阻尼振动规律运动采用经典力学理论来描述，即将带电粒子视为服从经典力学的振子。这些振子被束缚在某一平衡位置并沿着某一方向上下振动。当振子偏离平衡位置时，会受到一个恢复力的作用。当金属受到激光光束的辐射时，能量被自由电子吸收，自由电子进行阻尼振动完成能量转移，从而形成激光吸收现象。振子的自然振动频率 $\omega_0 = 0$，折射率 n 和消光系数 κ 与阻尼因子 γ、等离子频率 ω_P 的关系为

$$\nu = \left\{ \frac{\sqrt{\left(1 - \dfrac{\omega_P^2}{\omega^2 + \gamma^2}\right)^2 + \left(\dfrac{\omega_P^2 \gamma}{\omega^3 + \gamma^2 \omega}\right)^2} + \left(1 - \dfrac{\omega_P^2}{\omega^2 + \gamma^2}\right)}{2} \right\}^{1/2} \tag{1-2}$$

$$\kappa = \left\{ \frac{\sqrt{\left(1 - \dfrac{\omega_P^2}{\omega^2 + \gamma^2}\right)^2 + \left(\dfrac{\omega_P^2 \gamma}{\omega^3 + \gamma^2 \omega}\right)^2} - \left(1 - \dfrac{\omega_P^2}{\omega^2 + \gamma^2}\right)}{2} \right\}^{1/2} \tag{1-3}$$

式中，$\omega_P = \sqrt{\dfrac{Ne^2}{m\varepsilon_0}}$，$\gamma = \dfrac{e^2 \omega_0^2}{6\pi\varepsilon_0 c^3 m}$。

等离子频率 ω_P 为强度参数，它确定了振子的相对强弱；阻尼因子 γ 是波段宽度的参数。从式(1-2)和式(1-3)可以看出，激光频率远小于等离子频率时，n、κ 迅速增大，金属对激光的吸收率迅速增大；激光频率在等离子频率附近时，n 出现极小值，而 κ 值单调下降。因此，在等离子频率附近激光被较好地吸收，激光频率继续升高，当远大于等离子频率时，n 迅速趋近于1，而 κ 迅速变为0，此时金属是透明的。

2. 材料对激光的吸收

激光与材料中的电子、离子、晶格振动、杂质和缺陷等相互作用，从而产生对激光的吸收现象。激光作用在材料中的传播可用麦克斯韦方程组描述，即可得到反映电磁波传播特性的复折射系数 $\hat{n}$（$\hat{n} = n - ik$）与材料物理常数的关系：

$$n^2 = \frac{\mu}{2}\left[\sqrt{\varepsilon^2 + \left(\frac{4\pi\sigma}{\omega}\right)^2} + \varepsilon\right] \tag{1-4}$$

$$\kappa^2 = \frac{\mu}{2}\left[\sqrt{\varepsilon^2 + \left(\frac{4\pi\sigma}{\omega}\right)^2} - \varepsilon\right] \tag{1-5}$$

式中，ω 为频率；ε 为介电常数；μ 为磁导率；σ 为电导率；n 为折射率；κ 为消光系数，反映了电磁波幅度的衰减特性。式(1-4)和式(1-5)表明材料的折射率和消光系数与材料的磁导率、介电常数、电导率和激光频率有紧密的联系。在激光加工过程中，一旦激光频率确定，吸收系数值就仅与消光系数和材料物理特性有关。如果材料的介电常数越高、电导率越低，那么折射率越高、消光系数越小，吸收系数也就越小。

当激光波长增加时，反射比增大，吸收系数减小。图 1-3 为常用金属在室温下的反射比 R 与波长 λ 的关系曲线。在红外区，吸收比 A 与材料电阻率 ρ 及波长 λ 的关系近似为 $A \propto (\rho/\lambda)^{1/2}$，随着波长的增加，吸收比 A 减小，反射比 R 则增大。

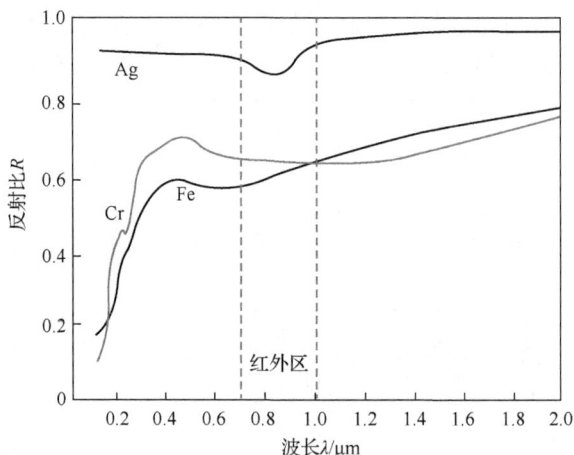

图 1-3　常用金属在室温下的反射比 R 与波长 λ 的关系曲线

1.1.2　激光作用下材料的熔化

1. 浅层熔化

在激光焊接过程中，激光对材料的熔化和气化需要吸收潜热，并且在材料熔化和气化后，材料的热导率变化较大，导致热传导变得极其复杂。当一定强度的激光照射到材料表面，材料表面温度达到熔点 T_m 时，等温面(熔化波前 $T = T_m$)将以一定的速度向材料内部传播，其传播速度取决于激光功率密度和材料的固相、液相的热力学参数。一般情况下，没有发生气化的熔化过程被称为表面熔化，此时激光光斑大于熔池直径，可忽略横向热扩散的影响。浅层熔化区的熔化深度可表示为

$$Z_{m,max} = \frac{1.2k}{AP}T_V\left(\frac{T_V}{T_m} - 1\right) \tag{1-6}$$

式中，A 为材料对激光的吸收率；T_m 为材料的熔化温度；T_V 为材料的气化温度。

对材料特性而言，材料的热导率 k 和 T_V/T_m 的比值越大，则熔化深度 $Z_{m,max}$ 就越大。对激光特性而言，为了提高熔化深度，应采用较小的激光功率密度。因为较小的激光功率密度可

以使材料表面加热到 T_V 的时间更长，从而提高熔深。在激光照射下，材料的熔化深度通常为数微米至数百微米。

2. 深层熔化

相对于浅层熔化，深层熔化通常指熔化深度不小于光斑半径的情况。在深层熔化时，材料不会发生溶液的沸腾现象，只会在气-液界面上发生平衡气化。连续高斯光束照射引起材料深层熔化的激光功率密度阈值约为

$$I_{md} = 2kT_m / \left(\sqrt{\pi} \alpha A \right) \tag{1-7}$$

在深层熔化时，熔池中心出现的平衡气化区直径小于光斑直径。激光直接照射到熔池底部的气-液界面上被吸收，所吸收的能量用于匙孔的热扩散。假设激光光斑和匙孔的半径均为 R_s，深层熔化的深度可表示为

$$Z_V = \frac{R_s^2 A I_0}{k_q T_V} \left[1 - \exp\left(-\frac{k_q T_V}{R_s^2 L_V \rho_q} t \right) \right] \tag{1-8}$$

式中，I_0 为激光功率密度；k_q 为该状态下的热导率；L_V 为汽化潜热；ρ_q 为该状态下的密度。

深层熔化中，匙孔的长径比 Z_V/R_S 不能过大（一般 $0.5 \leqslant Z_V/R_S \leqslant 40$），否则会发生蒸气和溶液的不稳定运动。当激光强度较高时，匙孔内气-液界面的气化现象加剧，蒸气压力升高，蒸气反作用力也相应增强，进而形成匙孔。激光束在照射到孔壁上时，经过多次反射到达小孔底部，最终被完全吸收，这种现象称为"多次反射效应"。

小孔内的高压蒸气将液态金属沿熔池边缘或匙孔壁喷射出来，造成液态质量迁移现象。这种现象可以极大地提高激光加工的效率。假设蒸气是气-液界面处平衡气化产生的，且忽略蒸气的动量和能量，只考虑蒸气压 P_V。当蒸气挤压一定厚度无黏性、不可压缩的溶液层时，蒸气做功完全转化为被挤出溶液的动能，可以得出在环境压力 P_0 下单位时间内从单位光斑面积上迁移的液态材料质量，即液态质量迁移率 $\dot{m}_q$ 为

$$\dot{m}_q = \left[\frac{2\lambda_q}{R_s} \ln\left(\frac{T_V}{T_m} \right) \right]^{1/2} \rho_q^{3/4} \left[2(P_V - P_0) \right]^{1/4} \tag{1-9}$$

1.1.3　激光作用下材料的气化

根据激光作用下材料的熔化现象可以发现，材料在熔化过程中通常会发生气化现象。材料气化的机制与激光功率密度存在密切的相关性。从激光照射开始至物质表面达到气化温度 T 的时间称为气化开始时间 t_V，t_V 可估算为

$$t_V = \frac{\pi}{4\alpha} \left(\frac{kT_V}{AI_0} \right)^2 \tag{1-10}$$

对于低气化温度金属，当 AI_0 为 $10^4 \sim 10^6 \mathrm{W/cm^2}$ 时，t_V 为若干毫秒至微秒；对于高气化温度金属，当 AI_0 为 $10^4 \sim 10^6 \mathrm{W/cm^2}$ 时，t_V 约若干毫秒至几百纳秒。如果 t_V 远小于激光脉冲的持续时间，可认为当激光开始照射时，材料表面已经开始发生气化现象。当激光功率密度较大时，材料的气化率增加，蒸气压力也会随之升高并高于环境压力。因此，蒸气中返回熔池的粒子数减少，同时速度分布呈现出偏离平衡的麦克斯韦分布。

1.1.4　激光诱导等离子体及其效应

在激光作用下，材料表面会产生蒸气，蒸气会继续吸收激光能量，使其温度升高，最终形成高温高密度的等离子体。等离子体是由大量带电粒子(电子、离子)以及原子和分子组成的物质，整体呈电中性。产生等离子体的机制主要有三种：光电离、热电离和碰撞电离。

(1)光电离：原子中的电子在光电效应或多光子效应下吸收足够的光子能量而发生电离现象。光电离适用于温度较低的介质中产生初始载流子的过程，但光电离并非主要机制。

(2)热电离：在激光作用下，蒸气的温度足够高时，原子之间的热运动速度变得非常快，电子被激发到高能态，其中一部分电子的能量超过了电离势，导致原子发生电离。

(3)碰撞电离：蒸气中带电粒子在电场作用下加速，并与中性原子碰撞，发生能量交换，使原子中的电子获得足够能量而发生电离。

等离子体和金属蒸气的喷射方向受两个力的影响：一个是沿小孔轴向方向力 P_a，一个是沿垂直于小孔壁方向力 P_r，两个力合成一个沿等离子体/金属蒸气喷发方向的合力 P，如图1-4所示。在激光焊接过程中，等离子体会吸收和散射激光束，从而降低到达工件上的激光能量，影响激光的传输效率，从而降低焊缝的质量。

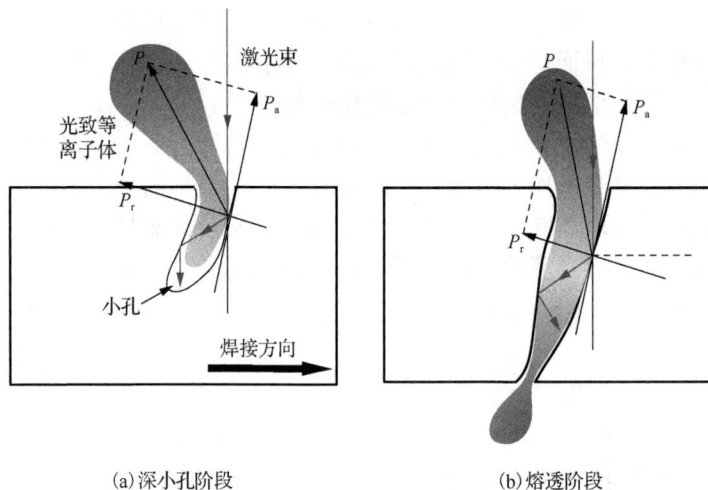

(a)深小孔阶段　　　　　　　　　(b)熔透阶段

图1-4　等离子体/金属蒸气状态模型

1.2　激光焊接工艺

1.2.1　激光焊接的原理及分类

激光焊接是一种将高功率密度的激光束聚焦到工件表面，利用高能量密度和大穿透力的特性来熔化材料并形成焊接接头的非接触式加工方法。随着激光束功率密度的不同，其加热机制会发生相应的改变。通常情况下，可以将激光焊接分为两种机制：激光热传导焊接和激光深熔焊接，如图1-5所示。

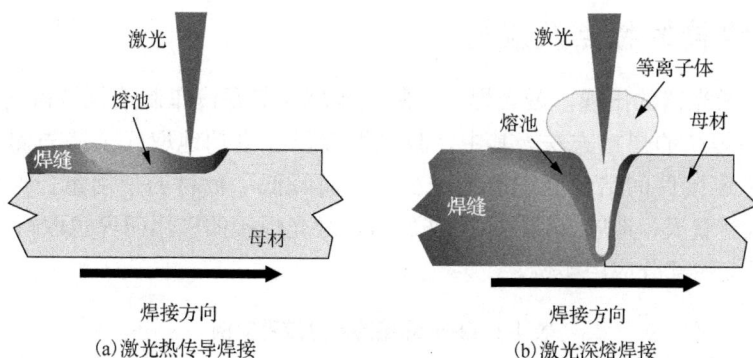

图 1-5　激光热传导焊接和激光深熔焊接示意图

1. 激光热传导焊接

当激光束的入射功率密度较低（$10^4 \sim 10^5 \mathrm{W/cm^2}$）时，金属无法蒸发，而只发生熔化。在这种情况下，金属的熔化是通过吸收激光辐射和热传导来实现的。焊接过程中，被焊部位的金属因升温到达其熔点而熔化成液体状态，随后迅速冷却并凝固，从而形成焊接接头。这种焊接机制称为激光热传导焊接。值得注意的是，在激光热传导焊接中，由于没有蒸气压力和非线性或微孔效应的影响，其熔深一般较浅，通常为熔宽的两倍以上。

2. 激光深熔焊接

当激光束的入射功率密度达到 $10^7 \mathrm{W/cm^2}$ 及以上时，金属会在极短的时间内气化，形成小孔，称为匙孔。激光束可通过匙孔进入材料内部，通过小孔内部的传热效应，实现较大的焊接熔深。由于气态金属具有较高的蒸气压力，可克服液态金属的表面张力，并将熔融金属吹向四周形成小孔。随着金属蒸气的逸出，小孔内和工件表面会形成等离子体，较厚的等离子体会对激光束产生一定的屏蔽效应。当激光束相对于焊接件移动时，小孔的中心也会随之移动，并保持稳定状态。液态金属会在小孔后方流动并逐渐凝固形成焊缝。这种焊接机制称为激光深熔焊，也称为小孔焊，是激光焊接中最常用的焊接模式之一，如图 1-6 所示。

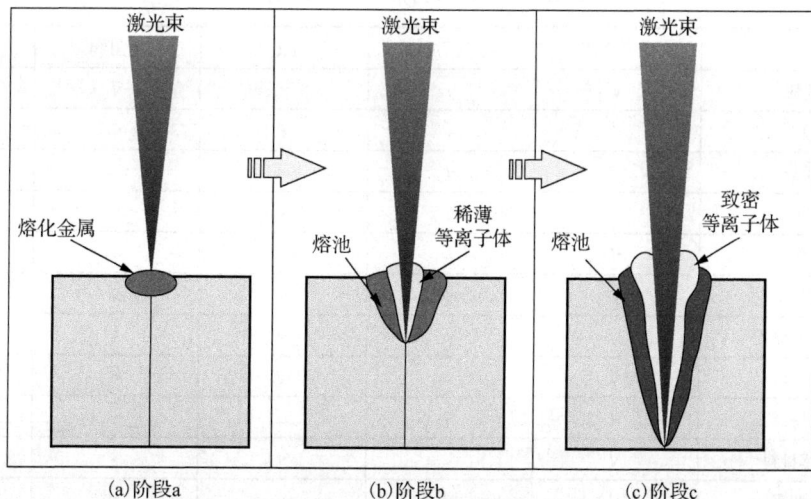

图 1-6　激光深熔焊原理

1.2.2　激光焊接的特点及应用

随着高功率激光器的出现，激光焊接在制造领域尤其是汽车制造领域得到广泛应用，并逐渐替代了一些传统的焊接方法。其中，激光焊接已经成功地取代顶盖与侧面车身的电阻点焊，并实现了连接件间结合面宽度的减少，从而降低了板材的使用量，提高了车体的刚度。此外，在航空航天、造船、钢铁等生产领域，激光焊接的应用研究也取得了显著的进展，表 1-1 为激光焊接的部分应用实例。

表 1-1　激光焊接的部分应用实例

工业部门	应用实例
航空	发动机壳体、风扇机匣、燃烧室、流体管道、机翼隔架、电磁阀等
航天	火箭贮箱、导弹蒙皮与骨架等
航海	舰船钢板拼焊
石油化工	滤油装置多层网板
电子仪表	集成电路内引线、显像管电子枪、全钽电容、速调管、仪表游丝等
机械	精密弹簧、针式打印机零件、金属薄壁波纹管、热电偶、电液伺服阀等
钢铁	焊接厚度 0.2～8mm、宽度 0.5～1.8mm 的硅钢、高中低碳钢和不锈钢
汽车	汽车底架、传动装置、齿轮、蓄电池阳极板、点火器中轴、拨板组合件等
医疗	心脏起搏器以及心脏起搏器所用的锂碘电池等
食品	食品罐(用激光焊接代替传统的锡焊或高频电阻焊，具有无毒、焊接速度快、节省材料以及接头美观、性能优良等特点)

表 1-2 为不同焊接方法的优缺点对比。相比于其他焊接工艺，激光焊接具有焊缝深宽比大、热影响区小、工件变形小等优点。同时，激光束的空间和时间控制性也很好，能够与机器人、计算机、数控机床、自动检测等技术和设备相结合实现各种灵活的自动控制。此外，激光束还可以通过分束或光束切换装置进行分束或分时控制，实现一机多用。

表 1-2　焊接方法优缺点对比

质量	激光焊接	电子束焊接	TIG	电阻焊	超声波焊
焊接速度快	√	×	√	√	×
热输入低	√	√	×	√	√
热影响区窄	√	√	×	—	√
焊缝外观	√	√	×	—	√
固定简单	√	√	√	√	√
设备可靠性	√	√	√	√	—
在大气环境下焊接	√	×	√	√	—
焊接磁性材料	√	×	√	√	√
焊接主反射材料	×	√	√	√	√
焊接热敏感材料	√	√	√	×	×
无噪声、烟雾	√	√	×	√	×

注：TIG 表示钨极惰性气体保护焊(tungsten inert-gas arc welding)；√表示优点，×表示缺点。

但是激光焊接同样具有一些缺点，需要在应用中予以考虑，包括以下几种。

(1)焊接淬硬性材料时容易形成硬脆接头。

(2)焊接合金材料时会出现合金元素的蒸发，从而出现气孔、咬边等缺陷。

(3)在高功率条件下，等离子体的大量形成会影响激光的吸收和焊缝成形。

(4)高反射材料吸收激光的能力较弱，因此激光焊接难度相对较高。

(5)激光焊接对工件的装配、夹持及激光束的精确调整要求较高。

1.2.3 激光焊接的影响因素

在激光焊接过程中，影响焊接效果的因素很多，而且这些因素之间存在复杂的相关性。因此，在进行激光焊接时，需要了解主要参数的作用，并全面考虑各项参数的大小和相应的处理工艺措施。只有这样才能确保激光焊接的质量并达到预期效果。在激光焊接中，选择适当的焊接参数和工艺方案是至关重要的。同时，也需要评估焊缝形貌、熔深、缺陷率等重要的焊接质量指标。下面将分别介绍几种激光焊接主要参数。

1. 激光能量参数

1)激光功率和功率密度

激光功率的大小是激光焊接工艺的首要参数，只有保证足够的激光功率，才能够获得良好的焊接效果。此外，与激光功率相关的另一个能量参数是激光的功率密度。实际上，功率密度比激光功率更重要。只是在一些通常情况下，为了保证焊接质量，会使用激光器能够输出的最小光斑直径进行焊接，除非工艺上有特殊要求需要采用散焦进行激光加工。因此，在光斑直径恒定的情况下，激光功率与激光功率密度具有同等重要的意义。

在其他参数相同的条件下，增加激光功率可增大熔深，激光功率、焊接速度和焊缝熔宽、焊缝熔深之间的关系如图 1-7 所示。可以发现，对于 2195 铝锂合金激光焊接接头，焊缝上熔宽和下熔宽随着激光功率的增加而增大，而焊缝上熔宽和下熔宽随着焊接速度的增加先减小后略微增大，下熔宽明显小于上熔宽。焊缝中部熔深与激光功率和焊接速度没有明显的相关性。在焊接热输入相差不大的情况下，激光功率的变化对焊缝熔宽的影响较大。

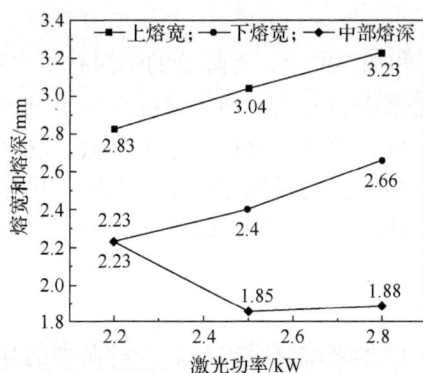

(a)激光功率对熔宽和熔深的影响　　(b)焊接速度对熔宽和熔深的影响

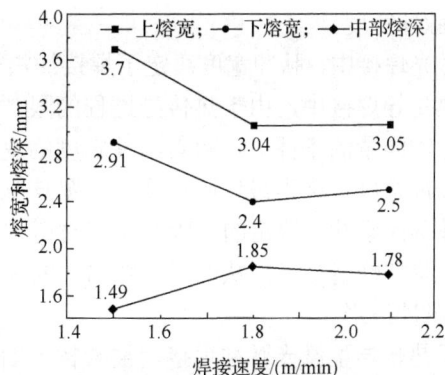

图 1-7 2195 铝锂合金激光焊接激光功率、焊接速度和焊缝熔宽、焊缝熔深之间的关系

2）激光脉冲参数

脉冲激光焊接是控制焊接热输入的一种常用方式，它能够减小工件的焊接变形。此外，脉冲激光还可用于焊接某些高反射率材料，如 Cu、Al 等。在采用脉冲形式进行激光焊接时，激光功率通常以平均功率进行定义。平均功率会随着脉冲占空比的增加而增大（占空比=脉冲时间/脉冲周期）。

（1）脉冲重复频率。

在热传导焊接中，激光器产生重复频率的激光脉冲，每个激光脉冲形成一个熔斑。焊件与激光束相对移动速度决定了熔斑的重叠率。在特定的重复频率下，每个激光脉冲的能量受到激光器平均功率的限制。例如，如果一台激光平均功率为 100W 的钇铝石榴子石晶体（yttrium aluminum garnet crystal，YAG）激光器，重复频率为 10Hz 时，每个激光脉冲的能量为 10J；当激光重复频率为 50Hz 时，每个激光脉冲的能量为 2J。一般情况下，选择 30~60Hz 的重复频率比较合适。

（2）脉冲能量。

在脉冲激光焊接中，单位脉冲热量主要影响金属的熔化量，当脉冲能量增大时，焊缝的熔深和熔宽也会随之增大。其中，单位脉冲能量和峰值功率决定了每个激光脉冲对金属的加热量，而脉冲宽度则会影响焊接时间和热输入总量，从而对焊缝的形成产生影响。单位脉冲能量 E_a (J) 与激光平均功率 P_a 及脉冲频率 f 有如下关系：

$$E_p = \frac{P_a}{f} = P_a T \tag{1-11}$$

（3）脉冲峰值功率。

脉冲峰值功率 P_p (W) 由 $P_p = E_p / \tau$ 定义，是单位脉冲能量 E_p (J) 与脉冲宽度 τ (s) 之比。在给定的单位脉冲能量下，较短的脉冲宽度可以产生更高的峰值功率。这意味着激光能够在很短的时间内释放出巨大的能量，可以有效地将部分材料加热至熔点以上，并形成所需的焊接效果。然而，当峰值功率过高时，可能导致熔池过热，这可能引起咬边、气孔等焊接缺陷。通常情况下，高峰值功率更适合深熔焊。

（4）脉冲宽度。

在激光焊接中，脉冲宽度决定了焊接加热时间和加热能量，对焊缝的熔深有很大的影响。在激光热传导焊接中，由于热传导过程的限制，熔深不会太大，通常情况下小于 1~2mm。在给定脉冲能量的条件下，随着脉冲宽度的变化，焊接熔深会存在一个最大值，这个最大值对应的脉冲宽度，称为最佳脉冲宽度。最佳脉冲宽度是由材料的热导率、密度、比热容和热膨胀系数等因素共同决定的，因此不同材料的最佳脉冲宽度不同，如图 1-8 所示。较大的脉冲宽度会降低峰值功率，从而形成宽而浅的焊缝。

（5）脉冲波形。

对于热传导型激光脉冲焊接，需要特殊的脉冲波形来增强吸收率。一种典型的脉冲波形是陡峭尖峰的方波脉冲，在前沿陡峭的特点下能够快速降低反射，提高光能的吸收率。当工件以一定速度移动时，激光熔斑的叠加程度受工件移动速度和激光重复频率的影响，这一状态称为扫描焊接。在扫描焊接中，当一个激光脉冲照射到焊缝时，前一个激光脉冲已将该处金属材料加热并使其呈现熔融状态，从而升高了焊缝的温度并降低了金属的反射率。因此，与单脉冲焊接相比，扫描焊接中的激光脉冲具有更显著的加热效果。

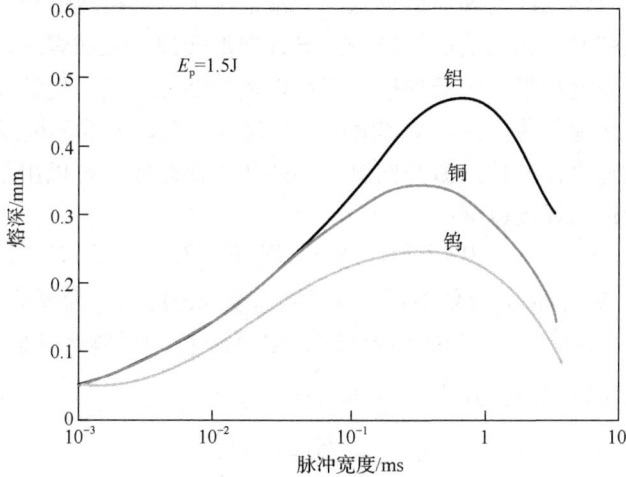

图 1-8　脉冲宽度对熔深的影响

2. 光束特性参数

1）光束模式

不同的光束模式具有不同的功率密度分布和聚焦性能，即使在相同的输出功率下，激光束的功率密度也可能不同。理想的 TEM_{00}（transverse electromagnetic model 00，横向基模）高斯光束是最接近完美的光束模式，如果采用这种光束模式进行焊接，光束在焊接区域的加热速度更快，从而可获得更好的焊接效果。但实际上，工业生产中使用的光束模式很难完全达到理想的基模高斯光束。为了区分不同的光束模式，通常使用光束参数积（beam parameter product，BPP）来描述激光光束的质量，它是光束在束腰半径和远场发散角度上的乘积（单位是 mm·mrad），这个数值越小越好。

2）光束偏振

在激光焊接中，只有在焊接面倾斜的情况下才需要考虑光束偏振的影响。这种影响效果主要取决于小孔焊接过程中的两种吸收机制。一种是热传导吸收，即由热传导效应使得光能被材料吸收。另一种是光电吸收，其中光能被电子吸收并转化为热能。当进行低速焊接时，小孔内部等离子体密度较大，小孔对入射光束的吸收主要以等离子体的逆韧致吸收为主，这时光束偏振对熔深几乎没有影响；而在高速焊接时，小孔内部等离子体温度相对较低，小孔对入射激光的吸收主要以孔壁的菲涅尔吸收为主，这时光束偏振对焊接熔深就会产生一定的影响。如果采用 S 偏振光（垂直于入射面的线偏振光），那么熔合区的宽度相对较大。

3）光束波长

从光束的光子能量 $h\nu$ 和衍射极限两个角度考虑，波长越短，光束的吸收率越高，聚焦性能越好，能量密度也越高。因此，对于相同的焊接材料，短波长的光束比长波长的光束具有更大的吸收率和更小的反射率。因此，同样输出功率条件下，Nd:YAG 激光的焊接效果一般优于 CO_2 激光。较短波长和较低温度的等离子体吸收光束的能力较弱。

3. 焊接特性参数

1)焊接速度

焊接速度直接影响熔池深度和焊缝形状。通常情况下,焊接速度和熔池深度近似成反比关系。当焊接速度过快时,输入的能量减少,导致熔池变浅、无法焊透,且熔池液态流动性和润湿性差,不利于焊缝成形;降低焊接速度可以增加熔池深度,但速度过慢则可能导致焊缝金属过度熔化,使熔池不易维持,从焊缝中间渗漏或下沉,形成凹坑或焊穿。

由于激光焊接的速度比较快,激光向侧面的热传导比较弱,可以用下面的经验公式在给定激光功率下找到合适的焊接速度:

$$0.453P(1-R) = vW_w\delta\rho C_p T_m \tag{1-12}$$

式中,P 为激光功率(W);R 为反射率;v 为焊接速度(m/s);W_w 为焊缝宽度(m);δ 为板厚(m);ρ 为材料密度(kg/m³);C_p 为比热容(J/(kg·K));T_m 为材料熔点温度(K)。

其热影响区宽度可近似用公式进行估算,公式为

$$W_{HAZ} = \sqrt{at} = \sqrt{a\frac{D}{v}} \tag{1-13}$$

式中,W_{HAZ} 为热影响区宽度(m);a 为被焊材料的热扩散系数(m²/s);t 为热传导时间(s);D 为作用于熔池上的光束直径(m);v 为焊接速度(m/s)。

2)焦点位置

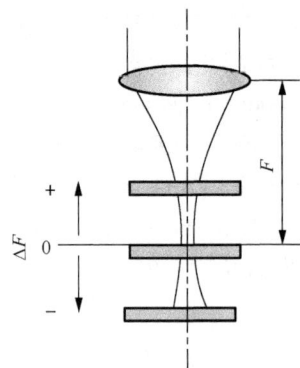

图 1-9 焦点位置示意图

焦点位置是指激光束焦点相对于焊件表面的距离,即离焦量。当焦点位于焊件外部时,称为正离焦;当焦点位于焊件内部时,称为负离焦,如图 1-9 所示。激光束经过聚焦镜后形成最小光斑即为焦点。焦点处的激光功率密度最大,过高的功率密度有可能会导致气化、飞溅、打孔等问题。因此在激光焊接时,焦点位置一般设置在其上方或下方一定距离。

理论上,当正、负离焦量相等时,对应焦平面的激光功率密度也相同,但实际熔池形状或焊缝形状会有所不同。采用负离焦时,材料内部功率密度比表面高,熔化和气化更强烈,促进能量向材料更深处传播,因此可以获得较大的熔深。通常焦点位置在焊件表面下方 1~2mm 时,可获得最大的熔深。

3)焊接角度

在激光焊接过程中,通常激光束垂直于被焊工件表面入射。然而,在实际焊接过程中,由于被焊工件的复杂性,光束可能会被工件本身或邻近夹具挡住,需要调整激光束入射的角度。若光束呈一定倾角入射,则会增大工件表面的光斑面积,降低功率密度,即使焊接速度不变,也会减小熔深。因此,在焊接过程中应尽量避免光束倾角,或使光束倾角尽量小。对于相对于正常情况的最小光束倾角 $\theta(°)$,可以通过聚焦镜焦距 F 和聚焦镜处原始光束直径 D 进行计算。计算光束最小倾角(聚焦光束的半倾角加上 1° 间隙角)的公式为

$$\theta_{min} = 1 + \arctan\left(\frac{D}{2F}\right) \tag{1-14}$$

使用式(1-14)计算出的最小倾角可以保证聚焦光束不会烧到邻近的工件或夹具。在焊接

反射率高的材料(如铜、铝)时，为避免强烈的反射光束损坏激光焊接枪内部的零件，通常也要采用一定的入射倾角来保证设备的安全。

4)接头形式

在激光焊接过程中，由于光斑小且能量密度高，所形成的焊缝通常是窄而深的。在板厚较大的对接焊缝中，通常采用 I 形坡口进行零间隙一次焊透，并对坡口进行倒角处理以便于焊接操作。而在一些薄板的焊接中，可采用端部折边并接接头或卷接接头，有利于激光焊接焊缝的形成，也可减小接头变形和减少残余应力的产生。对于 T 形接头，可采用穿透型焊接、侧面焊接等方式进行焊接，以便实现高效的焊接速度。图 1-10 为一些典型的激光焊接接头形式。

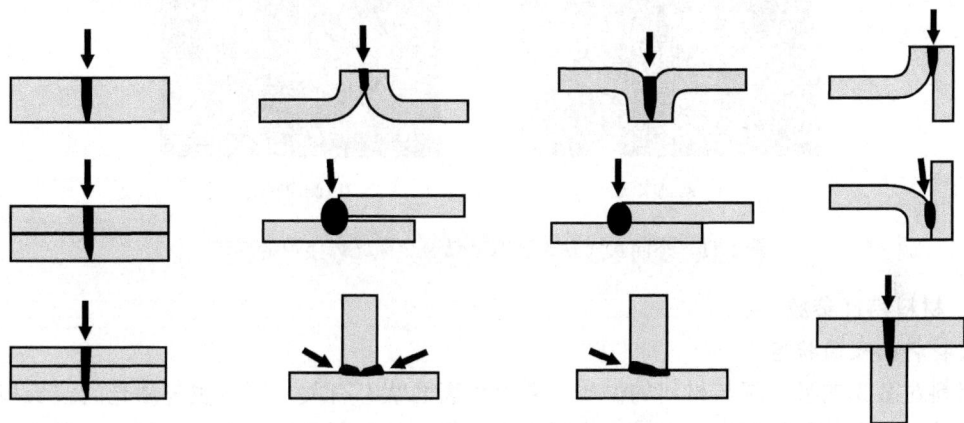

图 1-10　典型的激光焊接接头形式

4. 保护气

激光焊接和电弧焊一样，通常需要使用保护气防止焊接熔池氧化和空气污染。保护气的种类和纯度取决于具体的激光焊接方法和保护对象，例如，在焊接钛合金时，需要高纯度的氩气或氮气保护氛围。在满足保护效果的前提下，通常选择成本较低的保护气体。保护气的施加方法通常有两种，即充气法和吹气法。充气法是将保护气充入一个密闭的气室内，并将工件置于其中，激光透过气室的透明玻璃对工件进行焊接。这种方法保护效果好，但工艺过程烦琐，辅助时间多，限制了生产率的提高，而且焊接过程中要采取措施避免等离子体污染透光玻璃。吹气法通常有同轴吹气和侧面吹气两种方式。

1)同轴吹气法

同轴吹气利用喷嘴结构，在激光束周围形成与其同轴的保护气层流。这种保护气层可以有效地保护激光热传导焊接过程中的熔池和焊缝。它可以防止氧气、水蒸气等空气中的杂质进入焊接区域，减少气体的渗入，并防止气体引起的气泡、气孔等缺陷的生成。

2)侧面吹气法

侧面吹气可以在一定程度上有效抑制等离子体，并在激光深熔焊接时发挥保护作用。通过从侧面向焊接区域吹送保护气，可以形成横向的气流，隔离等离子体与环境气氛的接触，减少气体的渗入和气孔的生成。

使用同轴保护喷嘴和侧吹保护喷嘴分别焊接(激光功率 $P=1800W$，焊接速度 $v=1.8m/min$)直径为 30mm 的圆环，试验材料为 100mm×100mm×4mm 的 TC4 板，所得焊缝如图 1-11 所示。

使用同轴保护喷嘴进行焊接时，喷嘴上均布的筛孔可以使保护气为焊缝高温区提供充分有效的保护，因此焊缝和热影响区均未发生氧化现象，且焊缝表面光滑均匀，呈现光亮的银白色。而使用侧吹喷嘴进行保护的焊缝，由于保护气流的方向单一，对等离子体抑制效果不好，无法适应弧线焊接，所以焊缝成形较差。

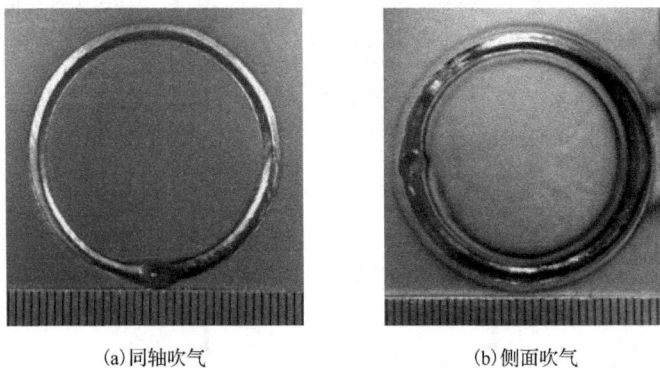

(a)同轴吹气　　　　　　　　　　　　　　(b)侧面吹气

图 1-11　不同吹气方式下 TC4 钛合金激光焊接焊缝形貌

5. 材料特性参数

1) 材料的表面状态

材料对激光的吸收率与材料的性质、温度和表面状态有关，同时也与激光的波长和偏振状态有关。大多数材料在室温下的激光吸收率较低，但随着温度的升高，材料对激光的吸收率会显著提高，特别是在金属呈熔化和气化状态时，其吸收率可能会超过 90%。材料表面的粗糙度对激光吸收率的影响比较明显，因此采用表面处理方法是提高激光吸收率的有效手段。虽然采用机械方法可以对被焊材料的表面进行毛化处理以增加对激光的吸收率，但其效果不是很明显，因为毛化后会使原来的光滑表面对激光的镜面反射变为漫反射。与之相比，采用表面涂层或表面氧化膜的方法则可以较为明显地提高材料对激光的吸收率。此外，在保护气体中掺入微量的氧气时，氧气与被焊工件表面发生轻微反应，会形成较薄的氧化层，从而改变材料的表面状态，增强激光与材料的耦合作用，进而提高材料的吸收率。

2) 工件的焊前准备

相较于传统焊接方法，激光焊接对工件上焊接区域内的油、灰等污染物更为敏感。这是因为激光焊接的热循环速度快，焊缝深宽比大，一旦有氢或其他杂质溶入焊缝金属，在快速冷却凝固的过程中，这些杂质没有时间溢出，容易在焊缝内形成气孔或夹杂，进而引起热裂纹或冷裂纹。因此，激光焊接对于气孔和裂纹的敏感性更高，必须在焊接之前对工件表面进行表面处理。为此，可采用机械清理、化学清理、超声波清理等方法进行清洗，具体采用何种方法取决于污染物的数量和类型。

3) 工件的定位与装夹

激光焊接的特点之一是光束的光斑尺寸小，能量密度高。然而，光斑小，要求对被焊工件的定位精度也高，并且定位精度的要求与光束的焦深、激光功率、焊接速度和接头几何形状等因素有关。光斑尺寸越小，对焊缝的横向对中偏差要求越小，或对坡口间隙的变化偏差也要求越小。

1.3　先进激光焊接技术

基于焊接模式和熔池形成机理，将激光焊接划分为激光热传导焊接和激光深熔焊接。随着激光束质量的不断优化、激光功率的不断增大，激光深熔焊接技术为适应实际应用需求也在不断发展，特别是 20 世纪 90 年代开始，激光焊接技术发展速度很快，从自熔激光焊接、激光填丝焊接到激光电弧复合焊接以及双光束激光焊接等。近年来，超窄间隙激光焊接、激光远程焊接技术的研究与应用也在快速发展中。

1.3.1　激光填丝焊接技术

激光填丝焊接是利用激光束对工件进行加热，同时通过填充金属线来实现焊接。激光填丝焊接的原理是将激光束聚焦到工件表面，使其产生高温区域，然后将焊丝送入高温区域，通过熔化和凝固来实现焊接，其原理如图 1-12 所示。

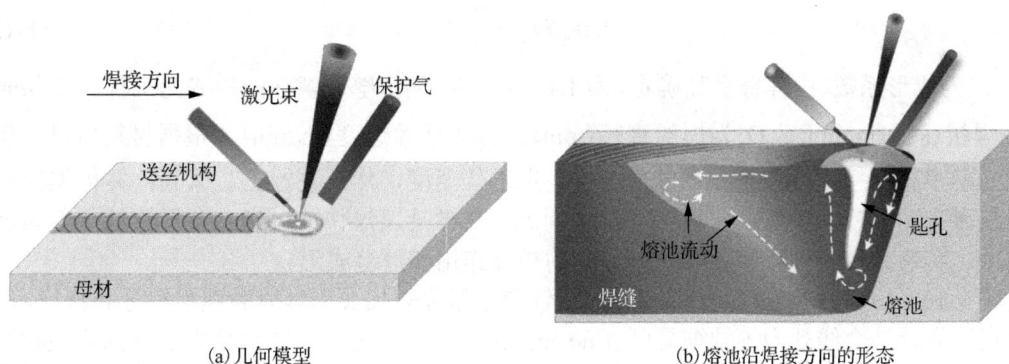

(a)几何模型	(b)熔池沿焊接方向的形态

图 1-12　激光填丝焊接原理示意图

1. 激光填丝焊接送丝方式

激光填丝焊接的送丝方式有前送丝和后送丝两种方式。焊丝中心通常与焊缝中心线重合，与激光光轴夹角一般为 30°～75°。焊丝应准确送入光轴与母材的交汇点，使激光首先对焊丝加热和熔化形成熔滴，稍后母材金属也被加热熔化形成熔池和小孔，焊丝熔滴随后进入熔池；否则激光能量会从接头间隙中透过，不能形成小孔，焊接过程难以进行。

2. 激光填丝焊接优势

激光填丝焊接在激光对工件进行加热的同时，采用从激光束前方或后方添加焊丝的方式，补充液态金属，解决了由于间隙过大或激光作用下液态金属气化流失而造成的焊缝区液态连接金属过少的问题，避免焊缝出现咬边、凹陷等缺陷，改善焊缝成形质量。

(1)激光填丝焊接可以在很大程度上降低工件的加工和装配精度，改善焊接结构和被焊材料的适应性，提高焊缝成形和表面质量。

(2)激光填丝焊接还可以通过设计焊丝成分来控制焊接冶金和焊缝成分，改善焊缝金属的组织，抑制焊接裂纹的形成，提高焊接接头的性能。

(3)采用多层激光填丝焊接的方式还可以用较小功率的激光器实现大厚板的焊接，显著提高激光对厚板焊接的适应能力。

3. 激光填丝焊接稳定性

激光填丝焊接过程的稳定性与激光、焊丝、母材三者之间的相互作用和能量分配密切相关。焊丝的加入吸收了本来用于加热母材的一部分激光能量,同时焊丝端部对激光能量存在吸收和反射,减弱了激光对母材的加热气化作用,使原来可以形成小孔机制的焊接过程可能被打破,过程变得不稳定。焊丝反射的能量大小与光束能量、送丝速度、光丝作用点以及能量密度等有关,当送丝速度较慢时,激光能量实际上是被熔滴而不是固体焊丝吸收,固体焊丝主要靠熔滴传导过来的热量熔化。

采用前送丝方式时,由于焊丝的熔化主要通过激光辐射和等离子体加热共同作用,需要的激光能量大,所以焊接过程不稳定。采用后送丝方式时,熔池的热量也参与加热焊丝,焊丝熔化需要的激光辐射加热能量减少,激光能量可以更多地用于加热母材形成小孔,焊接过程比较稳定。

送丝速度是激光填丝焊接的重要工艺参数。合理选择送丝速度可以充分利用激光能量。拼缝间隙和焊缝的余高主要由焊丝熔化填充而成,所以送丝速度的确定受焊接速度、工件厚度、拼缝间隙、焊丝直径、成形系数等因素的影响。它们之间的关系可用公式表示为

$$KW_g\delta v_w = \frac{\pi}{4}D^2 v_f \tag{1-15}$$

式中,K 为成形系数,由焊缝余高确定,为 $1.1\sim1.2$;W_g 为拼缝间隙(mm);δ 为工件厚度(mm);v_w 为焊接速度(m/min);D 为焊丝直径(mm);v_f 为送丝速度(m/min)。根据材料板厚初步确定激光功率和焊接速度,再根据式(1-15)确定送丝速度,然后进行工艺试验,并根据试验结果调整激光功率或焊接速度,以保证工件焊透。送丝速度过快或过慢,会导致熔化金属过多或过少,影响激光、母材和焊丝三者之间的相互作用和焊缝成形。

图 1-13 为填充 ER4047 焊丝的 2195 铝锂合金激光焊接典型焊缝微观组织分布特征,可明显观察到靠近熔合线处为等轴细晶区(fine equiaxed zone,EQZ),向焊缝中心方向为柱状树枝晶区,焊缝中心为等轴树枝晶区。焊缝中部 EQZ 最窄,焊缝顶部和底部 EQZ 较宽。

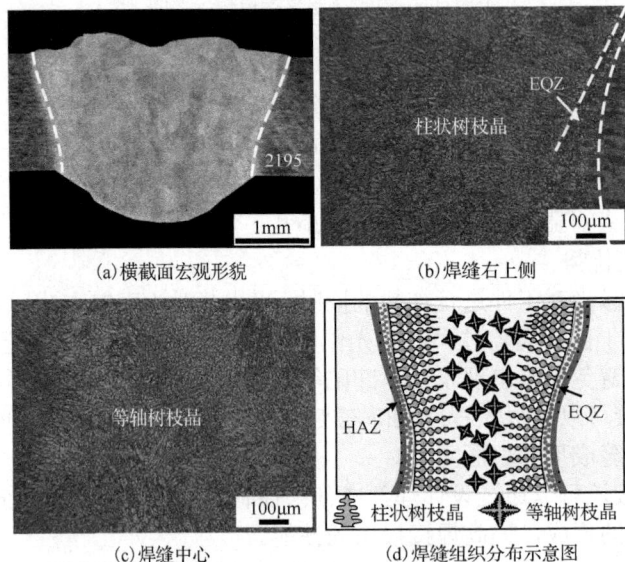

(a)横截面宏观形貌　　　　(b)焊缝右上侧

(c)焊缝中心　　　　(d)焊缝组织分布示意图

图 1-13　2195 铝锂合金激光填丝焊接焊缝微观组织分布特征

1.3.2　激光-电弧复合焊接技术

1. 激光-电弧复合焊接原理

激光-电弧复合热源是将物理性质、能量传输机制截然不同的两种热源复合在一起同时作用于同一加工位置，既充分发挥了两种热源各自的优势，又相互弥补了各自的不足，从而形成了一种全新高效的热源，其原理如图 1-14 所示。

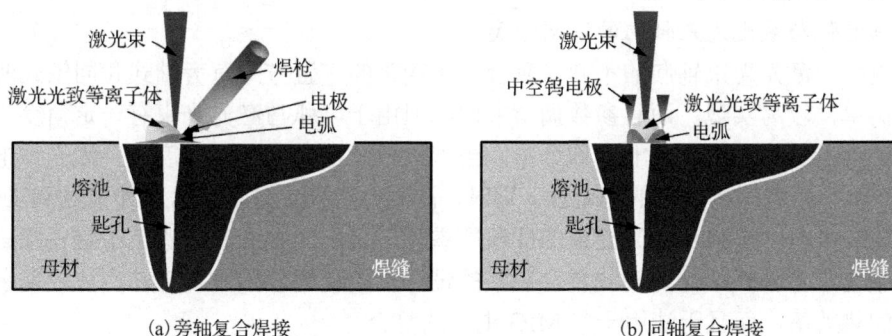

图 1-14　激光-电弧复合焊接示意图

激光焊接具有激光功率密度大、焊接速度快、热影响区小、变形小等优点，但是激光焊接时光致等离子体的存在使得焊接过程不稳定，并降低了能量的利用率。电弧焊作为一种成熟的金属连接技术已经得到广泛的应用，由于能量密度的限制，其可实现的焊接厚度和焊接速度比较小和慢，且焊缝的热影响区比较大，焊缝的深宽比较小、焊后变形大。但是电弧的桥接能力较强，对工件的间隙要求不严格，电弧能量的利用率可达到输出功率的 60%以上。

与单一的 MIG(metal inert-gas welding，熔化极惰性气体保护电弧焊)、TIG 及激光焊接相比，结合两种热源的激光-电弧复合焊接是一种更加先进的焊接技术，其间隙桥接能力强，焊接稳定性好，焊接残余应力低。在激光-电弧复合焊接过程中，激光束与电弧两个热源共同作用于焊件，激光束起主导作用，同时稳定电弧电压和电流，在较低的激光功率下即可获得与单一焊接过程相比更深的熔池和更好的焊缝质量。激光-电弧复合焊接技术结合了激光和电弧两者作为独立热源的优点，更进一步提高了焊接速度和焊缝深度。激光-电弧复合焊接具有下列优势。

(1)改善功率密度的分布：激光-电弧复合热源可以灵活控制激光和电弧的功率分配和工作参数，以适应不同焊接需求。通过调节功率密度的时间和空间分布，可以实现焊接区域的温度控制，改善热影响区的温度分布，减少焊接引起的变形和残余应力。

(2)减少或消除等离子体：电弧能够提高电离气体产生等离子体的能量，而等离子体在焊接过程中可能引起不稳定、飞溅和气孔等问题。复合热源的使用可以有效地减少或消除等离子体的形成，改善稳定性和焊接质量。

(3)提高工件对激光的吸收率：电弧热源可以改变工件表面的化学性质和微观形貌，增加其对激光能量的吸收率。这样可以提高焊接熔深，促进更好地熔融和熔池形成，提高焊缝的质量。

(4)改善冷却条件和组织状态：通过调节激光-电弧复合热源，可以改变焊接过程中的冷却条件，从而对焊缝和热影响区进行更好的控制。同时，通过复合热源的作用，还可以改变组织状态和应力分布，从而提高焊接接头的性能和耐久性。

(5)降低工件装配要求，间隙适应性好：激光-电弧复合热源的应用可以降低对母材端面对接精度的要求。由于复合热源可以提供更好的能量输入和热传递，它能够更好地应对材料表面的不均匀性和形状误差。

2. 激光-电弧复合焊接分类

1) 根据电弧与激光光束轴向的不同分类

根据电弧与激光光束轴向的不同，复合焊接接头的布置方式有旁轴式和同轴式两种。旁轴式装置简单，较易实现，而且参数调节方便，但由于电弧与激光光束有一定角度，引起复合热源在工件上的作用区域为非对称分布，当焊接电流增大到一定程度时，激光与电弧的作用点严重分离，影响焊接过程的稳定性。同时，激光光束要穿过电弧区域才能达到工件表面，当焊接电流较大时，电弧对激光光束的屏蔽严重。而采用同轴式时，避免了这些问题，熔深的增加效果优于旁轴式，但同轴式复合装置的设计及实现比较困难，工艺也比较复杂，同时影响电弧的热效率，而且无法用于与 MIG 电弧的复合。

2) 根据辅助热源的种类不同分类

(1)激光-TIG 复合焊接。

激光与 TIG 电弧进行复合焊接是最早研究的一种形式，如图 1-15 所示。在激光与 TIG 复合焊接过程中，将激光置于 TIG 之前，可有效去除母材金属表面的氧化物和杂质，从而大大减少钨极的污染，并延长其使用寿命。

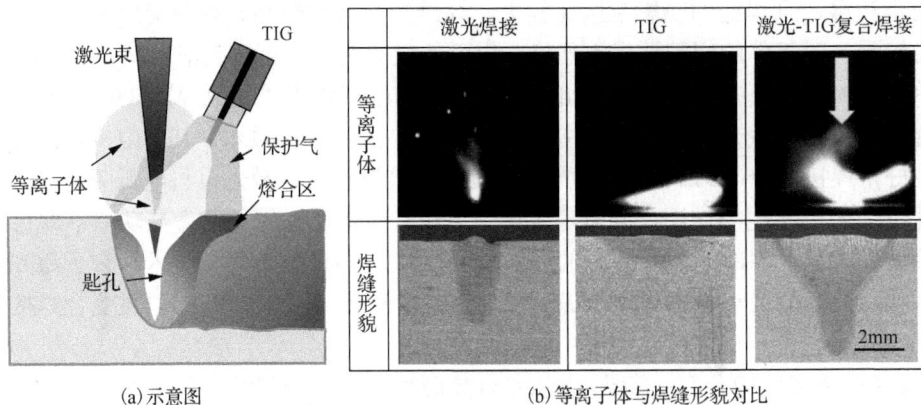

(a)示意图   (b)等离子体与焊缝形貌对比

图 1-15 激光-TIG 复合焊接示意图及对比图

这种复合焊接技术还能改善传统单一 TIG 焊接速度低、效率低的缺点，并减少激光焊接对装配精度的要求。通过激光的引导和压缩作用，能够增加电弧的稳定性和熔深，使得整个焊接过程更加稳定，焊缝成形质量得到改善。此外，电弧稀释光致等离子体的作用使得母材对激光能量的吸收增加，孔隙直径增大，有利于气体的排出。

(2)激光-MIG 复合焊接。

激光-MIG 复合焊接技术充分利用了 MIG 的优点，提高了焊接的适应性。与激光-TIG 复合焊接相比，激光-MIG 复合焊接具有更大的焊接板厚度范围，可以处理更大的间隙，并降低对坡口加工精度的要求。通过引入熔融金属，在单一激光焊接的基础上改善了焊缝的化学成分和微观组织，降低了热裂倾向，提高了焊缝的综合力学性能。图 1-16 展示了激光-MIG 复合焊接原理及相关对比。

激光的前置能够促进起弧，在适当的规范下改变熔滴的过渡方式，使得焊接过程更加稳定，减少了单一 MIG/MAG（metal active gas arc welding，活性气体保护电弧焊）焊接中的飞溅问题，并减少了焊后处理的工作量。同时，激光焊接的深熔、快速、高效和高能密度输入的特点在激光-MIG 复合焊接中仍然得以保持。

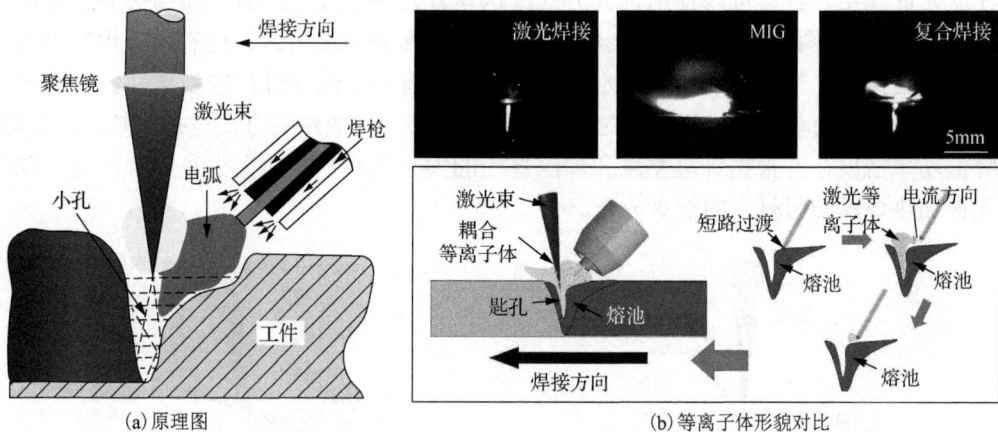

(a)原理图　　　　　　　　　　　(b)等离子体形貌对比

图 1-16　激光-MIG 复合焊接原理图及对比图

(3)激光-等离子体弧复合焊接。

激光-等离子体弧复合焊接技术的基本原理与激光-TIG 复合焊接相似，但在激光-TIG 复合焊接中，由于频繁高频引弧的缘故，在电弧的起弧过程中，电弧的稳定性相对较差，其方向性和刚性也不理想。此外，由于钨极端头处于高温金属蒸气中，容易受到污染，进而影响电弧的稳定性。但是，采用复合焊接技术可以增大熔深，提高焊接速度，并避免气孔、咬边等焊接缺陷的出现。

(4)激光-双 MIG 电弧复合焊接。

激光-双 MIG 电弧复合焊接工艺是将激光与两个 MIG 电弧同时应用于焊接过程中。每个焊炬都可以根据需要相对于其他焊炬和激光光束的位置进行调整，并且两个焊炬使用独立的电源和送丝机构。在零间隙条件下，与激光-单 MIG 电弧复合焊接相比，激光-双 MIG 电弧复合焊接工艺的焊接速度能够提高33%，这相当于埋弧焊焊接速度的 8 倍。

1.3.3　激光钎焊

1. 激光钎焊原理

钎焊是一种将熔点低于母材的钎料用于连接两个母材的焊接方法。在钎焊过程中，钎料被加热至其熔点但低于母材的熔点，将其润湿母材并填充母材间隙，形成钎焊接头。激光钎焊是一种利用激光作为热源进行钎焊的技术。它利用激光的高功率密度和良好的方向性，通过光学系统将激光聚焦在焊接接头处，实现局部或微小区域的快速加热以完成钎焊。此外，激光钎焊还可以通过分光实现多点同时焊接，具有很大的灵活性。

根据加热温度的不同，激光钎焊可分为软钎焊和硬钎焊两种类型。软钎焊是指钎料的液相线温度低于 450℃的钎焊过程。软钎焊通常适用于印制电路板等需要较低温度的电子元器件的焊接。硬钎焊是指钎料的液相线温度高于 450℃但低于母材金属熔点的钎焊过程。硬钎焊适用于高强度钢和镀锌钢板等材料的焊接。大多数有色金属对激光具有较高的反射率和热导率，激光钎焊需要较高的功率，因此使用激光硬钎焊更具优势。

在激光钎焊中，钎料可以使用预置方式或送丝方式进行投入。而钎焊接头通常采用卷对接或搭接两种方式(图 1-17)。在卷对接中，钎焊丝从激光前端引入，这有利于焊接过程的稳定性。而在搭接中，钎焊丝从侧下方水平送入，同样有利于焊接过程的稳定性。钎焊的加热温度较低，对激光功率密度的要求相对较低，因此通常使用散焦的方式进行加热。通过散焦，可以降低功率密度，并根据钎缝宽度和焊丝直径的大小调整光斑的大小和形状。这有助于优化激光在加热焊丝和母材上的能量分布。

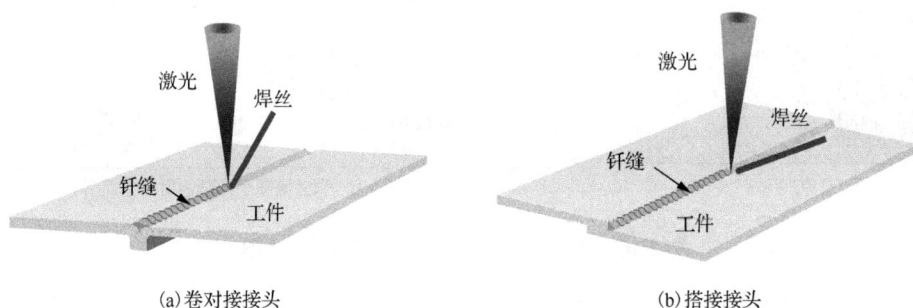

(a)卷对接接头　　　　　　　　　　(b)搭接接头

图 1-17　激光钎焊接头形式和送丝方式示意图

2. 激光钎焊工艺参数

激光钎焊的工艺参数对于获得良好的焊接效果至关重要。下面是一些主要的工艺参数。

(1)激光类型和功率：CO_2激光、Nd:YAG 激光和半导体激光都可以用于激光钎焊。它们各自具有相应的特点和适用范围，选择合适的激光类型和功率取决于具体的应用需求。

(2)光斑直径：激光钎焊通常采用散焦光斑。光斑的大小取决于钎缝宽度和焊丝直径。适当调节光斑直径可以使焊接过程更加稳定和有效。

(3)钎焊速度：钎焊速度根据实际需求确定。激光功率越大，钎焊速度可以更高。钎焊速度的选择需要平衡焊接质量和生产效率。

(4)送丝速度：送丝速度与钎焊速度相匹配，以实现钎缝的填充和良好的成形。适当调整送丝速度可以实现焊接过程的均衡和稳定。

此外，激光入射角度、送丝角度和焊丝形状尺寸等也是重要的工艺参数。这些参数的选择和调整对于实现理想的焊接效果非常关键。在激光钎焊过程中，钎料、钎剂和保护气的选择与常规钎焊类似。但在某些情况下，激光钎焊可以不需要钎剂和保护气，因为激光钎焊的加热速度快，热影响区小，减少了氧化和污染的风险。

1.3.4　双激光束双侧同步焊接技术

双激光束双侧同步焊接(double laser-beam bilateral synchronous welding，DLBSW)技术是一种通过使用两个对称分布的激光束实现焊接的方法。这种技术可以降低激光焊接装配间隙的要求，并且可消除焊接缺陷，改善接头的性能，提高焊接的质量，其原理如图 1-18 所示。其中，桁条两侧分布有保护气管和激光束，形成对称的结构。激光束和保护气同时作用于桁条与蒙皮接触的区域。它们可以将该区域的母材和焊丝熔化，在桁条下侧形成联合熔池，然后冷却凝固形成焊缝。在整个焊接过程中，熔池并不穿透蒙皮的底部，这样就保证了蒙皮结构的完整性，并获得了具有高可靠性的焊接构件。

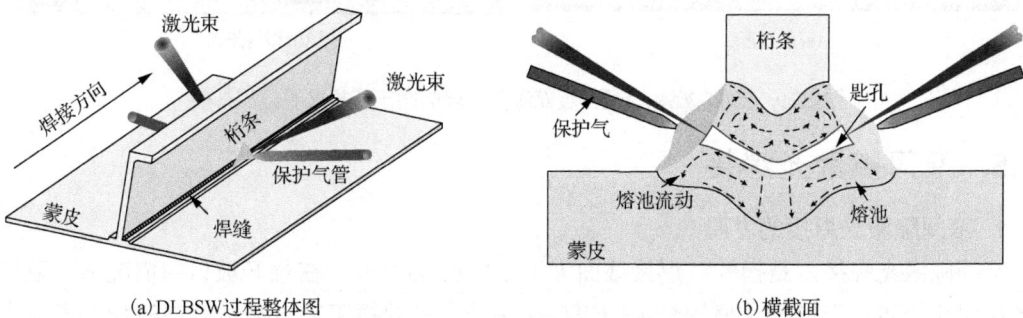

(a) DLBSW 过程整体图　　　　　　　　　　　(b) 横截面

图 1-18　蒙皮-桁条 T 形结构 DLBSW 原理

1. 降低激光焊接装配间隙要求

通过将两束激光束并排放置，并利用双光斑的热源效应，可以增大热输入区域。焊接过程可以容忍相对较大的装配间隙和错边，从而降低了对装配精度的要求。

2. 消除焊接缺陷

通过在焊接方向前后间隔放置两个光斑热源，焊接熔池呈长条形状，可以降低熔池的冷却速度，减少焊接缺陷的产生。同时，双光束焊接对等离子体的稳定性也有积极影响，使得焊接过程更加连贯，焊接质量更好。

3. 实现 T 形接头的一次性焊接

采用两束光学质量与参数相同的激光在 T 形试板两侧同步焊接获得 T 形接头，实现 T 形接头的一次性焊接，是提高焊接生产效率、接头质量的关键技术手段，特别是对航空航天及武器装备结构制造具有重要的意义。例如，在欧洲空中客车公司，A330/340 机身壁板的设计方案之一就是激光焊接整体结构，采用双光束将机身蒙皮(6013T6 铝合金)与筋条(6013T6 铝合金)焊接成机身壁板，取代铆接密封壁板，可减重 15%，降低成本 15%。

图 1-19 为 2060-2099 铝锂合金双激光束双侧同步焊接微观组织形貌，由三个区域组成，即母材、热影响区和焊缝。焊缝微观组织由熔合线至焊缝中心依次从 EQZ 向传统柱状晶和中心等轴晶转变。一般情况下，由于熔合线附近温度梯度大，不易产生成分过冷，以联生结晶的方式沿着散热最快的方向生长。但是在铝锂合金焊接接头热影响区与柱状晶区间存在一条等轴细晶带，是铝锂合金熔焊焊缝中典型的微观组织形貌。

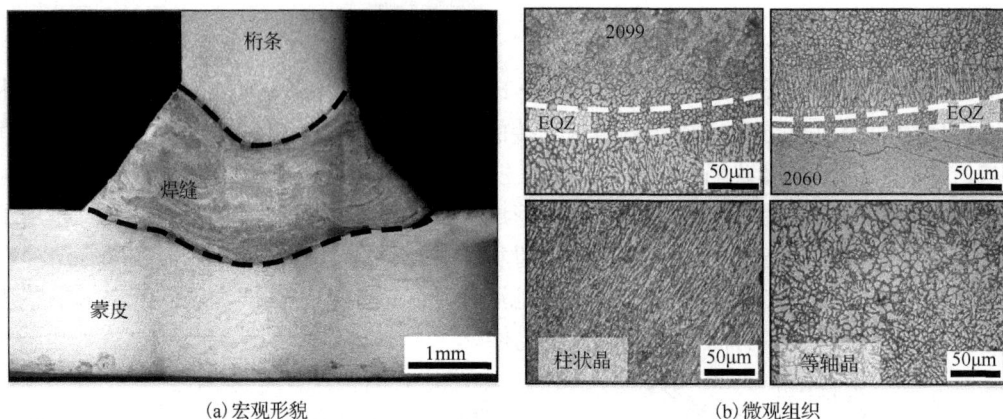

(a) 宏观形貌   (b) 微观组织

图 1-19　2060-2099 铝锂合金双激光束双侧同步焊接微观组织形貌

1.3.5　窄间隙激光焊接

1. 窄间隙激光焊接的发展

窄间隙激光焊接，是指针对焊接截面大于 10mm 的材料，在预开坡口的情况下，采用激光多层熔化焊接，形成满足使用性能的焊接接头的一种焊接工艺方法，其焊后特征表现为接头深宽比大于 10∶1 小于 20∶1。当深宽比大于 20∶1 时，称为超窄间隙，是对传统焊接技术的继承与发展。窄间隙焊接作为一种先进的连接技术广泛应用于现代工业生产中的各个领域。

窄间隙焊接实际是单层多道的激光深熔焊接，激光深熔焊接的本质特征是存在小孔效应的焊接。为了熔化填充材料和母材，激光功率密度应该足够高，但功率密度过高，将导致材料过量的气化损失，并且产生高浓度的等离子体云，阻隔激光的传输，因此激光应该随着工件移动，小孔保持稳定并且在材料中移动，而小孔四周被熔化的金属液体包围。随着小孔移动，熔化金属绕过小孔流向熔池后部，在热源离开后，熔池后部金属凝固结晶，最后完成了工件的单道焊接任务，多道焊接再重复上述的焊接过程。

2. 窄间隙激光焊接优势

窄间隙激光焊接与传统焊接技术相比，具有如下优点。

(1) 焊缝横截面积大幅度减小，节约了大量的焊接材料与能量，从而在提高焊接生产效率的同时，大大降低了焊接生产成本。

(2) 热压缩塑性变形量大幅度缩小且沿板厚方向更加趋向均匀化，从而使接头的残余应力、残余变形减小。

(3) 深而窄的坡口侧壁有利于焊接区的冶金保护，焊缝金属的冶金纯净度高。

(4) 较高的熔池冷却速度，相对较小的焊接线能量，使焊缝组织相对细小，且焊接热影响区的塑性、韧性损伤也大大减小，缺口韧性相对提高。

窄间隙激光焊接，主要利用激光方向性好、亮度高及单色性好的特点，激光的方向性好和亮度高构成了能量在空间和时间上的高度集中，可传输极远的距离并具有高能量或高强度，在焊接中可视为理想的热源，图 1-20 为激光窄间隙填丝焊接示意图。

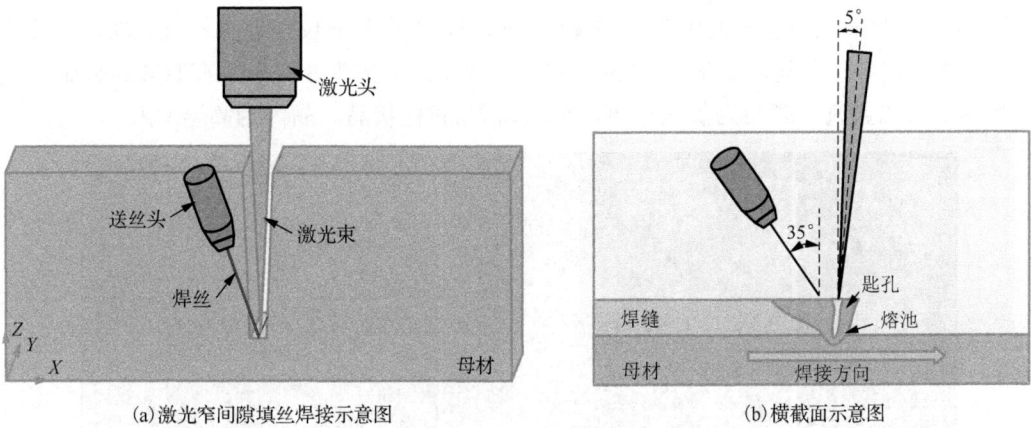

(a)激光窄间隙填丝焊接示意图　　　　　　　　　　(b)横截面示意图

图 1-20　激光窄间隙填丝焊接示意图

3. 窄间隙激光焊接熔滴过渡

由于激光的高能量密度($10^6 \sim 10^{12}$ W/cm²)特性，其光斑和作用特性主要取决于作用在材料上的激光斑点功率密度、填充材料以及母材的特性，对于特定的材料，也存在一个特定的功率密度阈值(熔化填充材料和母材侧壁)。基于动态特征可将熔滴过渡模式分为大滴过渡、爆炸过渡和液桥过渡三类，如图 1-21 所示。其中，在液桥过渡形式下，过渡的熔滴对液态熔池的冲击影响最低，焊接过程稳定性最佳，可获得良好成形的焊缝。

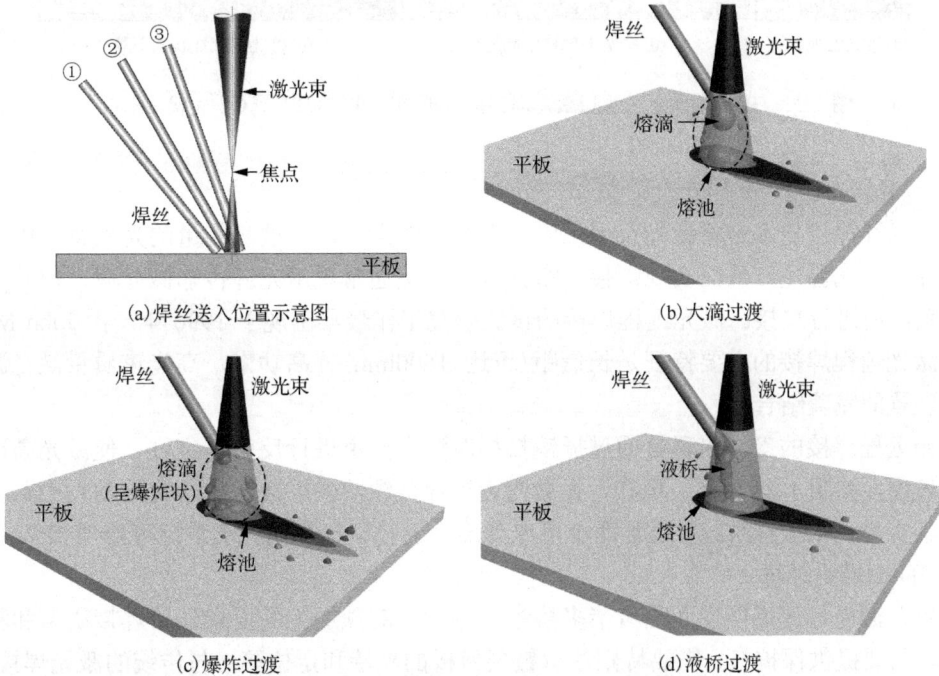

(a)焊丝送入位置示意图　　　　　　　　　　　(b)大滴过渡

(c)爆炸过渡　　　　　　　　　　　(d)液桥过渡

图 1-21　焊丝送入位置及熔滴过渡模式示意图

图 1-22 为 TC4 钛合金窄间隙激光焊接微观组织。接头截面仅存在少量气孔缺陷，接头层间、侧壁熔合良好，焊缝熔宽在 7～7.5mm 内，盖面层高度约为 3.5mm。在 TC4 钛合金焊缝凝固过程中，液态金属以固相为基底形核，形成粗大的 β 柱状晶，晶内为高温 β 相。

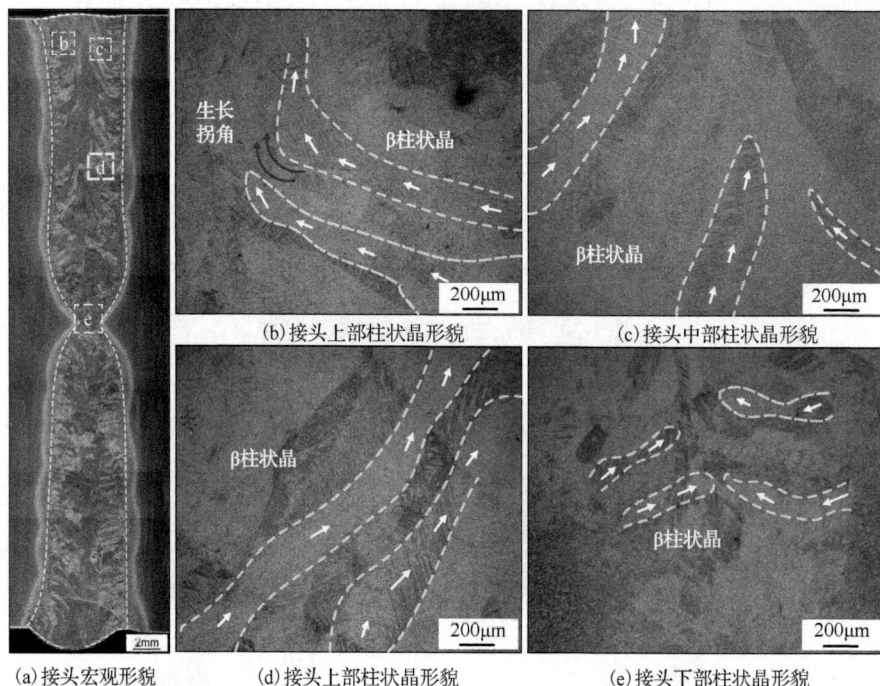

(a) 接头宏观形貌　　(b) 接头上部柱状晶形貌　(c) 接头中部柱状晶形貌　(d) 接头上部柱状晶形貌　(e) 接头下部柱状晶形貌

图 1-22　TC4 钛合金窄间隙激光焊接接头不同区域层间焊缝区 β 柱状晶形貌

1.3.6　激光远程焊接

激光远程焊接技术是将激光束聚焦到一个很小的点上，通过高能量的光束将工件的焊接区域加热至熔化温度，从而实现焊接。激光远程焊接通常采用光纤传输激光束，使其可以在长距离范围内进行焊接。激光远程焊接的试验研究工作最早出现于 1996 年，由 John Macken 提出。激光远程焊接的主要特征是长焦距(可达 1600mm)、高功率、高光束质量激光源与振镜扫描装置的完美结合。

激光远程焊接的工作原理是通过振镜扫描对激光光束进行反射和定位，使激光高速传输到工件表面，如图 1-23 所示。现在，在激光远程焊接领域应用最为广泛的是 2D 扫描。2D 扫描单元其实是一个振镜系统，包含两个可电动旋转的轻型扫描镜。该系统可处理 5kW 输出功率，比 3D 扫描更经济。

当然，激光远程焊接也面临着诸多挑战，例如，对预加工的要求、对焊接质量和稳定性的要求、需要提供保护气、需要特别注意镀层薄板的夹持和定位等。与传统的激光焊接相比，激光远程焊接需要关注的工艺参数更多。激光远程焊接的优势有以下几种。

(1)高精度：激光束聚焦后能够形成非常小的焊接点，使得焊接非常精细，适用于对焊接准确度要求高的工件。

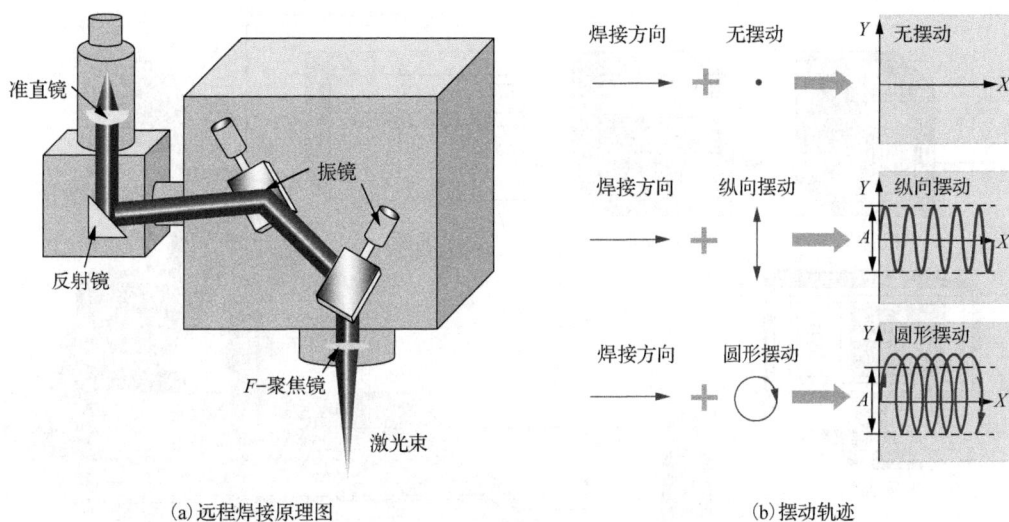

| (a)远程焊接原理图 | (b)摆动轨迹 |

图 1-23　激光远程焊接原理图及摆动轨迹

(2)高效率：激光束的热能可以准确地加热焊接区域，使其快速熔化和凝固，从而提高焊接速度和生产效率。

(3)非接触性：激光远程焊接常采用无接触焊接方式，避免了传统焊接方法中可能引起的物理接触和损伤。

(4)适应性强：激光束可以在复杂形状的工件上进行焊接，适用于各种材料，如金属、塑料等。

(5)减少热影响：激光远程焊接过程中热影响区较小，使得焊接区域周边材料受到的热影响降低，可减少热变形等问题。

(6)可远程操作：通过光纤传输激光束，可以实现远程操作，减少操作人员的风险。

激光远程焊接技术在汽车制造、航空航天、电子器件、光电子设备等领域得到广泛应用。它为焊接过程带来了更高的精度、效率和可靠性。

1.4　激光焊接系统

激光焊接系统与设备是实现材料及其零件精确和高效加工的先决条件，主要由激光器、光束传输与聚焦系统、实现材料及其零件加工的运动轨迹控制系统和操作系统等主要部分组成，如图 1-24 所示。

1.4.1　激光器

激光器是激光加工系统中的核心组件，通过产生激光束为材料加工提供能量。目前常见的激光器根据工作介质可以分为气体激光器、固体激光器、半导体激光器、光纤激光器和染料激光器五大类，近年来还发展了自由电子激光器。常用于工业激光焊接的激光器主要有以下几种。

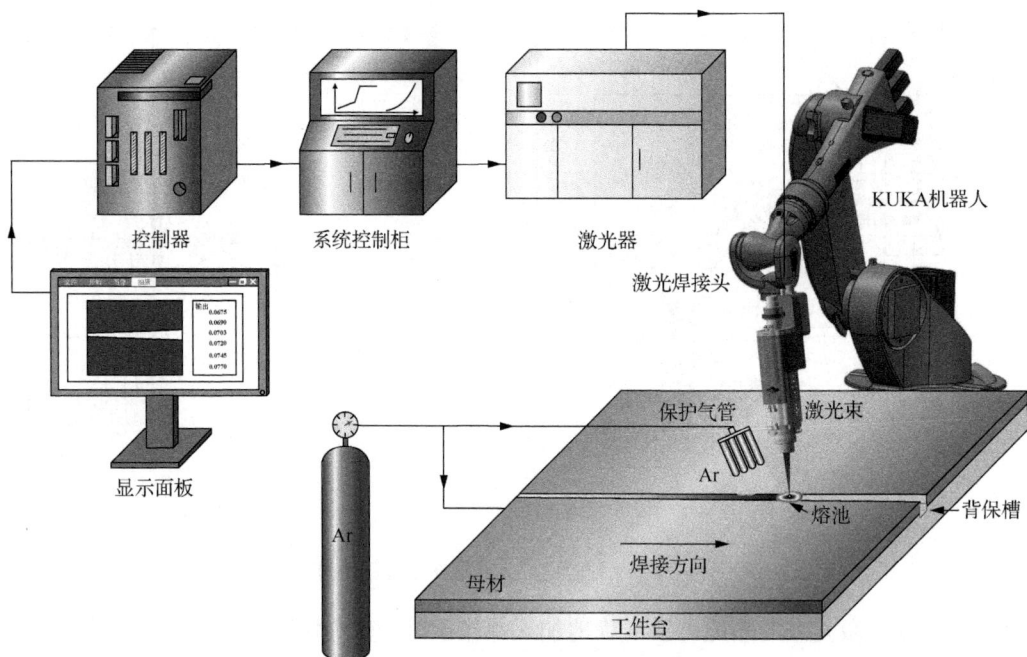

图 1-24 激光焊接系统与设备示意图

(1)CO_2 激光器：CO_2 激光器采用 CO_2 气体为工作介质，工作波长在 10.6μm 左右。它具有功率大、效率高和稳定性好的特点，适用于各种金属和非金属材料的激光焊接。

(2)YAG 激光器：Nd:YAG 激光器采用钇铝石榴子石晶体为工作介质，工作波长通常为 1.064μm。它具有较高的光束质量和较小的焦斑尺寸，适用于对焊接精确度要求高的应用场合。

(3)光纤激光器：光纤激光器采用光纤为传输介质，可以实现灵活的激光束传输和控制。它具有较高的光电转换效率、较小的体积和低维护成本，在工业应用中得到了广泛应用。光纤激光器相较于其他类型的激光器在许多方面表现出优越性。

在现代高功率光纤激光器中，通常采用高功率的多模激光二极管作为泵浦源，通过一个围绕单模纤芯的双包层来实现。对于泵浦方式的选择，一般包括端面泵浦和侧向泵浦。其中端面泵浦是指泵浦光从光纤激光器的端面入射，通过多次反射在光纤中进行能量转换；侧向泵浦是指泵浦光从侧面注入光纤，通过光纤内部的多次反射实现能量转换。表 1-3 列出了高功率光纤激光器与其他激光器的比较。

表 1-3 高功率光纤激光器与其他激光器的比较

指标	激光器类型		
	CO_2 激光器	Nd: YAG 激光器	光纤激光器
输出波长/μm	10.6	1.06	1.0~1.1
输出功率/kW	1~20	0.5~5	0.5~50
光束质量/(mm·mrad)	>10	25~50	1~20
石英光纤传输	不能	能	能
体积	最大	较大	非常小

续表

指标	激光器类型		
	CO_2 激光器	Nd: YAG 激光器	光纤激光器
电光转换效率/%	5～15	5～10	>20
维护周期/ kh	1～2	3～5	40～50
维护费用	高	较高	几乎是零
耗电量	中	中	低

1.4.2　光束传输与聚焦系统

　　光学整形与传输系统是激光加工设备的重要组成部分之一，它的特性直接影响激光加工的性能。光学整形与传输系统的作用是将激光束从激光器的输出窗口引导至加工工件表面，并在加工部位获得所需的激光光斑形状、尺寸及功率密度。

　　激光器输出的激光束需要经过光路系统的传输和处理，以满足各种不同的加工需求。光路系统通常包括光束的直线传输信道、折射系统、聚焦系统或散射系统。在光路系统中，直线传输信道主要涉及光束的传输路径，可以通过光纤传输或光镜反射来实现。光纤传输通常用于紫外波段至近红外波段的激光，因为这种传输方式方便、高效且相对安全。

　　光纤具有良好的光传输特性，可以使激光束远距离传输，同时保持光束的质量和稳定性。而对大多数光路系统来说，光镜反射是主要的传输方式。光镜可用来改变激光束的传输方向，并可以用于激光束的反射、折射和聚焦。然而，在传输高能量激光时，必须对激光进行良好的遮蔽，防止激光对人和环境造成潜在的危险。

1.4.3　运动轨迹控制与操作系统

　　激光加工过程是一个复杂空间路径运动轨迹的规划和实现过程。研究激光加工过程中复杂轨迹形貌的变基准在线检测策略和数字建模方法，建立面向复杂轨迹状态的激光加工运动轨迹和工艺参数规划算法，实现激光加工过程动态工况条件下工艺参数适应控制策略和技术，是激光加工科技工作者的重要方向和重大课题。但归根结底，实现这一目标的主要技术手段是建立激光加工的技术平台，包括硬件和软件系统，即激光加工运动轨迹控制与操作系统。现代激光加工技术的研究与应用中所依靠的硬件和软件平台主要分两大类：一类是集数控加工系统、控制软件和激光系统为一体的大型多功能激光加工系统；另一类是集机器人与激光系统为一体的柔性加工系统。

复习思考题

1-1　简要描述激光焊接的原理和过程。

1-2　列举激光焊接的优点和应用领域。

1-3　什么是激光焊接的焊缝?

1-4　阐述激光焊接的功率密度对焊接过程的影响。

1-5　简述激光焊接和传统焊接方法之间的区别。

1-6　为什么激光焊接在汽车制造业中被广泛应用？

1-7　探讨激光焊接的局限性和挑战。

1-8　阐述激光焊接中常见的缺陷类型，以及如何预防。

1-9　阐述激光功率调节对激光焊接质量的影响，并说明如何优化功率设置。

1-10　阐述激光焊接中的激光束质量参数，并探讨如何改善激光束质量。

1-11　阐述激光焊接中可能出现的变形问题，以及如何控制变形。

第2章 电子束焊接技术

电子束焊接是利用加速和聚焦的电子束轰击置于真空或非真空环境中的工件以产生热能，从而实现焊接的一种方法。当电子束与工件碰撞时，有96%的动能会转化为焊接所需的热能，使能量密度高达$10^3 \sim 10^5$ kW/cm²，焦点区域的最高温度可达到约5930℃。自1958年第一台商业电子束焊接机投入应用以来，电子束焊接技术在世界范围内得到迅速发展，现在已广泛应用在航空航天、核能工程、涡轮制造、重型机械、仪器仪表和汽车工业等领域。

本章基于电子束产生及其穿透金属行为的介绍，详细阐述电子束焊接的原理、特点、分类以及影响电子束焊接的诸多因素，并简要介绍电子束焊接的安全知识和防护措施。在此基础上，介绍不同材料的电子束焊接工艺。

2.1 电子束的产生及特点

2.1.1 电子束的产生

与所有原子质量的数量级一样，电子9.1×10^{-28}g的静止质量超出可理解的范围（带正电荷的质子质量大约是电子质量的1836倍）。在能量转换中，电荷弥补了电子质量小的缺点。电子束电流的来源是1.6×10^{-19}C的基本负电荷。携带电荷的优点是利用电场可以使电子加速到焊接所需的高能量速度。如图2-1所示，在真空度大于10^{-4}mbar（1mbar=10^2Pa）的真空中，典型的焊接加速电压U_A=150kV=1.5×10^5V，使电子的速度达到2×10^8m/s，约为光速的2/3。

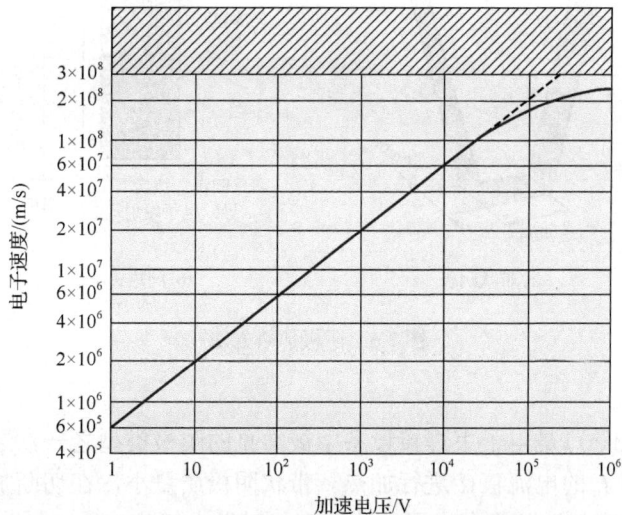

图 2-1　加速电压与电子速度之间的关系

　　通过输入热量可以使电子的能量超越金属晶格结合的潜在阈值，从而导致温度升高。当自由电子的能量充分增加时，将会超过电位阈值。初始时，自由电子会聚集在金属表面附近形成电子云，如图 2-2 所示。由于电子与原子核之间的引力作用，通常不可能使电子离开金属表面散射出去。金属将电子束缚在自身周围，因此无法释放带负电荷的电子，否则金属将获得正电荷。

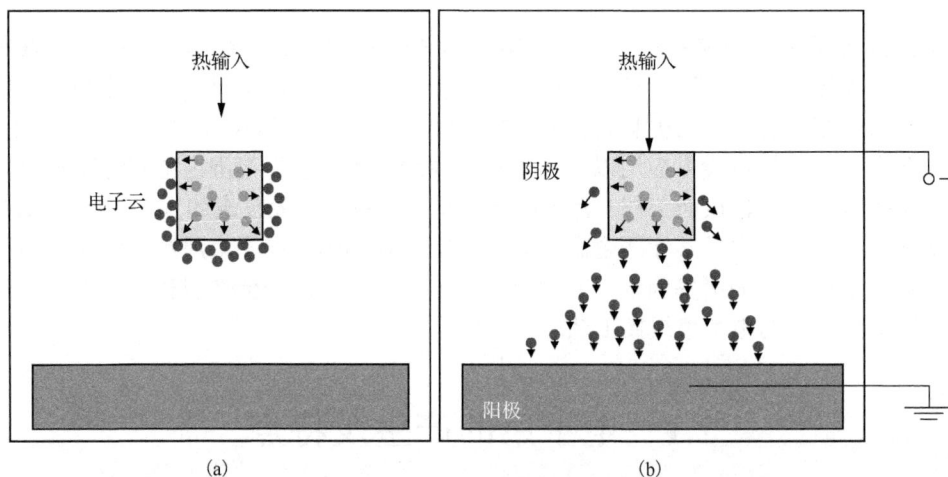

(a)　　　　　　　　　　　　　(b)

图 2-2　自由电子的发射

1. 阴极

　　阴极应具有较小的加热功率和较长的使用寿命，以便能够发射最大数量的电子束电流。阴极达到理想温度所需的热量输入取决于阴极的尺寸、形状以及加热方法。如图 2-3 所示。

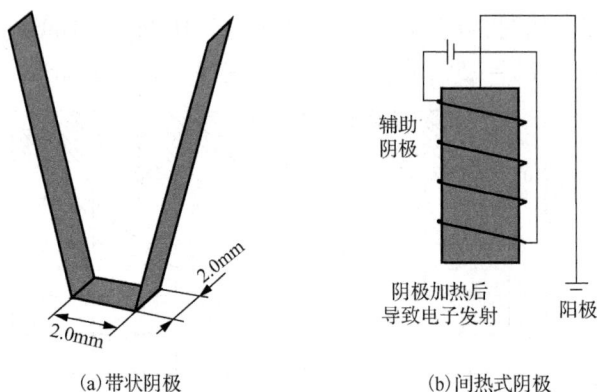

(a)带状阴极　　　　　　　　(b)间热式阴极

图 2-3　阴极加热方法

1）带状阴极

　　带状阴极(图 2-3(a))是电子束焊接设备中最常见的阴极类型之一，通过欧姆电阻连接在电路中，通过大小为 I_u 的电流直接进行加热。带状阴极质量小，在切断加热电流后可以迅速冷却，因此可以非常有效地防止在电子枪快速充气时发生氧化。

2）间热式阴极

间热式阴极(图 2-3(b))是通过电子轰击辅助阴极进行加热的。间热式阴极可以在较低的加速电压下工作，主要应用于大电流的电子束焊接设备中。它们可以很容易地进行更换，并且寿命比带状阴极更长。然而，间热式阴极有一个缺点：其辅助阴极磨损速度快，需要比带状阴极更换得更为频繁。

2. 阳极

从阴极发射出来的自由运动的电子动能较低，不足以进行电子束焊接，因此电子必须通过一个很高的负电压加速到一个极高的速度，以达到所需的动能。阴极和阳极之间的电场使电子加速，并给予它们运动所需的动能。高压发生器不断地驱动阴极产生新的电子并且形成电流。加速电子会以极高的动能冲击阳极，而不是焊接工件。因此，在阳极中心设计了一个小孔，电子束穿过小孔后可以不间断地、高速向工件发射。

3. 偏压杯

最简单的电子枪只有阴极和阳极。这种二极枪系统称为皮尔斯(G.W. Pierce，德国物理学家，1872—1956 年)系统，只能通过改变加速电压或阴极温度来控制电子束流，完全不适用于工业焊接。三极枪有更好的单独可控、比阴极电压还低并且围绕阴极的负电压，这样可以显著改善电子束和电流。根据同样极性的电荷相互排斥的物理规律，电子可以克服阴极和阳极之间的电势差。第三极称为偏压杯或维纳尔(A.R.B. Wehnelt，德国物理学家，1871—1944 年)圆柱电极。如图 2-4 所示。

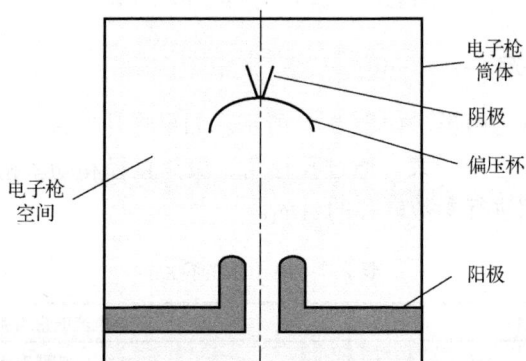

图 2-4　阴极、阳极和偏压杯

4. 聚焦透镜

阴极、偏压杯和阳极的几何形状对电子枪内部电子的弯曲轨迹和向焊接区更远方向的运动产生影响。同时，在三极枪系统中，电场将电子束汇聚至焦点，然后电子通过阳极时相互之间的排斥作用将再次散开。经过阳极后，电子被加速到最终速度，然而此时电子束的功率密度仍未达到焊接要求，因此仍需要再次进行聚焦处理。

电子的轨迹线被环形线圈产生的磁场聚焦在工件表面。环形线圈由许多铜线圈组成，线圈三面被高磁导率的钢包裹。直流电通过环形线圈，线圈中间产生磁场，使电子束聚焦，就像光学透镜一样，如图 2-5 所示。为了实现深穿透电子束焊接所需的 0.1～1.0mm 的小直径束斑(取决于束流性能和焦距)，采用磁透镜使电子形成了不影响电子速度的大半径弯曲螺旋运动路径。焦点不是数学上的一个精确的点，而是一个圆形平面，称为束斑。形成小直径束斑是使焊接几厘米厚金属所需的功率密度 $L>10^5$W/mm² 的前提条件。

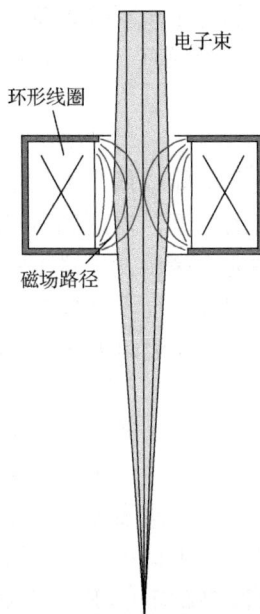

图 2-5　被电磁透镜聚焦的电子束

2.1.2　电子束的特点

电子束的特点可以分为两类，如表 2-1 所示。如果将几何特性和束流能量相关特性结合起来，就有可能更好地表征电子束。通过孔径角、聚焦直径和功率密度分布的组合，可以达到控制质量和在设备之间进行参数转移的目的。

表 2-1　电子束的特点

与束流几何相关的特点	与束流能量相关的特点
束流直径	加速电压
孔径角、焦散曲线	电子束电流
发射率（电子束的聚焦性能）	焊接速度
阴极发出的电子数量 （电子间的空间电荷效应）	能量密度分布 电子束电流和聚焦偏转 辐射（束流功率与聚焦和束流空间角度有关）

1. 孔径角和焦散曲线

聚焦束流最外两条边界的渐近线所夹的角度称为孔径角，如图 2-6 中 α 所示。确定孔径角的方法之一如图 2-7 所示。电子束聚焦在两个不同高度的工件上，测量出相应的束斑直径 d_1 和 d_2。这两个测量平面必须位于焦散曲线 K 的外面，焦散曲线 K 处的束斑直径（测量平面位于焦点上面或者下面）是焦点直径 d_{FO} 的两倍。既要保持工件表面不熔化，又要有足够的功率来进行冲击表面的测量，可以通过调整束流功率来实现。孔径角 α 的定义式为

$\tan \alpha = \dfrac{d_2 - d_1}{2z}$ 。通常还会在其他的水平面做进一步的测量，当然这也会影响电子束焦散曲线的其他束流特性。

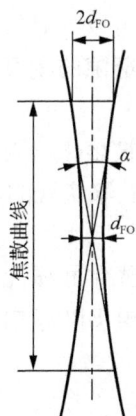

图 2-6　孔径角 α 和焦散曲线

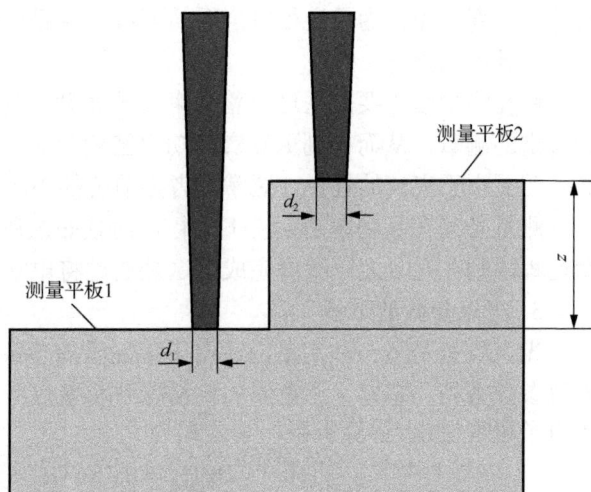

图 2-7　孔径角 α 的测量方法

倾斜试板焊接法又称 AB 测试法，是确定孔径角的另一种方法。设置一个钢制的带多个凹槽的样品且与水平面呈 γ（$\gamma = 30° \sim 40°$）角放置，如图 2-8 所示，慢慢向电子束移动样品。向上的凹槽侧翼显示不同熔化状态和齿顶熔化的切口宽度，通过不同的焦距可以评估束流尺寸。为减轻熔化材料的流失并获得锋利的切边，选择电子束从远至近的方向撞击样品。

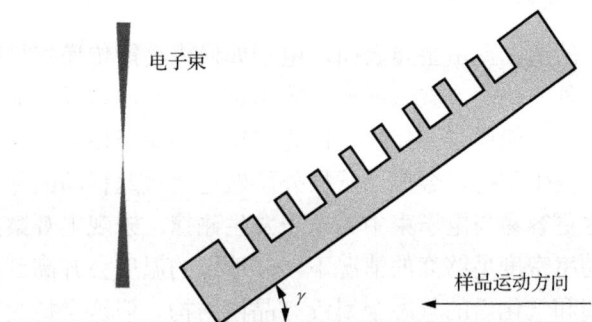

图 2-8　AB 测试法试验装置

2. 功率密度分布

为了确定功率密度分布，先将束斑分为小块的网格单元，再测量每个单元的电流值。每个单元的电流值与功率密度相对应，因为加速电压通常是恒定的。引导电子束通过缝隙或针孔到达被分割的网格单元上，电子束中穿过缝隙或者针孔的这一部分电子进入法拉第筒，通过电阻释放到大地。通过测量穿过测量电阻的电压降 ΔU_x 可以得到表面单元的电流 ΔI_{Br}，最后通过计算其他未标记的剩余单元的总和就可以得到总的电子束电流(所有的网格单元的电流的总和) ΔF_x。

1）缝隙测量法

在缝隙测量法中，需要使用电子束通过由两个倾斜样块的边缘形成的缝隙。在该缝隙下方的一个小平面上，沿着与电子束轴线平行的方向安装测量装置，以便标记整个束流截面上的功率密度分布。为了进行更全面的测量，需要旋转缝隙并进行进一步的测量。

2）针孔测量法

针孔测量法主要是通过将整个束流截面划分为许多网格单元，可以针对每个网格单元进行特定的测量，从而得到更真实的功率密度分布。在这种方法中，缝隙的宽度和针孔的直径必须明显小于束流的直径，通常后者为前者的 10～20 倍。

测量必须在高功率的束流下进行，而且必须避免设备孔径边缘被熔化，因此有必要将测量过程限制在几分之一秒内完成。这是通过将电子束极快地移过针孔来实现的。

3. 光束参数的乘积

光束质量是另一种定量描述电子束性质的参数。这一术语来自光学和激光光学，也称为光束参数乘积，它定义了束流的传播特性和聚焦特性。光束参数乘积 BPP_{EB} 由孔径角 α 和聚焦电子束直径 d_{σ} 计算得到，其公式为

$$BPP_{EB} = 0.25\alpha \cdot d_{\sigma} \ (mm \cdot mrad) \tag{2-1}$$

虽然一系列的研究已经证实了在重复焊接作业中进行 BPP_{EB} 数据迁移的重要性，并且在公司内部多台电子束焊接设备之间迁移数据也很少会出现问题，但是数据迁移在制造业中并没有得到广泛的应用。

2.2　电子束穿透金属的行为

聚焦电子束以极高的速度撞击金属表面，电子如何将动能传递到材料上是一个非常复杂的过程，这里只能用一种简化的方式来解释。固态金属加热后可以增加晶格中原子的振动动能。电子质量很小，电子不能通过直接撞击比它重得多的原子核的晶格原子来释放能量，而是与其他金属中的电子发生碰撞，金属原子核外层轨道上快速移动的导电电子产生的电场可以延伸得很远，因此也更容易与电子束中的电子发生碰撞。宏观上观察到的实际现象就是电子束穿透了金属，在功率密度足够高的情况下，碰撞区的温度会升高到超过金属的气化点。尽管熔化后的液态金属和气化后的气态金属没有晶格结构，但这个持续的冲击过程仍然以上述类似的方式对电子束的输入能量进行传输和转换。

在讨论电子束穿透金属的行为之前，必须对电子束穿透金属之前的过程进行描述。并非所有的电子束流都参与了动能转换为加热金属的热量的过程。当电子束撞击金属表面时，有少量电子立即发生弹性反射，如图 2-9 所示。反射电子的方向和强度取决于碰撞区域的表面条件（光滑或粗糙），电子束撞击表面条件不同的区域会形成具有不同强度的反射电子，这一现象也是电子束焊接焊缝跟踪系统的基础。另一部分电子在穿透后由于能量的损失而返回金属表面。这两部分的电子都来自电子束，称为初级电子。当初级电子与传导电子碰撞时，就把这些传导电子从金属晶格中撞出来，并使它们从金属表面发射出来，这样就产生了二次电子。

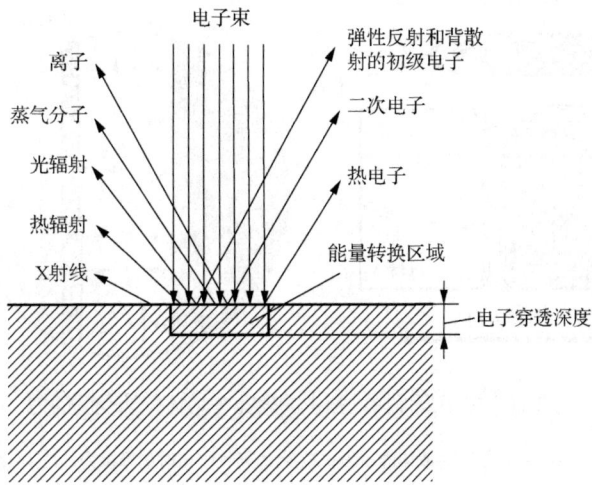

图 2-9　电子束撞击金属表面而产生的反射现象

在 U_A=150kV 的加速电压下，电子在钢中的穿透深度仅为 0.06mm。当束流焦点功率密度 $L<10^5$W/mm^2 时，这个浅层能量转换区域足以通过热传导作用将金属熔化 2~4mm，这意味着典型电子束焊接中温度远远超过了所有已知金属的熔点和气化点。如图 2-10 所示，在束流的冲击下，金属不仅会液化，而且会转化为蒸气，蒸气膨胀并部分向上逃逸，同时由于反作用力将熔化的金属向下推。当电子遇到新的固体材料并将其加热时，就产生了一种加深的效果。通过这种方式，电子束穿过熔化金属包围的匙孔。如果电子束与工件相对移动，熔融层在蒸气腔后面发生结合，那么凝固后在两工件之间形成蒸气腔并产生深焊效应。

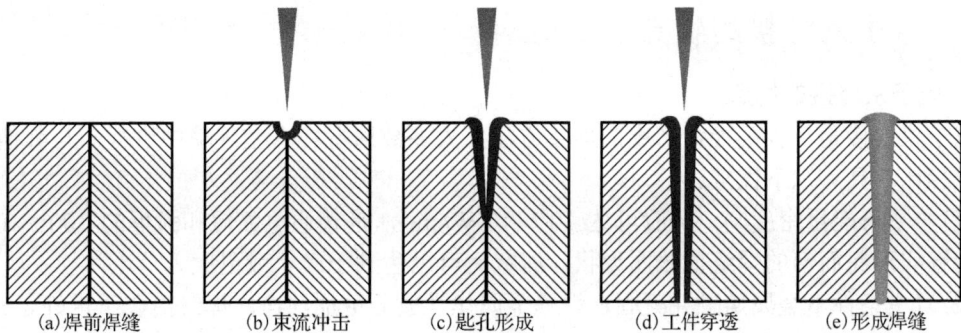

图 2-10　深熔焊接过程分阶段图

深焊效应发生过程中存在各种力，一部分力会增大蒸气腔，另一部分力会挤压蒸气腔，如图 2-11 所示。因此，一方面，蒸气会造成从内部挤压蒸气腔壁的流体静压力；另一方面，熔体腔壁的表面张力试图压缩蒸气腔。在全熔透焊接中，逸出的金属蒸气会产生向上的摩擦力作用在腔壁上，而熔池则受到向下的重力。此外，如果焊缝是采用电子束焊接形成的，那么所有这些力都会被蒸气腔周围运动的金属所"覆盖"。

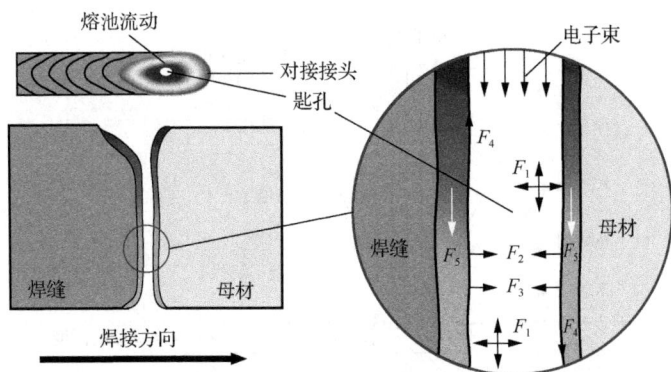

图 2-11　电子束焊接过程中的匙孔与熔体壁所受到的力

F_1-蒸气压力；F_2-表面张力；F_3-液体静压力；F_4-金属蒸气喷出时的摩擦力；F_5-熔化金属的重力

2.3　电子束焊接的特点、分类及应用

电子束焊接是一种以集束电子束作为焊接热源使金属熔化、形成焊缝的连接方法。其焊接过程的基本原理是：在高真空条件的电子枪内，阴极材料被加热并溢出大量电子，电子经静电透镜汇聚，通过高压电场加速后获得极高的动能，再经由电磁透镜聚焦集束而形成高能量密度的电子束。具有高能量密度的电子束撞击在(金属)工件表面，将动能转换为热能，使(金属)工件熔融并凝固而形成焊缝，从而实现对(金属)工件的焊接。

2.3.1　电子束焊接的特点

1. 电子束焊接的优点

电子束焊接是一种高能量密度的焊接方法，大多数情况在真空环境中进行。与其他熔化焊方法相比，具有以下优点。

(1)电子束能量密度高，一般可达 $10^6 \sim 10^9 \mathrm{W/cm^2}$，是普通电弧焊和弧焊的 $100 \sim 100000$ 倍。能够实现深而窄的焊缝横截面形状，深宽比可以达到 10∶1 或更大。

(2)真空条件下金属熔融并凝固，焊缝金属化学成分更加纯净，焊缝冶金质量好。

(3)电子束能量更加集中，焊接速度快，焊接线能量小，被焊工件接头热影响区小，因热输入导致的变形小，可以对精加工后的零件施行焊接。

(4)可焊接材料适应性强，包括普通钢材、不锈钢、合金钢、铜、铝等金属，和钨、钼、铌、钽等难熔金属，以及钛、锆、铀等化学性质活泼的金属。

(5)能够焊接异种金属，如铜和不锈钢、钢和硬质合金、铬和铜铬、铜钨等。

(6)电子束焊接的工艺参数，如加速电压、束流、聚焦电流、偏压、焊速等可以精确调整，容易实现焊接过程自动化和程序控制，焊接重复性好。尤其是随着工业控制计算机的快速发展，不仅实现了焊接自动化，而且具备焊接工艺和质量过程的可追溯性。

(7)电子束可达性好，能够实现复杂结构形状零件和特殊几何轨迹焊缝的焊接，焊接生产效率高(尤其对于大厚件的焊接工件)。

2. 电子束焊接推广受限的原因

电子束焊接虽然有上述各方面的优越性，甚至某些特点是其他焊接方法无法比拟的，但从目前我国实际情况来看，电子束焊接的普遍推广受到一定限制。主要有以下几方面原因。

(1)电子束焊接机集高压技术、电气控制、计算机控制、光纤传输、真空获得与测量、电磁光学、机械材料等多学科技术于一体。结构复杂，技术难度高，对控制精度要求非常高，因此设备制造成本高。尤其是 30kW、100kV 以上高压电子枪设备的价格更高，进口设备价格甚至高达千万元。设备费用高使电子束焊接技术的推广应用受到一定的限制。

(2)电子束焊接工艺对焊接接头形式和加工要求特殊，对焊前装配质量控制严格，相应的焊前加工要求高。

(3)真空条件下的电子束焊接，因为真空获得时间、被焊零件精密装配等限制，小批焊接生产效率低，焊接成本高。但是进入批量生产阶段后，生产效率会大幅提升、制造成本显著降低。

2.3.2　电子束焊接的分类及应用

1. 电子束焊接的分类

电子束焊接可从以下两个方面进行分类。

1)按被焊工件所处真空度的高低来分

(1)高真空电子束焊接：被焊工件放在真空度为 $10^{-4} \sim 10^{-1}$Pa 以上的工作室中进行焊接。这种方法是目前应用最为广泛的。其缺点是工件大小受工作室尺寸限制。

(2)低真空电子束焊接：工作室真空度保持在 $10^{-1} \sim 1$Pa。它与高真空电子束焊接相比，具有真空系统简单、启动快、效率高，减弱了焊接时金属蒸发等优点。

(3)非真空电子束焊接：它是将在真空条件下形成的电子束流，引入大气环境中对工件进行焊接。为了保护焊缝金属不受污染和减少电子束的散射，电子束流在进入大气中时先经过充满氦气的气室，然后与氦气一起进入大气中。非真空电子束焊接成为一种实用的焊接方法，其最大优点是摆脱了工作室尺寸对工件的限制，因而扩大了电子束焊接的应用范围。

2)按电子束焊接机的加速电压来分

(1)高压电子束焊接：其加速电压范围一般为 60～150kV，可得到直径小、功率密度大的束斑和深宽比大的焊缝。其缺点是屏蔽焊接时产生的 X 射线比较困难。

(2)中压电子束焊接：其加速电压范围为 30～60kV。

(3)低压电子束焊接：其加速电压低于 30kV。适用于焊缝深宽比不高的薄板材料的焊接。

2. 电子束焊主要应用的方面

(1)难熔金属的焊接。例如，对钨、钼等金属进行焊接，可在一定程度上解决此类材料焊接时产生的再结晶发脆问题。

(2)化学性质活泼材料的焊接。例如，对铌、锆、钛、铝、镁等金属及其合金进行焊接。

(3)耐热合金和各种不锈钢、镍基合金、弹簧钢、高速钢的焊接。

(4)对不同性质材料的焊接。例如，对钢与青铜、钢与硬质合金、钢与高速钢、金属与陶瓷，以及对厚度相差悬殊工件的焊接。

　　真空电子束焊接技术的应用已相当广泛，不但应用于原子能、航天航空等国防工业生产部门中特殊材料和结构的连接，而且在一般机械制造工业中，尤其是在大批量生产和流水生产线中也广为应用。例如，电子工业中微型器件和真空器件的焊接、导航仪器中要求内部真空的密封焊接；还可以用电子束焊来修补飞行器。这种电子束焊接设备不需配真空系统(因为太空就是天然真空)，可制成很小的手枪式焊接设备。例如，美国西屋电气公司制造的轻便型非真空电子束焊接机，可焊接高 42m、直径 10m、壁厚 12.7mm，由铝合金制作的土星 5 号火箭的外壳和燃料箱外壳。

2.4　电子束焊接的工艺

　　电子束焊接的主要焊接工艺参数包括加速电压、焊接束流、聚焦电流、焊接速度、工作距离、电子束扫描参数等。

　　在电子束聚焦处于最佳状态时，影响电子束焊接的主要参数是加速电压、焊接束流、聚焦电流、焊接速度、工作距离等，这些参数可以单独进行调节，有些参数的变化不仅改变了电子束的功率密度，还会改变电子束功率和焊接线能量。

　　匙孔效应是电子束焊接方法的基本特征，电子束冲击力和高温冲击形成的金属蒸发气流反冲力使熔池液态金属表面凹陷并持续循环形成了沿深度方向的匙孔，液体金属表面张力和流体静压力趋向拉平匙孔形成动态熔池，如图 2-12 所示。匙孔的大小尺寸形态取决于被焊材料特性和电子束焊接的工艺参数。加速电压、工作距离、焊接速度、焊接束流值和电子束扫描等影响焊缝熔合边界的形成，各工艺参数对焊缝成形的影响不尽相同。

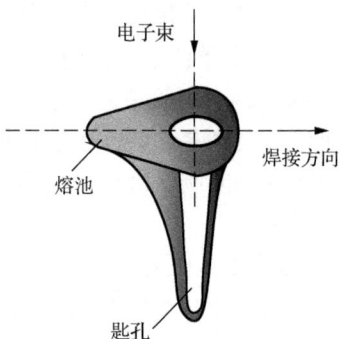

图 2-12　电子束焊接熔池示意图

1. 加速电压
　　提高加速电压可以增加焊缝的熔深，当加速电压升高时，除了电子束功率增大使功率密度变高，电子光学系统聚焦性能的改善也进一步提高了电子束焦点的功率密度。因此，当焊接大厚件并要求得到窄而平行的焊缝或电子枪与焊件的距离较大时可提高加速电压。根据高压电源和电子枪类型的不同，大多数时候都要求把 U_A 维持在一个设定的范围内，可根据表 2-2 选择高加速电压或低加速电压的电子束焊接设备。

表 2-2　选择加速电压时需要注意的事项

加速电压	注意事项
U_A=120～150V	需要较小的束斑半径; 可能需要较大的熔深; 需要减少对外部磁场的依赖; 采用工作距离较大时需要长聚焦(大于 1m); 需要较长的束流焦散曲线,允许焊件工作距离的微小波动; 电子枪和真空室需要进行 X 射线防护
$U_{A\,max}$=60V	可采用柔性高压电缆,适用于工作室内和室外的移动电子枪; 由于孔径角度比较大,焊接具有狭窄通道的焊缝时会有一定的困难; 电子枪和工作室不需要特殊的防护

2. 焊接束流

焊接束流与加速电压决定电子束的功率。电子束焊接中,常常要调整焊接束流,以满足不同的焊接工艺。但当焊接束流增加时,电子光学系统的聚焦性能变差,使电子束焦点的功率密度增加变缓。所以一般是增加焊接束流后,磁透镜的聚焦电流也要进行相应的调整。

电子束冲击电流分为工作电流和透射电流(图 2-13)。透射电流使蒸气腔保持开放,并且影响焊缝背面焊道的凝固过程。工作电流是冲击电流的最大组成部分。形成工作电流和透射电流的电子通过夹具、工作台和真空室被传导到大地。

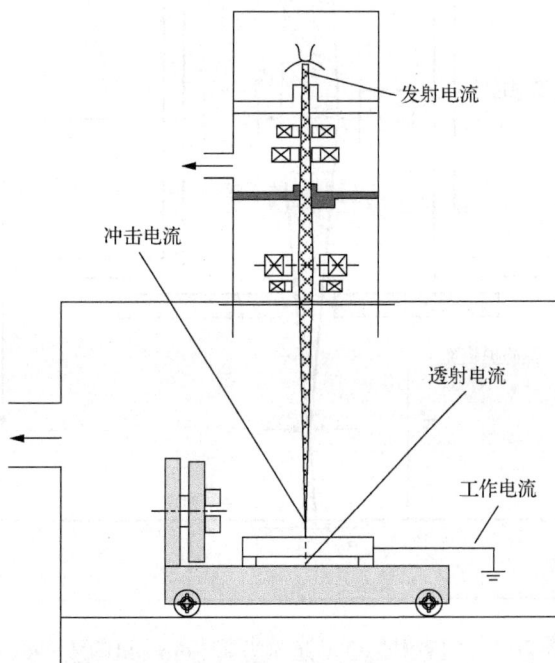

图 2-13　发射电流、冲击电流、透射电流和工作电流示意图

如果用于焊接的电子束电流过大,金属表面张力不足以支撑熔化的过量熔池金属重量,那么多余的熔融金属就会在重力的作用下从焊缝背面滴落下来,造成焊缝正面凹陷、背面焊

缝下塌。若多余的金属从焊缝背面溅射出来，则会使焊缝正面出现下塌，背面形成缩沟。如果使用过小的电子束电流，会导致工件未熔透，造成表面余高过高，往往出现明显的咬边现象，在起始点容易出现裂纹。在对电流进行优化的情况下，实现工件全焊透并且表面仅有微小的余高，减小焊缝穿透电流使得背面的下塌量变小。

3. 聚焦电流

电子束焊接时，聚焦电流会影响焊缝成形及焊缝深宽比。另外，电子束的聚焦位置对焊缝形状影响很大。相对于焊件，焦点位置有上聚焦、下聚焦和表面焦点三种。根据被焊材料的焊接速度、焊缝接头间隙等决定聚焦位置，聚焦位置对熔深和焊缝根部边界有重要影响。经过高压电场加速并聚焦后的电子束能量密度呈高斯分布。

表面焦点焊接时，金属表面冲击面积小，促进金属蒸发的高斯面热源热输入分量小，穿过匙孔表层形成焊缝熔深的圆锥体热源为主要的电子束热输入源。散焦焊接（上焦点或下焦点）时，面热源和圆锥体热源重新分配，容易改变电子束匙孔和熔池之间力的关系，能够改变流体静压力，进而改变焊缝的熔合边界、焊缝成形及内部质量。

当设定的电子束最小直径光斑聚焦在工件表面上时称为表面聚焦，此时将电子束描述为"正常聚焦"。但有时为了避免产生焊缝缺陷，采用的束流是散焦的，此时束流可能处于"最佳聚焦"状态。在这种情况下，束流击中工件表面的束斑直径 d_{F1} 将大于表面焦点直径 d_{FO}，如图 2-14 所示。上聚焦时焦点位置高于表面聚焦的工件表面位置，下聚焦时则相反。

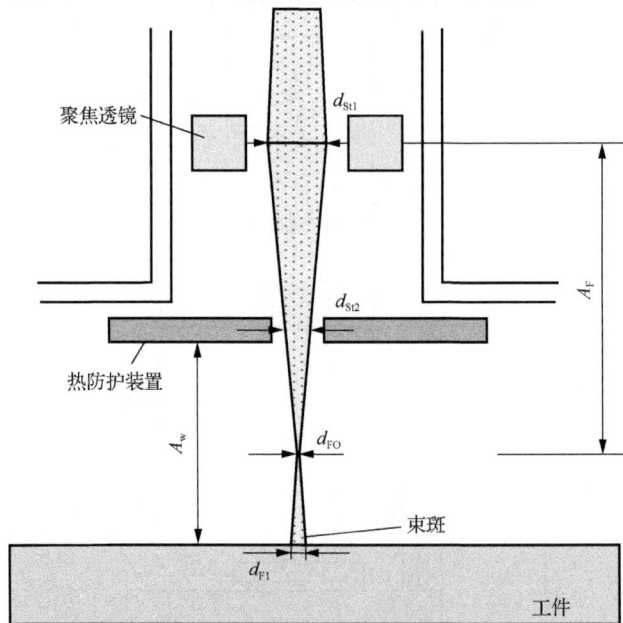

图 2-14　不同测量平面上的聚焦直径 d_{FO}、束斑直径 d_{F1}

图 2-15 为焦点位置对蒸气腔动力学的影响。在正常表面聚焦的情况下，最大压力位于蒸气腔的中部，使蒸气腔壁变形，促使空腔形成。当束流聚焦在工件表面上方时，蒸气压力会压缩蒸气腔顶部的液体壁，可能会导致收缩裂纹的形成。当电子束的焦点在表面以下时，蒸气压力最大处会转移到工件中位置较低的区域，熔化的材料可以自由流动到工件的表面。

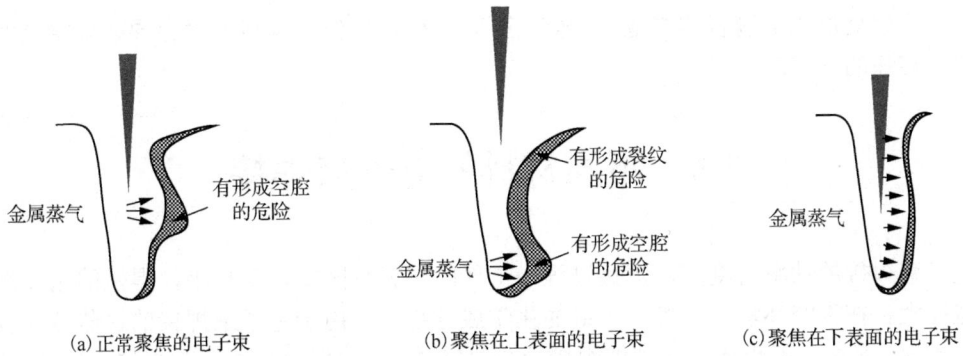

(a) 正常聚焦的电子束　　　　　(b) 聚焦在上表面的电子束　　　　　(c) 聚焦在下表面的电子束

图 2-15　焦点位置对蒸气腔动力学的影响

因此，经验证明，在电子束焊接中并不总是需要把焦点集中在工件表面来进行焊接。通常，必须通过散焦或扫描振荡来抑制外部及内部的缺陷。聚焦振荡也是一种常用的措施。焊接过程中聚焦电流随频率的随机变化而变化，使焊接过程中电子束周期性地散焦。

4. 焊接速度

焊接速度影响焊接熔池的凝固和冷却时间，也影响匙孔和熔池的传递速率以及焊接速度。焊接速度越快，熔池外观尺寸和匙孔越小，熔池液体无法充分流入匙孔部分，导致焊缝的形成不均匀，内部容易形成孔洞缺陷。对于任何给定的焊接工件，给定一个合格的热输入，就可以获得单位长度焊缝上的焊接能量(图 2-16)。在电子束焊接中输入的总焊接能量包括以热传导形式输入的焊接能量、在电子束焊接过程中由于材料蒸发而损失的巨大能量，以及金属液滴从焊缝背面飞溅而额外损失的能量。

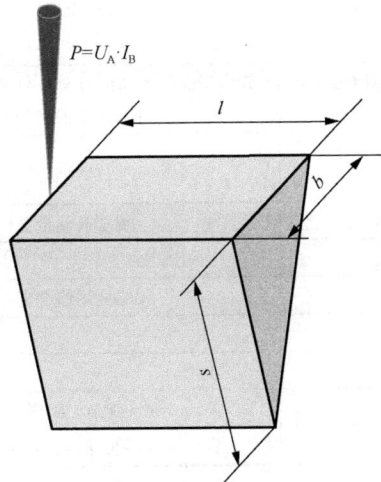

$$P = U_A \cdot I_B$$

图 2-16　单位体积的材料被电子束熔化

上述焊接参数对焊接工艺有不同的影响，束流的性能和焦点位置是影响蒸气腔与熔池壁力学平衡的主要因素，而工件的冷却和凝固主要受焊接速度的影响。此外，焊接速度和束流功率共同决定了熔深和焊缝深度，以及熔池和熔池壁中材料的输送。如前所述，在非常高的焊接速度下，熔池壁厚度可能会减小，从而影响熔池壁内材料输送的均匀性。其结果是在上焊道和下焊道处形成泪滴状的焊缝（驼峰效应）。另外，极低的焊接速度会导致焊缝过宽，无法形成足够深的蒸气腔。

2.5 不同材料的电子束焊接

电子束焊接的功率密度高，焊接过程中工件的热影响区窄、变形小，焊接的精度高，焊缝深宽比大。在真空环境下焊接，焊缝的化学成分纯净，由于电子束焊接的这些特点以及独特的优越性，凡是一般焊接方法能够焊接的金属材料，都可以采用电子束焊接方法进行焊接。而一些用普通焊接方法难以保证焊缝质量或无法焊接的材料，电子束焊接在很大程度上可适应这些材料的焊接。因此，该焊接方法适合于焊接大多数金属，典型的金属材料包括碳钢、不锈钢、高温合金、铝镁合金和难熔金属等。

根据电子束焊接的特点，把金属材料的焊接性分为三类。

(1) 容易焊接的材料称为焊接性好。

(2) 焊接性较差的材料，需要采取特殊工艺措施，认为尚可焊接的称为焊接性尚可。

(3) 完全不能焊接的称为不可焊。

表 2-3 列出了常见金属材料电子束焊接的焊接性。

表 2-3 常见金属材料电子束焊接的焊接性

材料种类	焊接性好	焊接性尚可	不可焊
铁基材料 钢 铸铁	<0.45%C 非合金钢； <0.35%C 低合金钢； 18/8Cr-Ni 不锈钢	0.45%～0.7%C 非合金钢； 低合金钢； 25/20Cr-Ni 不锈钢	>0.7%C 非合金钢和低合金钢；渗碳钢；铸铁
铝基材料	纯铝、Al-Mn 合金、Al-Cu-Mn 合金、Al-Si 合金	镁含量高的 Al-Mg 合金；Al-Zn-Mg 合金；硅含量高的铝合金	
铜基材料	铍青铜、铝青铜、Cu-Zn 合金、Cu-Ni 合金	纯铜	黄铜、镍铜
镍基材料	纯镍、Ni-Cr 合金、Ni-Cu 合金	镍基高温合金	
钴基材料	钴基高温合金		
镁基材料		工业用镁合金	
钛基材料	纯钛、Ti 合金		
锆基材料	含 15%Sn 锆合金		
贵金属	纯铂	纯金、纯银	
难熔金属	纯钽	纯钼、纯铌、纯钨	

2.5.1 常规金属材料的电子束焊接

1. 铝及铝合金电子束焊接

真空电子束焊接用于焊接纯铝及非热处理强化铝合金是一种理想的方法，单道焊接的工件厚度可达到 47.5mm。热影响区小，变形小，不填充焊丝，焊缝纯度高，接头的力学性能与母材退火状态接近。电子束焊接铝合金具有以下优点。

(1)电子束焊接速度极快、热影响区很小，接头强度损失很小。

可热处理强化铝合金焊接时，焊接接头软化是常见的问题。电子束焊接时，焊缝和热影响区宽度很小。约为气体保护焊的 1/15，极大地减少了热输入，接头性能提高很多。

例如，常用的可热处理强化 2219 铝合金，对其进行电子束焊接。电子束焊接接头各区域的金相组织如图 2-17 所示。可以看出，焊缝区的显微组织由细小的等轴晶组织组成。熔合区是金属熔化区域(焊缝区)向未熔化区域(热影响区)过渡的一个区域，该区域的微观组织在组织的形态以及化学成分的分布方面存在明显的不均匀性，包含细小等轴晶、柱状晶、超细等轴晶等混合组织形态，电子束焊接接头的熔合区没有发现明显的缺陷存在，如图 2-17(d)所示。电子束焊接接头强度达到 80% 以上，搅拌摩擦焊和氩弧焊分别达到 74% 和 55%。

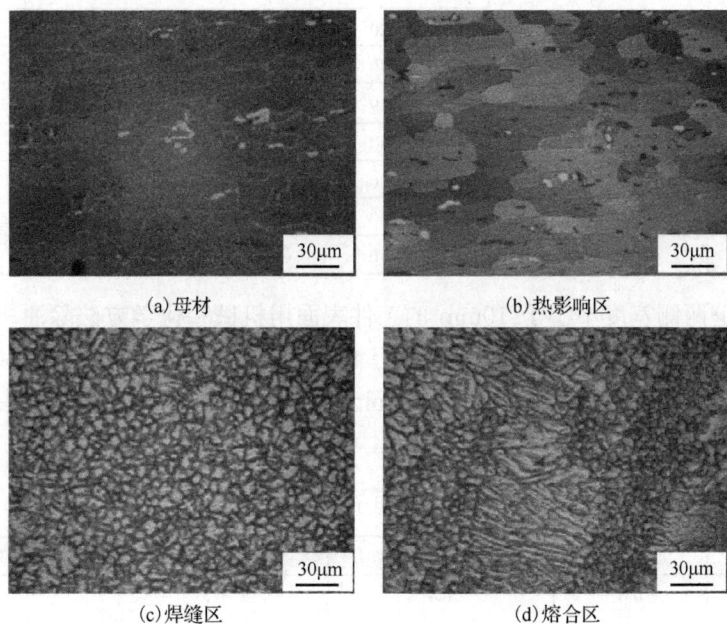

| (a) 母材 | (b) 热影响区 |
| (c) 焊缝区 | (d) 熔合区 |

图 2-17　2219 铝合金电子束焊接接头各区域金相组织

(2)电子束穿透能力强，可以不开坡口焊接厚板，效率高。

电子束功率密度高、穿透力强，焊接效率高。例如，焊接加速电压为 60kV 时，焊接 40mm 的铝合金可以不开坡口，焊接速度依然可以在 15mm/s，可以形成深而窄的"平行"焊缝，焊接变形很小。

(3)自动化程度高，再现性好。

电子束焊接设备采用计算机数控(compute numerical control，CNC)控制机床运动，定位精度高，采用可编程逻辑控制器(programmable logic controller，PLC)控制焊接参数，参数重复性好、焊接稳定性好。

(4)焊接纯净度高，接头质量好。

铝合金最常见的焊接缺陷是焊接气孔，在普通熔焊过程中，对氢源的控制是一个很大的难题，而电子束焊接可以很好地控制此因素。由于焊接过程是在真空环境下进行的，保护效果好，不受保护气体纯度和杂质的影响，也不受风速等外界环境的影响。此外，真空电子束多数情况下不填充金属，氢源和杂质也不会通过焊丝引入焊缝。

采用电子束焊接铝及铝合金常用的接头形式有对接、搭接和 T 形接头，接头装配间隙小于 0.1mm。铝及铝合金真空电子束焊接的工艺参数见表 2-4。

表 2-4　铝及铝合金真空电子束焊接的工艺参数

板厚/mm	坡口形式	加速电压/kV	电子束电流/mA	焊接速度/(cm/s)
1.3	—	22	22	0.31
3.2	—	25	25	0.33
6.4	I	35	95	1.47
12.7	I	26	240	1.67
	I	40	150	1.69
19.1	I	40	180	1.69
25.4	I	29	250	0.33
	I	50	270	2.53
50.0	I	30	500	0.16
60.0	I	30	1000	1.08
152.0	I	30	1025	0.03

焊前应对接缝两侧宽度不小于 10mm 的工件表面用机械和化学方法除油和清除氧化膜。为了防止气孔生成和改善焊缝成形，对厚度小于 40mm 的铝板，焊接速度应为 60～120cm/min。厚度 40mm 以上的铝板，焊接速度应在 60cm/min 以下。不同厚度铝合金电子束焊接的工艺参数示例见表 2-5。

表 2-5　不同厚度铝合金电子束焊接的工艺参数示例

铝合金牌号	厚度/mm	电子束功率/kW	焊接速度/(cm/s)	焊缝位置
5A06(LF6)	0.6	0.4	1.7	平焊、电子枪垂直
	5	1.7	2.0	平焊、电子枪垂直
	100	21	0.4	平焊、电子枪平放
	300	30	0.4	平焊、电子枪平放
7A04(LC4)	10	4.0	2.5	平焊、电子枪垂直
4047A(LD8)	18	8.7	1.7	平焊、电子枪垂直

2. 钛及钛合金电子束焊接

电子束功率密度可达 $10^6\,W/cm^2$ 以上，比大功率氩弧焊高 2～4 个数量级，其特殊的能量转换机构具有很高的能量转换效率。电子束焊接钛合金的主要优点有以下几种。

(1) 可获得窄而深的穿透型熔化焊缝，其深宽比可达 50∶1。焊接厚板时可以不开坡口，不加填充金属，实现一次焊成，相比电弧焊可节省辅助材料和能源消耗。

(2) 焊接速度快，对材料热输入少，故热影响区窄，焊缝可以趋近于平行，焊接变形小。对于精加工的工件，可用作最后的连接工序。

(3) 能够可靠地保护焊接区域不受大气的影响。在真空中进行焊接可以使氢、氧、氮等有害气体对金属污染程度降至最低，且有利于焊缝金属的除气和净化，因而很适合焊接活泼金属，也可用于内部保持真空度和密封件焊接。

（4）电子束在真空中可以传到较远（超过 1000mm）的位置上进行焊接，焊接可达性好。

（5）可以准确地控制焊接参数，以保持焊接的重现性；通过控制电子束的偏移，可以实现复杂焊缝的自动焊接；可以通过电子束扫描熔池消除缺陷，提高接头的质量。

（6）采用电子束焊接，可在焊后直接用散焦电子束对接头进行局部热处理，以减小接头残余应力。

在加速电压 150kV、焊接速度 30mm/s、电子束流 23mA、聚焦电流 2085mA 的条件下，采用电子束焊接 15mm 厚 TC18 钛合金板。由于高能电子束的作用，对于厚板，热输入正面高于背面，导致熔化的正面金属比背面量大，进而焊缝显示出上宽下窄的"钉子形"。由图 2-18 可以看出，焊缝中心为粗大的 β 柱状晶，焊缝中 β 柱状晶向中心对接生长，且因为焊缝中心的热输入较多，晶粒尺寸较大，两边吸收热量渐渐减少，晶粒尺寸也相应地依次减小，由中心向外 β 晶粒的尺寸呈梯度变化。

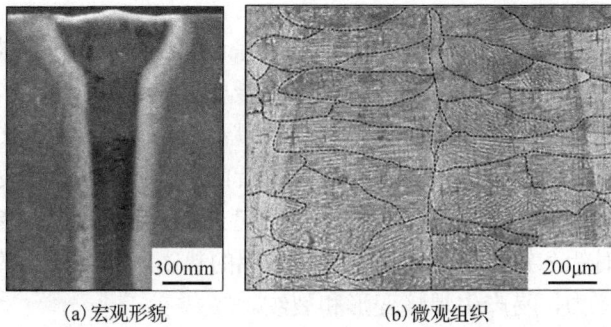

(a) 宏观形貌　　　　(b) 微观组织

图 2-18　钛合金电子束焊接的宏观形貌及微观组织

由于真空电子束的能量密度比等离子弧高，焊缝和热影响区很窄，过热倾向相当微弱，晶粒不会显著粗化（表 2-6），因而抑制焊接接头区域的脆化倾向，保证良好的力学性能。

表 2-6　Ti-6Al-6V-2Sn 钛合金电子束焊接接头的热影响区宽度及晶粒尺寸

焊接方法	板厚/mm	焊接宽度/mm	热影响区宽度/mm	热影响区晶粒尺寸/mm
钨极氩弧焊	1.65	7.9～9.5	2.54	0.89
	2.36	9.5～11.1	3.56～4.57	0.89
高压电子束焊接	1.27	2.18	0.05	0.25～0.64
	2.41	1.52	0.05	0.25～0.64
	3.18	3.56	1.27	0.25～0.64

由 TC4 钛合金电子束焊接接头的力学性能（表 2-7）可见，采用同质焊丝钨极氩弧焊的 TC4 钛合金接头，由于焊接冶金和热作用，断裂发生在焊缝或热影响区，使其强度和塑性都比母材低，尤其塑性的下降更为显著。而电子束焊接接头的断裂发生在母材上，因此真空电子束焊接接头的力学性能不逊于母材。

表 2-7 TC4 钛合金电子束焊接接头的力学性能

焊接方法	抗拉强度/MPa	屈服强度/MPa	伸长率/%	强度系数/%	断裂位置
电子束焊接	1117.2	1046.6	12.5	96.8	母材
钨极氩弧焊(TC4 焊丝)	964.4	909.4	4.4	84.0	焊缝或热影响区
TC4 母材	1150.5	1102.5	11.8	—	—

真空电子束焊接比钨极氩弧焊能量密度高，焊缝的深宽比大，几百毫米厚的钛及钛合金板材不开坡口可一次焊成，而且焊缝窄，热影响区小，晶粒细，接头性能好。电子束焊接对钛及钛合金薄壁工件的装配要求高，否则焊接中易产生塌陷。为了防止焊缝中出现气孔，焊前要认真清理焊件坡口两侧的油锈，尽量减少母材中的气体来源。可以对焊缝进行重熔，一次重熔可使直径为 0.3~0.6mm 的气孔完全消失，二次重熔可使更小的气孔明显减少。

2.5.2 异种材料的电子束焊接

随着武器小型化、轻量化的发展，对结构材料综合性能的要求不断提高，单一的合金结构已经不能全面满足生产和使用的需要，因此异种金属材料连接的复合结构是发展的必然趋势，其中"铝+钛"双金属结构的应用越来越多，这就必然要涉及铝和钛这两种材料之间的连接问题。铝与钛都属于化学活性非常强的金属，二者的熔点相差很大，之间的固溶度较低，在不同温度下反应生成不同的金属间化合物，易引起应力集中，降低焊接接头的力学性能，增加金属的脆性；同时铝和钛的热导率相差悬殊，铝的热膨胀系数比钛约大 3 倍，因此焊接时会产生很大的焊接应力，易产生焊接变形和裂纹。

目前铝/钛异种金属的焊接方法主要有激光、电弧等熔化焊和扩散、摩擦等压力焊。熔化焊中热输入非常高，焊接过程中很难控制熔合区金属间化合物的成分，导致金属间化合物严重长大而使接头无法使用。而压力焊往往受到生产工序和焊接结构的限制。采用真空电子束对铝与钛进行熔钎焊，一方面高能量密度的电子束热源能够很好地控制熔池的尺寸、形状和束斑的位置，降低界面温度、缩短反应时间，使上述铝/钛异种金属焊接问题最小化；另一方面，焊接过程的真空状态提供了金属不受空气污染的条件，保证了焊缝的质量。

将电子束焊接技术应用于 5A06 铝合金/TC4 钛合金异种金属熔钎焊，实现了铝/钛异种金属焊接接头的平滑过渡，焊缝正、背面成形良好，如图 2-19 所示。Al 和 Ti 这两种元素在焊接过程中都向对方基体中进行扩散，形成 1.0~1.6mm 宽度的反应区，在 TC4 侧形成厚度为 20~40μm 的过渡层，5A06 侧形成大量弥散分布的块状 Ti-Al 金属间化合物，实现 5A06 铝合金/TC4 钛合金异种金属的冶金结合(图 2-20)。焊接接头的抗拉强度达到 180MPa，焊缝无裂纹和气孔缺陷。

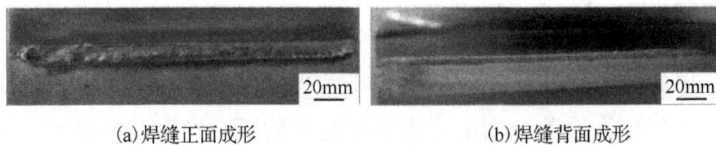

(a)焊缝正面成形　　　　　　　　(b)焊缝背面成形

图 2-19 5A06 铝合金/TC4 钛合金电子束焊接焊缝表面成形

(a) TC4 侧结合界面微观结构　　　　　　　　(b) 5A06 侧结合界面微观结构

图 2-20　5A06 铝合金/TC4 钛合金电子束焊接焊缝界面微观结构

复习思考题

2-1　请简要描述电子束焊接的原理和过程。

2-2　列举电子束焊接的主要优点和应用领域。

2-3　解释电子束焊接中聚焦透镜的作用以及选择透镜时需要考虑的因素。

2-4　解释"散焦"和"聚焦"的概念，并阐述它们对电子束焊接的影响。

2-5　解释束流密度对电子束焊接的影响，并讨论如何优化束流密度。

2-6　为什么在电子束焊接中需要使用真空环境？请详细说明原因。

2-7　探讨电子束焊接中可能遇到的缺陷，如孔隙和裂纹，并提供预防措施。

2-8　解释电子束焊接中可能出现的"后击"和"两侧击"现象。

2-9　详细解释电子束焊接的功率调节方法，并讨论如何选择合适的功率。

2-10　探讨电子束焊接在航空航天工业中的重要性和应用。

第3章　搅拌摩擦焊技术

搅拌摩擦焊(friction stir welding, FSW)最开始是由英国焊接研究所(the welding institute, TWI)针对铝、镁等轻质有色金属开发的一种非熔化连接技术, 该技术具有接头质量高、焊后变形小、焊接过程绿色无污染等优点。该技术可将传统熔焊方法难以焊接的材料进行高质高效连接, 是铝、镁、钛等轻质合金优选的焊接方法, 在船舶、轨道交通、航空航天等制造领域具有广阔的应用前景, 日益受到科学家们的重视。

本章从搅拌摩擦焊的基本原理与特征出发, 涵盖搅拌摩擦焊的原理和应用介绍, 涉及内容包括搅拌摩擦焊技术、搅拌摩擦点焊技术以及塞补焊技术, 并总结当前搅拌摩擦焊设备。

3.1　搅拌摩擦焊原理

搅拌摩擦焊是一种固相焊接方法, 焊接过程中不会使构件发生熔化。如图 3-1 所示, 在焊接过程中, 试样母材放置在工作台上并通过夹具进行压紧, 以防止试板在焊接过程中滑动或移位。焊接工具主要包括夹持部分、轴肩和搅拌针。搅拌针直径通常为轴肩直径的 1/4~1/3, 并且长度略短于母材厚度。搅拌头与焊缝垂直线之间具有 2°~5° 的夹角, 这样可以减慢搅拌针的折损速度, 延长搅拌头的使用寿命, 并减小搅拌头在材料流动过程中的阻力, 促进焊缝内材料的融合。

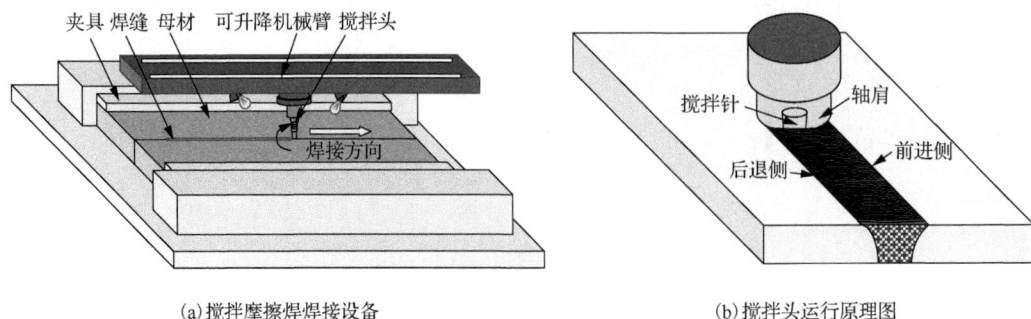

(a)搅拌摩擦焊焊接设备　　　　　　　　　　(b)搅拌头运行原理图

图 3-1　搅拌摩擦焊的设备及原理示意图

搅拌摩擦焊的过程由以下 5 个阶段组成(图 3-2): ①搅拌针插入母材; ②搅拌头旋转预热; ③搅拌头移动焊接; ④焊后停留保温; ⑤搅拌针拔出。前三个阶段较为重要, 特别是第三个阶段为稳定的焊接过程, 摩擦产生的热量对整个搅拌摩擦焊过程的影响最大。

搅拌摩擦焊过程的有关技术术语如下。前进侧(advancing side, AS)是指搅拌头旋转速度方向与焊接速度方向相同的一侧; 后退侧(retreating side, RS)是指搅拌头旋转速度方向与焊接速度方向相反的一侧；搅拌头前端(leading edge，LE)和尾端(trailing edge，TE)沿 y 轴对称，分别位于焊接方向的前端和尾端。搅拌头尾端位于焊接方向后侧，辅助焊缝成形。其中，前进侧和后退侧沿焊缝中心线(x 轴)对称，对应于两块对接缝的母材。焊接时分别放置于前进侧和后退侧。

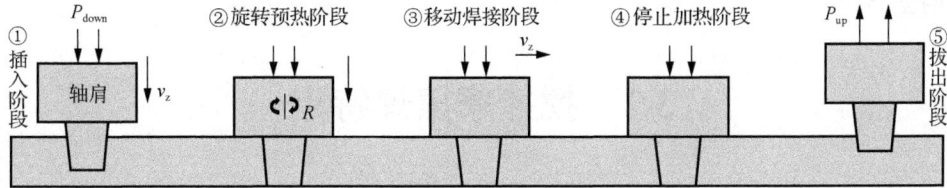

图 3-2　搅拌摩擦焊过程的不同阶段

在搅拌摩擦焊中，焊接接头形成机理的重要组成部分是材料的塑性流动规律。这些规律受到多个因素的影响，包括焊接参数、搅拌头的形状以及搅拌头的倾斜角等。为了研究搅拌摩擦焊过程中的塑性流动和接头形成，人们通常采用可视化试验和计算机模拟两种方法。由于搅拌摩擦焊过程的特殊性，目前还无法直接观察到材料的流动情况。常用的试验方法主要包括以下几种。

1. 钢球跟踪技术

钢球跟踪技术通过在焊缝两侧的不同位置插入小直径钢球，并在焊接过程中快速停止搅拌头的旋转，使钢球沿着搅拌头边缘分布，从而得到塑性金属流动的轨迹。通过 X 射线检测显示钢球的分布情况，对搅拌摩擦焊后的实际情况进行观察和分析。

2. 标签法

标记材料的选择原则为：与母材金属流动一致且不影响母材金属流动；焊接后与母材有明显的腐蚀差异。例如，选用 5456 铝合金作为标记材料，试验前装嵌于 Al 2014-T6 母材中，标记材料与母材在化学成分及焊接性方面相似，不影响母材焊缝金属的塑性流动。标记材料在焊接后显示的流动轨迹可以从侧面反映焊缝金属的流体流动。标记材料放置在前进侧和后退侧的不同高度位置上，涵盖了板厚的上部、中部和下部。

在焊缝的中间部位，大量的标记材料在焊接后被转移到其原始位置的后方，而只有少量的材料在前进侧上被转移到其原始位置的前方。转移的标记材料发生了一定的变形，其尺寸略大于搅拌针的直径。后退侧上发生了更多标记材料的变形和转移，相比之下，前进侧上的标记材料变形较少。在前进侧和后退侧上，可以观察到标记材料呈现出像"锯齿"一样的形式堆积在其原始位置的后部。通过对这些"锯齿"之间的间距进行分析，发现它们与焊接速度和旋转速度之比(即搅拌头旋转一周在焊接方向上移动的位移)恰好相等。

3. 数值模拟法

虽然试验方法在了解焊缝金属流动方面取得了一定的成果，但由于搅拌摩擦焊过程的复杂性和其本身的特点(无法直接观察材料流动过程)，试验研究受到了很大的限制。随着计算机技术的进步，采用解析和数学建模的方法来研究焊接过程中材料流动已成为一种重要手段。例如，采用三维模型进行搅拌摩擦焊过程塑性流体流动的数值模拟。三维流动模拟区域的尺寸为 200mm×130mm×8mm，搅拌头设置在流体区域原点处，图 3-2 中的 R 为搅拌头旋转半径，v_z 为搅拌头旋转速度。

通过模拟得到的结果，可以了解到搅拌头对流动的影响范围，但需要注意的是，模拟结果所得到的轴肩影响范围可能会大于实际焊接中的轴肩影响范围。另外，实际焊接过程中的搅拌头倾斜且具有一定的压入量，而模拟中并未考虑这些实际情况，可能会导致结果与实际有一定的差异。

3.2　搅拌摩擦焊特点

1. 搅拌摩擦焊接的优点

在搅拌摩擦焊接过程中，热量的产生主要是由于搅拌头的旋转和压力所引起的摩擦，而不是直接使用外部加热源将金属加热到熔点。因此，搅拌摩擦焊接是一种固相连接技术，通过摩擦热将被焊金属加热到塑性状态，然后通过搅拌的力和压力实现金属的塑性流动和连接。相比于传统的熔焊方法，搅拌摩擦焊具有许多优势，如无焊缝、无气孔、低能耗和高强度连接等。具体的优点有以下几种。

(1)焊缝质量好。焊缝是在塑性状态下受挤压完成的，属于固相连接，因而其接头不会产生与冶金凝固有关的一些如裂纹、夹杂、气孔以及合金元素的烧损等熔焊缺陷和催化现象，焊缝性能接近母材，力学性能优异。

(2)不受轴类零件限制。可进行平板的对接和搭接，可焊接直焊缝、角焊缝及环焊缝。

(3)无需高的操作技能和训练。搅拌摩擦焊利用自动化的机械设备进行焊接，避免了对操作工人技术熟练程度的依赖，质量稳定，重复性高。

(4)不需焊丝和保护气氛。焊接时无需填充材料、保护气体，焊前无需对焊件表面进行预处理，焊接过程中无需施加保护措施，厚大焊件边缘不用加工坡口，简化了焊接工序。焊接铝合金材料不用去除氧化膜，只需去除油污即可。

(5)焊件尺寸精度高。其加热过程具有能量密度高、热输入速度快等特点，因而焊接变形小，焊后残余应力小。

(6)绿色焊接方法。焊接过程中不产生弧光辐射、烟尘和飞溅，噪声低。

2. 搅拌摩擦焊接的缺点

随着研究的深入和发展，搅拌摩擦焊接技术的缺点正逐渐得到改善，目前该技术仍然存在的不足之处主要如下。

(1)相对于熔焊，搅拌摩擦焊的焊接速度不是很高。但对厚板来说，搅拌摩擦焊接可以一次成形，而传统的普通熔焊需要多层、多道焊接。

(2)被焊工件必须夹紧固定，对焊接装配要求较高，尤其是对接面间隙，一般来说，比填丝焊的精度要求还要高。

(3)一般需要在焊缝背面加垫板，进行刚性支撑(目前通过采用双轴肩搅拌头可以不需要背部刚性支撑)。

(4)部分工艺焊缝末端通常有"匙孔"存在。目前通过采用搅拌头回抽技术来避免产生匙孔。

(5) 设备刚性和精度要求较高，设备一次性投资较大。

(6) 目前主要适用于大型结构零部件的焊接，无法实现小型精密零件复杂焊缝的焊接。

3.3　搅拌摩擦焊接头形式和装配精度

1. 搅拌摩擦焊接头形式

搅拌摩擦焊可以实现管-管、板-板的可靠拼接，接头形式可以设计为对接、搭接，可进行直焊缝、角焊缝及环焊缝的焊接，并可以进行单层或多层一次焊接成形处理，焊前无须进行表面处理。由于搅拌摩擦焊过程自身特性，可以将氧化膜破碎、挤出。搅拌摩擦焊的接头形式如图 3-3 所示。

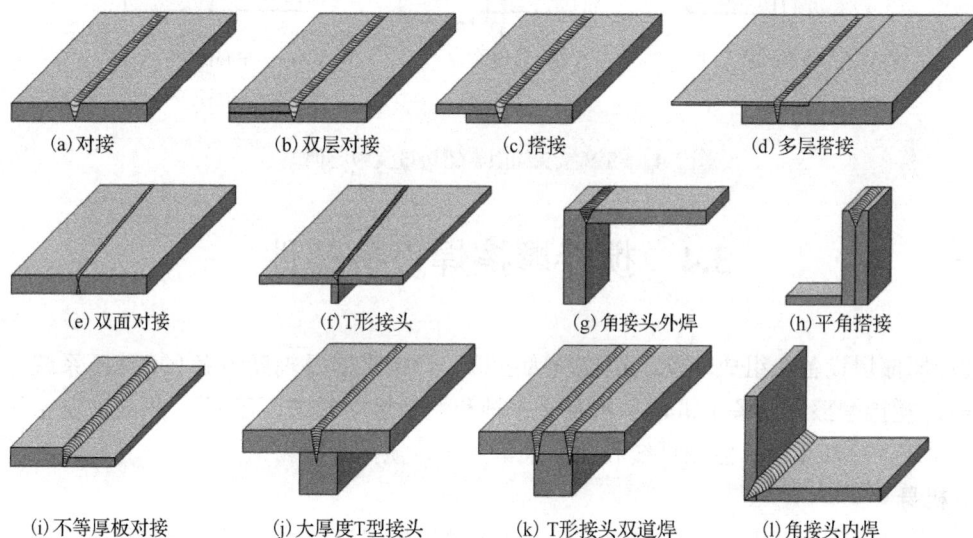

(a)对接	(b)双层对接	(c)搭接	(d)多层搭接
(e)双面对接	(f)T形接头	(g)角接头外焊	(h)平角搭接
(i)不等厚板对接	(j)大厚度T型接头	(k)T形接头双道焊	(l)角接头内焊

图 3-3　搅拌摩擦焊的接头形式

表 3-1 是几种铝合金搅拌摩擦焊常用的焊接速度。对于铝合金的焊接，搅拌头的旋转速度可以从几百转每分钟到上千转每分钟。焊接速度一般为 1～15mm/s。搅拌摩擦焊可以方便地实现自动控制。在搅拌摩擦焊的过程中搅拌头要压紧工件。

表 3-1　几种铝合金搅拌摩擦焊常用的焊接速度

材料	板厚/mm	焊接速度/(mm/s)	焊道数
Al 6082-T6	5～6	12.5	1
Al 6082-T6	10	6.2	1
Al 6082-T6	30	3.0	2
Al 4212-T6	25	2.2	1
Al 4212+Cu 5010	1+0.7	8.8	1

2. 搅拌摩擦焊接接头装配精度

搅拌摩擦焊对被焊工件的装配精度要求较高，比常规电弧焊接接头更加严格。在搅拌摩擦焊时，接头的装配精度要考虑如图 3-4 所示的 3 种情况，即接头间隙、错边量大小以及搅拌头中心与焊缝中心的偏差。

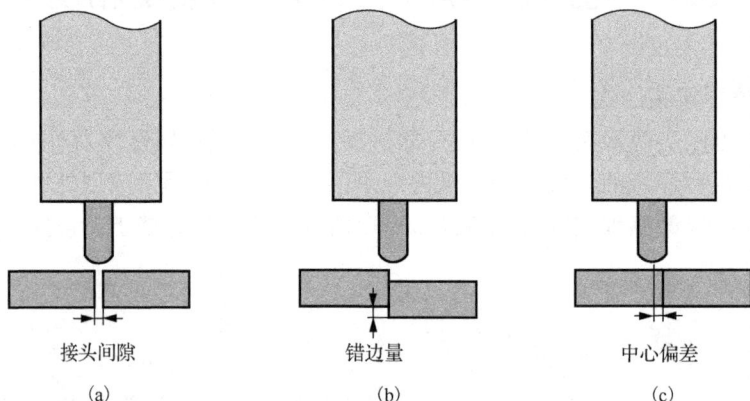

接头间隙　　　　　　　错边量　　　　　　　中心偏差
　(a)　　　　　　　　　　(b)　　　　　　　　　(c)

图 3-4　FSW 接头间隙、错边量及中心偏差

3.4　搅拌摩擦焊设备部件

搅拌摩擦焊设备从组成功能上可以分为主机、焊接工装及辅助设备(气/液压系统、冷却系统等)。搅拌摩擦焊设备主机包括机身、主轴和主轴运动系统、压紧/气压或液压系统、动力/控制系统、冷却系统、监测系统和数据采集系统、搅拌头等。

1. 机身

机身是搅拌头及其夹持装置的着力点，在搅拌摩擦焊过程中起到支撑和稳定的作用。它通常由能够承受主轴巨大压力的方框架结构组成。方框架结构需要具备足够的刚度，以确保焊接过程中的变形处于允许的范围。机身需要具备足够的空间尺度，以保证搅拌头及其夹持装置的运动和行程。

2. 主轴和主轴运动系统

作为搅拌摩擦焊设备的核心组成部分，主轴系统为焊接过程提供必要的压力和转速。主轴运动系统是整个设备中最复杂且要求精度最高的运动机构，主要由方箱结构构成，用来实现搅拌头在三维空间的运动。

3. 压紧/气压或液压系统

为确保焊接时不会被搅拌头撑开，需要对接缝两侧施加绝对的压紧力。为此，可以利用气压或液压系统来提供动力，以实现焊缝压紧系统的功能。如果提供的压紧力不足，压力过小，那么会导致搅拌头撑开板材，使得对接焊缝之间的间隙过大，从而影响焊接质量。如果施加的压力过大，那么会降低系统的稳定性，并可能造成安全隐患。

4. 动力/控制系统

在搅拌摩擦焊设备中，主机的动力系统通常采用液压或电气伺服系统。这些系统能够提供足够的力和控制精度，以满足焊接过程中的要求。在焊接过程中，通常需要实现多轴联动控制，以确保搅拌头的压入深度符合要求。搅拌头的压入量对接头质量有很大的影响，因此对控制精度要求较高。

5. 冷却系统

冷却系统在搅拌摩擦焊设备中的主要作用是对搅拌头和高速旋转轴进行冷却，以确保焊接过程中的连续性，并保证焊缝质量的一致性和稳定性。冷却系统一般分为内部冷却系统和外部冷却系统两种。内部冷却系统主要对旋转主轴进行冷却，常采用循环水冷却方式。内部冷却系统的设计要考虑旋转主轴的工作条件，以确保冷却效果的稳定性和可靠性。外部冷却系统主要对搅拌头进行冷却，以防止搅拌头因过热而引起的问题。外部冷却系统可采用水冷、气冷或雾冷等方式进行。

6. 监测系统和数据采集系统

该系统具有两个主要功能。一是通过摄像头将焊接过程中搅拌头和焊缝成形情况实时显示在显示屏上，以方便对焊接参数进行调整。这样可以直观地观察焊接过程中的变化，及时做出相应的调整，以保证焊接质量的一致性。二是在焊接过程中，监测系统能够实时监控各个闭环控制系统，并将各运动机构的工作情况实时显示和采集下来进行记录和分析。这方面的功能有助于对焊缝质量进行跟踪、复查和复现。

7. 搅拌头

搅拌头的形状对搅拌摩擦焊过程的产热和焊缝金属的塑性流动起着关键作用。当搅拌针不带螺纹时，很容易发生搅拌头折断的现象，这表明在焊接过程中，搅拌针受到了较大的母材阻力，甚至超过了搅拌针的承受极限，导致搅拌针在搅拌针与轴肩结合部位断裂。在这种情况下，焊缝内部可能会产生孔洞。搅拌针上的螺纹结构能够有效地分散搅拌过程中所产生的应力和阻力。螺纹结构可以提供更好的焊接稳定性和承受能力，减少搅拌针断裂的风险。此外，螺纹结构还有助于提高焊缝的均匀性和紧密度，改善焊接质量和接头性能。英国 TWI 近年提出了三槽锥形螺纹搅拌头和锥形螺纹搅拌头，如图 3-5(a) 和 (b) 所示；在搅拌摩擦焊初期，TWI 开发成功了柱形搅拌头，后来逐渐演化为如图 3-5(c) 所示的圆台形螺纹搅拌头。

(a)三槽锥形螺纹搅拌头　　　　(b)锥形螺纹搅拌头　　　　(c)圆台形螺纹搅拌头

图 3-5　搅拌摩擦焊的三种搅拌头

3.5 搅拌摩擦焊的缺陷

3.5.1 表面缺陷

1. 飞边

1) 飞边的定义及特征

飞边缺陷是搅拌摩擦焊过程中一种常见的表面缺陷,其在接头正面沿焊缝一侧或两侧形成光滑金属的翻卷层。这一缺陷通常可见于焊缝的上表面,特征为焊缝两侧或单侧发生的塑性金属挤压,形成规则或不规则的边缘薄层,如图 3-6 所示。搅拌摩擦焊过程中,飞边缺陷常由过大的压入量等因素引起,导致焊缝金属溢出搅拌头轴肩并残留在接头上。为减少飞边的发生,应注意精确控制压入量和旋转速度等工艺参数,并选择合适的焊接材料。

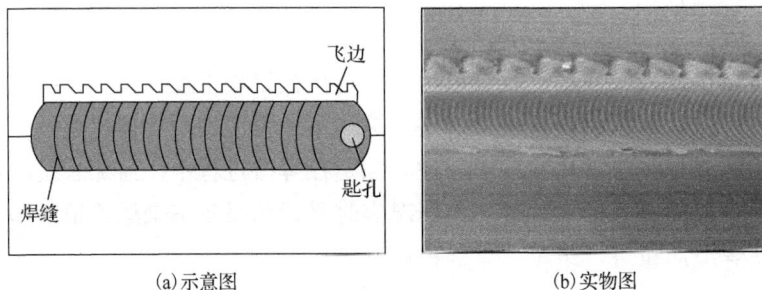

| (a)示意图 | (b)实物图 |

图 3-6 飞边

2) 导致飞边产生的因素

飞边的产生与搅拌头的压入量密切相关。当压入量过大时,易导致金属溢出搅拌头轴肩的一侧或两侧,在冷却后形成轴肩外围的薄层金属,即飞边。此外,焊缝错边等因素也是飞边产生的重要原因。在工程应用中,飞边缺陷主要由板厚差引起。因为在不同厚度的板材的对接焊接中,通常以较薄的板材为基准焊接。这样,较厚的板材在轴肩的挤压下部分金属就会溢出,形成飞边。因此,在解决飞边缺陷时,需要注意控制搅拌头的压入量,并进行适当的板材减薄处理,以减少飞边的发生。

2. 匙孔

1) 匙孔的定义及特征

匙孔是搅拌摩擦焊过程中一种常见的缺陷,它是由于搅拌针抽出后未能充分填充母材金属而在焊缝尾端形成的物理孔洞,如图 3-7 所示。匙孔的形成是搅拌摩擦焊过程中固有的特征所决定的。

图 3-7 匙孔

2）导致匙孔产生的因素

在搅拌摩擦焊中，搅拌针通过旋转和压入的作用将材料塑性变形，并在焊缝的形成过程中产生热量。然而，当搅拌针被抽出时，如果母材金属没有充分填充到成形焊缝的尾端，就会留下一个孔洞，即匙孔。

3）避免匙孔产生的措施

避免匙孔的产生，一是采用引出板，将匙孔牵引到其他部位，然后通过机械方法将其去除；二是应用可伸缩式搅拌头，在焊接过程中就逐渐将搅拌针收回到轴肩内，这样也可以有效地避免匙孔的产生。

3. 表面下凹

1）表面下凹的定义及特征

表面下凹是搅拌摩擦焊后常见的一种现象，指的是焊缝正面低于原始母材表面的情况，如图 3-8 所示。其发生主要是由于搅拌头插入工件后引起的焊缝减薄。表面下凹的特征是焊缝表面较母材低，并且具有明显的下凹现象。为衡量表面下凹的程度，一般用母材与焊缝之间的高度差来表示，这个高度差称为表面下凹量。

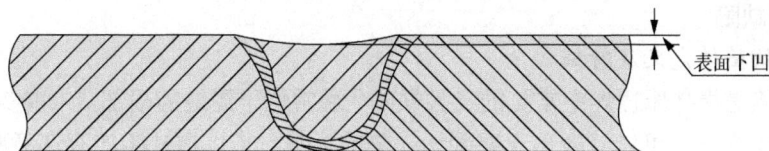

图 3-8　表面下凹

2）导致表面下凹产生的因素

搅拌头的压入量确实是直接决定表面下凹量大小的关键因素。当搅拌头的压入量过大时，会导致焊缝区域的过度变形和减薄，从而引起表面下凹现象。

3）避免表面下凹产生的措施

一般来说，少量的表面下凹不影响焊接接头性能，但如果表面下凹量过大，一方面会因接头厚度的减小而导致接头承力部位变薄；另一方面也会由于焊缝和母材过渡处缺乏圆滑过渡而导致应力集中，形成接头性能薄弱区。为避免表面下凹过大，应选择合适的搅拌头，焊接时严格控制搅拌头的压入量。此外，还需要控制搅拌头的倾斜角度。

4. 毛刺

1）毛刺的定义及特征

正常的搅拌摩擦焊接头的上表面会形成均匀的鱼鳞状纹路，形貌美观，手感均匀，如图 3-9(a)所示。如果材料黏度比较高，或者焊接热输入量比较大，焊缝上表面会形成比较粗糙的纹路，鱼鳞状纹路不清晰，有毛刺感，称为毛刺，如图 3-9(b)所示。

2）导致毛刺产生的因素

导致焊接接头产生毛刺的因素主要有三个：一是材料本身的性能，当材料的黏度比较高时，搅拌摩擦

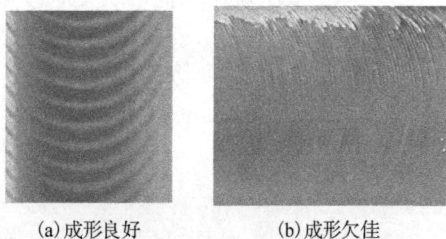

(a)成形良好　　　　(b)成形欠佳

图 3-9　搅拌摩擦焊接头表面成形

焊过程中材料在搅拌头轴肩的作用下旋转，发生内摩擦，但由于黏度较大，其上下层的内摩擦界面发生粘连，形成毛刺；二是材料表面状态，若预处理效果不好，待焊工件表面存在污染物，也有可能使材料在焊接时发生粘连，形成毛刺；三是焊接参数选择不当，材料本身特性使其在一定焊接热输入条件下形成毛刺。

3）避免毛刺产生的措施

避免毛刺产生需要从三方面加以考虑：一是要控制原材料的质量，通常情况下合格的铝合金板材在焊接过程中不会产生焊缝毛刺；二是要正确进行材料的表面预处理，应采取酸洗、对接面铣削及乙醇擦拭零件表面等措施，确保零件待焊区域的洁净度，满足焊接要求；三是要选择合适的焊接参数，确保热输入量不会过大，这样也可以避免毛刺的产生。

3.5.2　内部缺陷

内部缺陷存在于搅拌摩擦焊焊缝的内部各区域，需要借助 X 射线、相控阵超声波和金相组织观察等手段才能确定。内部缺陷主要分为未焊透缺陷、弱结合缺陷、孔洞型缺陷（包括隧道型缺陷、趾根缺陷和孔洞缺陷）及结合面氧化物残留等。

1. 未焊透缺陷

1）未焊透缺陷的定义及特征

未焊透缺陷是搅拌摩擦焊中常见的一种缺陷，通常位于焊缝的根部，未能实现有效连接。通过低倍显微镜观察，可以清晰地观察到该缺陷的形貌。未焊透缺陷的存在意味着接头周围材料未发生足够的塑性变形。这种缺陷的尺寸有时较小（长度约为数百微米），并且与基材之间结合非常紧密，很难用肉眼进行观察，甚至使用 X 射线也不容易检测到。然而，通过相控阵超声波和金相组织观察等方法可以相对容易地检测到这种缺陷。

图 3-10 为搅拌摩擦焊过程形成的典型未焊透缺陷的金相照片。未焊透缺陷与弱结合缺陷处于同一个位置，都位于焊缝的根部。区分这两类缺陷的主要指标是，未焊透缺陷发生在材料未塑性变形的区域，而弱结合缺陷发生在材料塑性变形的区域；未焊透缺陷一般表现为原始的对接面状态（接头横截面金相显示为竖直的间隙），而弱结合缺陷一般表现为对接面金属发生了塑性变形，但未形成有效的物理连接，在高倍显微镜下一般表现为弯曲的细微间隙；未焊透缺陷宽度尺寸（数百微米）远大于弱结合缺陷的宽度尺寸（<10μm），因此未焊透缺陷在低倍显微镜下就可以观察到，而弱结合缺陷需要在高倍显微镜下才能观察到。

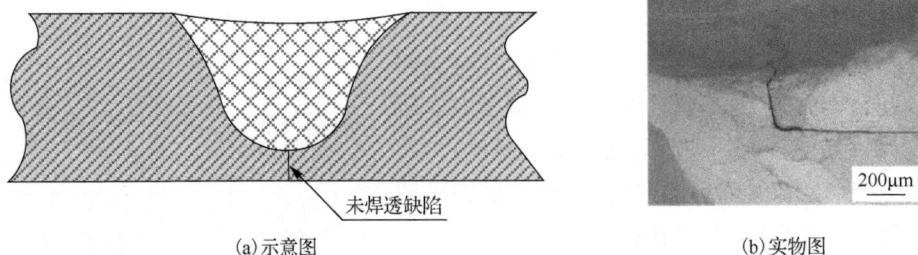

(a)示意图　　　　　　　(b)实物图

图 3-10　未焊透缺陷

2)导致未焊透缺陷产生的因素

未焊透缺陷产生主要是由于搅拌针长度与板材厚度不匹配或搅拌头的下压量不够，根部的金属没有发生充分的搅拌与塑性变形而形成的。此外，焊前装配状态和焊接工艺参数选择不当也会导致根部金属未发生充分的塑性变形而形成未焊透缺陷。

3)避免未焊透缺陷产生的措施

预防未焊透缺陷产生的关键在于确保搅拌针的尺寸与板材厚度相匹配。在选择适当尺寸搅拌针的前提下，需要严格控制搅拌头的压入量，以确保搅拌头既不过度扎入背部垫板，又能够充分搅拌、挤压和塑性变形根部金属。此外，还需要严格控制焊前装配状态，以确保对接面间隙符合要求。同时，必须精确控制焊接工艺参数，如焊接速度和旋转速度等，以保持恒定的热输入和焊接过程的稳定性，从而防止局部未焊透缺陷的产生。此外，还可以通过焊后对焊缝背面进行机械加工等方法，以确保背部没有未焊透缺陷。

2. 弱结合缺陷

1)弱结合缺陷的定义及特征

根部弱结合缺陷是指在焊缝根部塑性变形区域发生的未形成有效结合的焊接缺陷。这种缺陷通常发生在焊缝的根部区域，导致被连接材料之间无法实现紧密结合。根部弱结合缺陷也称为根部未结合缺陷，如图 3-11 所示。

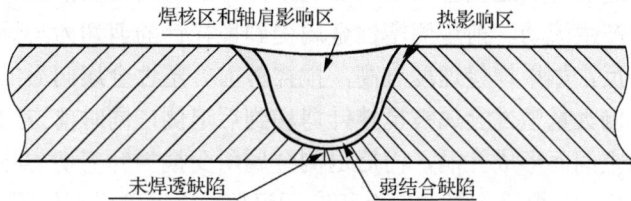

图 3-11　与未焊透缺陷伴随产生的弱结合缺陷

2)导致弱结合缺陷产生的因素

根部弱结合缺陷的产生主要由以下因素引起：搅拌针长度尺寸与板材厚度不匹配、搅拌头下压量不足以及搅拌头和焊缝不对中等因素。这些因素导致焊缝根部金属的力和热传导不足，使得焊缝根部金属无法充分发生塑性变形，结果形成弱结合缺陷。

3)避免弱结合缺陷产生的措施

避免弱结合缺陷产生的关键在于搅拌针的长度尺寸与板材厚度相匹配，焊接过程中要控制搅拌头压入量，并控制搅拌头和焊缝的偏移量，使焊缝根部金属达到充分的力传递和热传导，保证根部焊缝金属达到有效的物理结合。另外，还可以通过焊后对焊缝背面进行机械加工的方法消除根部弱结合缺陷。

3. 孔洞型缺陷

搅拌摩擦焊焊缝内部存在的虫形等孔洞缺陷，一般呈不规则的形状，有的带尖角或缝隙。孔洞型缺陷一般包括隧道型缺陷、趾根缺陷及孔洞缺陷等。

1)隧道型缺陷

(1)隧道型缺陷的定义及特征。

隧道型缺陷，一般又称为虫形孔洞缺陷，是搅拌摩擦焊焊缝中比较常见的一类缺陷，由焊缝中一个个的孔洞连接而成，外形因像一只虫子而得名，如图 3-12(a)所示。该类缺陷一般位于搅拌针与基体金属结合处，属于体积型缺陷。图 3-12(b)为搅拌摩擦焊过程中形成的典型隧道缺陷的金相照片。隧道型缺陷有大有小，但形成的位置一般都位于前进侧焊核区与热机械影响区的交界处。

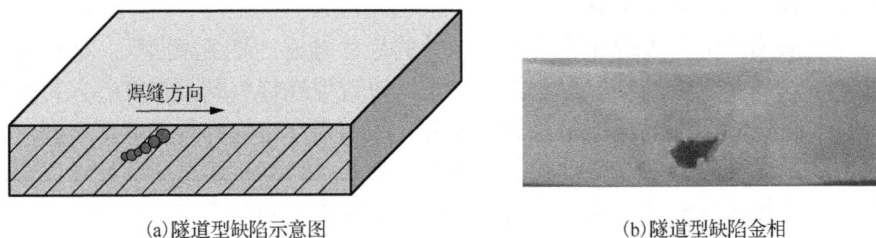

(a)隧道型缺陷示意图　　　　　　　　　　　(b)隧道型缺陷金相

图 3-12　隧道型缺陷

(2)导致隧道型缺陷产生的因素。

隧道型缺陷通常是由搅拌头外形尺寸不合理、零件焊接装配不合格(如有板厚差、对接间隙等)或焊接参数不匹配造成的。焊接过程中焊缝前进侧与后退侧金属的流动方式不同会产生隧道型缺陷。焊缝前进侧与后退侧塑性金属受到搅拌针的剪切力及搅拌针前方塑性金属向后挤压力的共同作用而产生流动。前进侧塑性金属受到搅拌针的剪切力与焊接方向的塑性金属受到的挤压力方向相反，如果焊接速度过高，搅拌针前方塑性金属向后的挤压作用减弱，因而在焊接过程中前进侧大量塑性金属被搅拌针剪切到后退侧，同时前方的塑性金属因无法及时填充搅拌针后方的空间而形成孔洞，而后退侧金属所受搅拌针剪切力与焊接方向的塑性金属受到的挤压力方向相同，焊后大量金属沉积在后退侧，因而隧道型缺陷大多出现在前进侧。

(3)避免隧道型缺陷产生的措施。

要避免隧道型缺陷的产生，首先，焊接装配必须符合搅拌摩擦焊允许的厚度差要求。这意味着在进行焊接时，搅拌针的尺寸和形状要与板材厚度相匹配，确保良好的接触和协调的热传导。此外，对接间隙也需要符合焊接要求，确保搅拌摩擦焊能够充分填满焊缝区域。

其次，采用优化的搅拌头可以提高搅拌摩擦焊的质量和可靠性。优化的搅拌头具有适当的形状和尺寸，可以更好地混合塑性变形焊缝内的金属。

最后，在焊接过程中，严格按照焊接规范执行操作。这包括对焊接参数进行控制，如搅拌头的旋转速度、下压量和焊接时间等。适当的焊接规范能够提供更好的焊接条件，减少隧道型缺陷的产生。

2)趾根缺陷

(1)趾根缺陷的定义及特征。

趾根缺陷通常位于搅拌头轴肩与搅拌针结合的部位，主要集中在焊缝上层前进侧附近。一是因为焊接过程中，搅拌针的运动和搅拌头的旋转会在这个区域产生更大的热影响区和塑性变形，从而容易出现焊接缺陷。趾根缺陷在组织上通常表现为缺陷区域的材料疏松，严重时可能会形成孔洞缺陷。二是因为趾根缺陷靠近搅拌头轴肩的边缘，该区域也容易发生应力集中。因此，在这两个因素的影响下，焊缝常常会沿着缺陷的轨迹发生断裂。严重的趾根缺陷可能会从焊缝内部延伸到焊缝表面，形成表面下的犁沟缺陷。一般而言，趾根缺陷发生在焊缝上部前进侧的轴肩影响区、焊核区和热机械影响区的交界处。

(2)导致趾根缺陷产生的因素。

引起趾根缺陷产生的主要原因有两个，一个是搅拌头的外形，搅拌头轴肩与搅拌针的形状、尺寸以及它们之间的配比关系对产生趾根缺陷起着重要作用。搅拌头轴肩包容面和搅拌针结合处的设计要合理，以确保轴肩能够充分包容和固定搅拌针，在搅拌过程中提供足够的混合和塑性变形。另一个是焊接参数，焊接参数的选择对趾根缺陷的形成起着重要作用。当焊接参数选择不当时，搅拌头轴肩与搅拌针结合部位的金属可能没有被充分搅拌，金属的流动也不充分。这可能导致焊接区域内部形成孔洞等缺陷，并最终产生趾根缺陷。

(3)避免趾根缺陷产生的措施。

要避免趾根缺陷的产生，首先要选用合理的搅拌头，注意轴肩包容面和搅拌针结合的部位，外型面形状、尺寸要符合加工配比要求；其次要选择合适的焊接参数进行焊接，保证焊接过程中有足够的热量产生，以及保证结合面金属得到充分搅拌，为焊接过程中材料的流动性提供充足的热量。

3) 孔洞缺陷

(1)孔洞缺陷的定义及特征。

孔洞是在搅拌摩擦焊焊缝中形成的小型空洞。它通常是由焊接过程中存在气体或其他杂质引起的，使焊缝内部形成了不规则形状的空隙。

(2)导致孔洞缺陷产生的因素。

孔洞缺陷产生的原因与隧道型缺陷、趾根缺陷产生的原因基本一致，一般也是搅拌头形状和焊接参数不当引起的。焊接时当金属的流动不充分，无法形成一个密闭的空腔时，就会形成孔洞缺陷。

(3)避免孔洞缺陷产生的措施。

为了预防孔洞缺陷的产生，首先需要选择合适的搅拌头，搅拌头的外形结构尺寸应符合加工要求。其次应选择适当的焊接参数进行焊接，以确保焊接过程中产生足够的热量，并保证金属的结合面得到充分搅拌。

4. 结合面氧化物残留

1) 结合面氧化物残留的定义及特征

结合面氧化物残留是指在焊缝中，沿搅拌针旋转方向，在对接面附近形成一条若隐若现的杂质沉积带，金相表现为焊核区内的一条黑线，如图 3-13 所示。该类缺陷基本上位于焊缝的中下部，从试件对接面处向焊核区延伸，一般来说不影响焊接接头的力学性能。

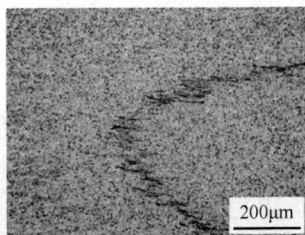

图 3-13　结合面氧化物残留金相

2) 导致结合面氧化物残留产生的因素

结合面氧化物残留主要是由于在焊接过程中，焊件对接面氧化物、杂质等清除得不彻底或对接面氧化物及焊缝附近的杂质等物质没有被搅拌针充分搅碎。

3) 避免结合面氧化物残留产生的措施

为了避免结合面氧化物残留的产生，在焊接领域需要采取以下措施。首先，严格控制原材料的质量，确保杂质含量不超标。其次，在焊接前应对被焊工件的对接面进行充分的清理。在工程应用中，常采取多种清理措施来消除对接面的氧化物和污染物等杂质。常见的清理方法包括对被焊零件的对接面进行铣削、打磨以及酸洗等工艺。这些措施的目的是有效清除对接面上的氧化物和污染物等杂质，进而减少结合面氧化物残留缺陷的产生。

3.6　影响焊接接头性能的工艺参数

搅拌摩擦焊是一种复杂的焊接过程，多种工艺参数和生产工艺条件会对接头的组织和性能产生重要的影响。搅拌摩擦焊的工艺参数包括搅拌头旋转速度、搅拌头行进速度（焊接速度）、压入量（焊接压力）、焊接线能量、焊接扭矩和焊接能量、接头对接面间隙、板材错边量以及焊接前板材表面状态和搅拌头的偏移量等因素。

3.6.1　焊接速度

1. 搅拌头旋转速度

搅拌头旋转速度对焊接过程中的摩擦产热有重要的影响。较低的搅拌头旋转速度会导致摩擦热不足，无法形成充分的热塑性流动层，从而无法实现固相连接。这样的情况下容易在焊缝中形成孔洞等缺陷。随着搅拌头旋转速度的增加，摩擦热源增大，并且热塑性流动层逐渐增大，这会使焊缝中的孔洞逐渐减小。当搅拌头旋转速度达到一定值时，孔洞消失，焊缝变得更致密。

2. 搅拌摩擦焊焊接速度

当搅拌头的旋转速度固定时，可以在较大的焊接速度范围内进行搅拌摩擦焊，并获得外观整洁且无变形的焊接接头。随着焊接速度的提高，焊接接头的强度逐渐增加。然而，当焊接速度进一步提高时，焊接接头的强度会逐渐下降。搅拌头旋转速度的选择受到焊接速度的限制。

3.6.2　焊接压力

搅拌摩擦焊技术本质上是以摩擦热作为焊接热源的焊接方法，所以采用热输入评价焊接接头质量的优劣最直接、最有效。研究表明，搅拌头的几何形状和焊接参数对焊接压紧力和摩擦力矩有较大的影响。

（1）向下方向的压紧力随搅拌头插入工件深度的增加而增加。

（2）沿焊接方向的压紧力随焊接速度的增加而增加，但与搅拌头的旋转速度关系不大。

（3）摩擦力矩随搅拌头旋转速度的增加而增大，但与焊接速度无关。

（4）摩擦力矩与搅拌头轴肩直径和搅拌针直径有关，轴肩直径对摩擦力矩的影响远大于搅拌针直径对摩擦力矩的影响。

通过适度的压力，可以增加金属材料之间的接触面积，促进摩擦热的传递和扩散，有助于形成充分的热塑性流动层。同时，适宜的压力还可以提供足够的接触压力，保持好接头的半固态状态，提高焊接质量和焊接接头强度。

然而，过高的焊接压力可能导致焊接区域的过度变形和材料的破坏，甚至引起焊缝的剪切断裂和焊接缺陷的形成。过高的焊接压力还会增加设备的负荷和能耗，对设备和操作人员造成额外压力和风险。相反，过低的焊接压力可能导致焊接接头的不完全结合和焊缝的不稳定。无法形成充分的热塑性流动层，影响焊接质量和焊接接头强度。

3.6.3　焊接线能量

搅拌头旋转速度和焊接速度（即搅拌头行进速度）是焊接过程中最常用的调整参数，它们直接关系到焊接过程中的产热情况。一般来说，搅拌头旋转速度越大，焊接过程产热越多；焊接速度越大，单位长度焊缝获得的热量越小。

进行搅拌摩擦稳态焊接时，搅拌头是固定的，轴肩直径和搅拌针直径是确定值，而且摩擦系数和焊接压力也是一个稳定值，所以可以将这些固定的影响因子合并为一个新的常量系数 k。由此可见，搅拌头旋转速度与焊接速度的比值直接表征了焊接热输入量的大小，可以称为线能量密度，表示搅拌头以固定速度移动一定位移时搅拌头的旋转圈数。

过高的线能量可能导致焊接区域过热，引起金属的烧伤和过度变形。这可能会导致焊缝的质量下降，甚至形成焊接缺陷。此外，过高的线能量还可能引起焊接设备的负载增加，给设备和操作人员带来额外的压力。相反，过低的线能量可能导致焊接区域温度不足，无法形成足够的摩擦热，从而无法实现理想的焊接质量和接头性能。此外，过低的线能量也可能导致焊缝的不完全形成和不稳定的结合，影响接头性能。

3.6.4　焊接扭矩和焊接能量

焊接扭矩是指搅拌头在焊接过程中施加的旋转力矩。适当的焊接扭矩可以增加搅拌头的旋转速度，提供充足的摩擦热量，促进金属材料的塑性流动和结合。通过控制焊接扭矩的大小，可以调节摩擦热的产生和分布，有助于形成均匀的焊缝和良好的焊接接头。较大的焊接扭矩一般能提供较高的焊接质量和接头强度。然而，过高的焊接扭矩可能导致焊接区域过度变形和金属破坏，甚至引起接头质量下降和焊缝断裂。过高的扭矩也可能增加设备的负荷，增加生产成本和操作风险。

焊接能量是指焊接过程中施加到材料上的能量总量。它可以通过焊接速度、搅拌头旋转速度和焊接压力来调控。适当的焊接能量能够提供足够的摩擦热量，使金属材料达到适宜的焊接温度，促进热塑性流动和金属结合。适宜的焊接能量可以实现良好的焊接质量和接头性能。然而，过高的焊接能量可能导致焊接区域过热，引起金属的烧伤和过度变形，形成焊缝缺陷。过高的能量也可能增加焊接设备的负荷，给设备和操作人员带来额外压力和风险。

搅拌摩擦焊过程中表征能量的参数主要有焊接扭矩和焊接能量(主要通过检测设备输出数据获得)，表 3-2 为采用普通圆柱螺纹搅拌针搅拌头+内凹锥面轴肩焊接 6mm 厚的不同铝合金材料时检测到的焊接扭矩和焊接能量，表中数据仅包括主轴的能量，假设其中有 90%的能量转化率。

表 3-2　焊接不同材料时所需的焊接扭矩和焊接能量

铝合金材料	垂直方向的焊接下压力/kN	沿焊接方向上的压力/ kN	扭矩/(N·m)	焊接能量/kW	热输入/(kJ/mm)	旋转速度/(r/min)	焊接速度/(mm/min)	压入量/mm	倾斜角度/(°)
5083-O	19.6	2.7	54.6	2.8	1.68	490	90	0.2	2.5
2014A-T6	22.3	3.8	61.2	2.5	1.50	390	90	0.2	2.5
2219-T87	25.0	4.2	58.5	3.0	1.80	490	90	0.2	2.5
6082-T6	14.8	2.3	11.2	1.8	0.35	1540	276	0.2	2.5

3.7　搅拌摩擦点焊

搅拌摩擦点焊(friction-stir spot welding, FSSW)是一种搅拌摩擦焊技术的变种，用于焊接薄板和零件的点焊接头。搅拌摩擦点焊的原理类似于搅拌摩擦焊，但焊接过程中焊接接头的尺寸较小。焊接过程中，搅拌头通过旋转和施加压力，将材料局部加热至半固态。然后，搅拌头在施加一定摩擦力的同时，沿着焊接轨迹旋转并逐渐插入焊接材料中，形成一个搅拌摩擦区。在搅拌摩擦区形成后，停止搅拌头的旋转，继续施加一定的压力，使材料重新结合，并形成点焊接头。

3.7.1　搅拌摩擦点焊基本原理

目前已公开发表的文献资料报道了两种不同的搅拌摩擦点焊技术。

1. 带退出孔的搅拌摩擦点焊

这种技术是日本马自达株式会社于 1993 年发明的搅拌摩擦点焊技术，其基本原理如图 3-14 所示。这种搅拌摩擦点焊技术又称为"带有退出孔的搅拌摩擦点焊"技术，采用的焊接设备与普通搅拌摩擦焊设备类似，具体的焊接过程可分为三个阶段。

(1)压入过程。搅拌头在不断旋转下，通过施加顶锻压力插入连接工件中，在压力作用下工件与搅拌头之间产生摩擦热，软化周围材料，搅拌头进一步压入工件。

(2)连接过程。搅拌头完全镶嵌在工件中，保持搅拌头压力并使轴肩接触工件表面，继续旋转一定时间。

(3)回撤过程。完成连接后搅拌头从工件退出，在点焊缝中心留下典型的退出"匙孔"。

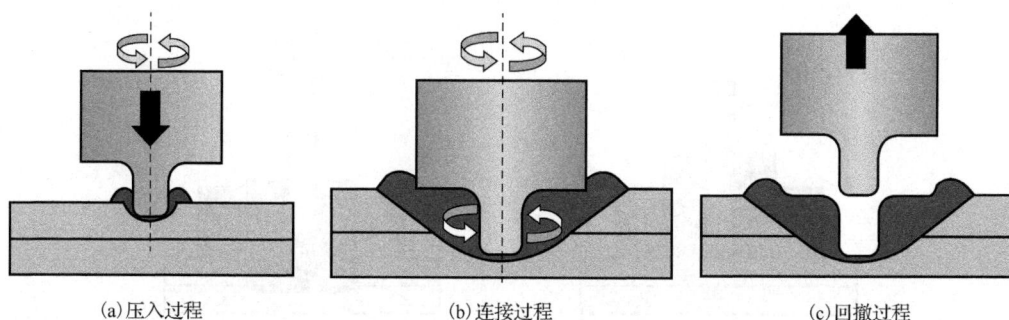

(a)压入过程　　(b)连接过程　　(c)回撤过程

图 3-14　带退出孔的搅拌摩擦点焊过程示意图

2. 无退出孔的搅拌摩擦点焊

这种技术是德国 GKSS(GKSS-Forschungszentrum Geesthacht)研究中心于 1999 年发明的，该技术采用特殊的搅拌头，通过精确控制搅拌头各部件的相对运动，在搅拌头回撤的同时填充搅拌头形成的退出孔。

搅拌摩擦点焊的焊接接头(相当于搅拌头)主要由三部分组成，分别为最内部的搅拌针(pin)、中间层的袖管(sleeve)及最外层的压紧套(clamping ring)。其中，夹套在焊接时被固定住，不发生旋转，而中间层的袖管和最内层的搅拌针在焊接时既发生旋转，也发生沿轴向的相对运动。

具体的无退出孔的搅拌摩擦点焊焊接过程分为以下几个阶段。

(1)开始焊接时，工件放置在一刚性垫板上，搅拌摩擦点焊焊接接头压在工件上，焊接接头的搅拌针和袖管高速旋转，与工件摩擦产生热量，使材料达到塑性状态。夹套将袖管、搅拌针及塑性材料密封在一个封闭空腔内，防止塑性材料外溢。在此阶段夹套不做旋转，如图 3-15(a)所示。

(2)当材料塑性状态达到足够的程度时，搅拌针和袖管一边继续旋转，一边沿轴向进行相对运动。搅拌针向材料上方运动，为材料的运动提供空间；袖管向材料下方运动，推动塑性材料发生相互搅拌与运动，如图 3-15(b)所示。

(3)当搅拌针和袖管运动到一定程度时，即当袖管下移到下层工件一定深度后，搅拌针和袖管反方向进行相对运动，即搅拌针向材料下方运动、袖管向材料上方运动。塑性材料进行进一步的融合、搅拌，如图 3-15(c)所示

(4)当搅拌针与袖管反方向运动到达焊接前的平面时，搅拌针、袖管和夹套与工件上表面重新回到一个平面上。搅拌针和袖管停止旋转。焊接接头整体从工件上移走，焊接完成，如图 3-15(d)所示。

相较而言，无退出孔的搅拌摩擦点焊通过复杂的相对运动来完成焊接过程，需要较长的焊接时间来完成填充退出孔的工作，对设备的刚性和控制精度要求较高，需要专用的焊接设备来执行焊接工艺，因此前期投入成本较高。然而，其优点为焊接完成后不存在退出孔，焊接接头具有较高的强度和良好的质量。相反，带有退出孔的搅拌摩擦点焊技术具有明显较高的焊接速度。此外，固定搅拌头的焊接设备和控制系统也相对简单，容易集成到大规模汽车装配生产线中。目前，该技术已在马自达株式会社等多家汽车制造企业中得到应用。

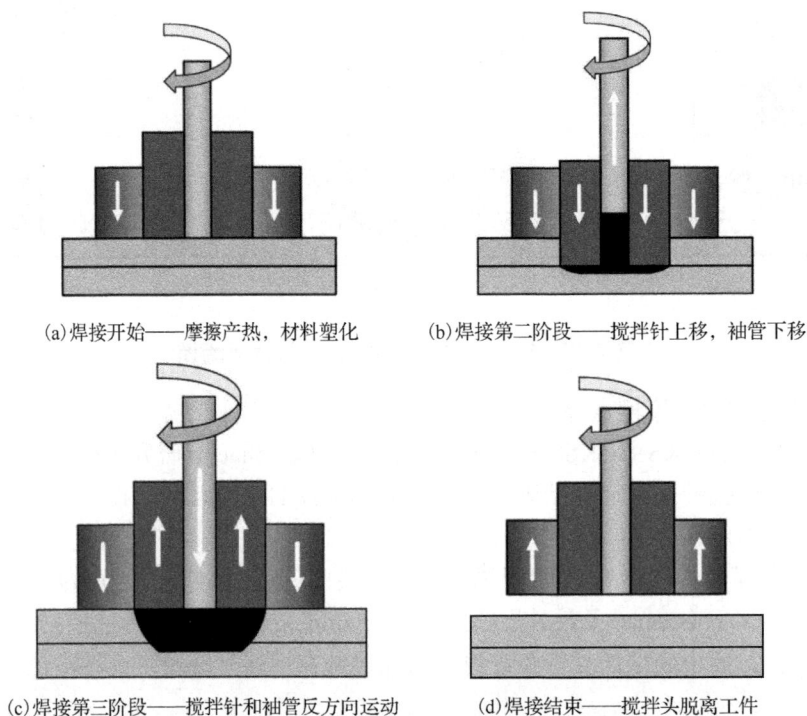

(a)焊接开始——摩擦产热,材料塑化　　　(b)焊接第二阶段——搅拌针上移,袖管下移

(c)焊接第三阶段——搅拌针和袖管反方向运动　　(d)焊接结束——搅拌头脱离工件

图 3-15　无退出孔的搅拌摩擦点焊焊接过程示意图

3.7.2　搅拌摩擦点焊的特点

电阻点焊、冲压铆接、铆接和自钻孔紧固是迄今为止所采用的单点连接的主要方法,在实际应用中都存在一定的局限性。与传统电阻点焊等连接技术相比,搅拌摩擦点焊焊接铝合金具有以下优势。

(1)适用性广泛:搅拌摩擦点焊适用于各种金属和合金材料的焊接,包括铝合金、镁合金、钛合金等。这使得该技术在汽车、航空航天、船舶和电子设备等领域得到广泛应用。

(2)高焊接强度:搅拌摩擦点焊能够形成较高的焊缝强度和耐久性。焊接过程中,搅拌头的摩擦和压力能够使材料达到半固态,从而形成坚固的焊接接头。焊接后的接头通常具有与母材相近甚至更高的强度。

(3)无需添加材料:搅拌摩擦点焊不需要额外的焊接材料,避免了添加焊条或填充材料的工序。焊接过程中,材料只是通过摩擦产生的热量和压力重新结合,不涉及熔化和填料。这降低了工艺成本,避免产生材料熔化和热影响区域的问题。

(4)热输入低:相比传统的焊接方法,搅拌摩擦点焊具有较低的热输入。焊接过程中,焊接头局部加热至半固态状态,而非完全熔化。这减小了热影响区的尺寸并降低了热变形的风险。对于热敏感的材料,搅拌摩擦点焊是一种理想的焊接方法。

(5)焊接速度快:搅拌摩擦点焊通常具有较快的焊接速度。搅拌头通过快速旋转和插入材料,使摩擦热快速产生,并使材料达到适宜的焊接温度。这意味着搅拌摩擦点焊可以是高效的焊接方法,适用于大规模生产。

3.8　摩擦塞补焊

1. 摩擦塞补焊原理及工艺

摩擦塞补焊(friction plug welding，FPW)是一种搅拌摩擦焊技术的变种，用于连接中空结构和管道。洛克希德·马丁空间系统公司最初将其作为修补航天飞机外储箱接头缺陷的方法。

摩擦塞补焊的原理如图 3-16 所示，其原理是通过搅拌摩擦的作用，使待连接的工件周围的金属软化并形成塑性流动状态，然后将塞棒插入其中，塞棒的形状和搅拌摩擦的力量以及焊接时间的控制，可以实现稳定的焊接过程和优质的连接。

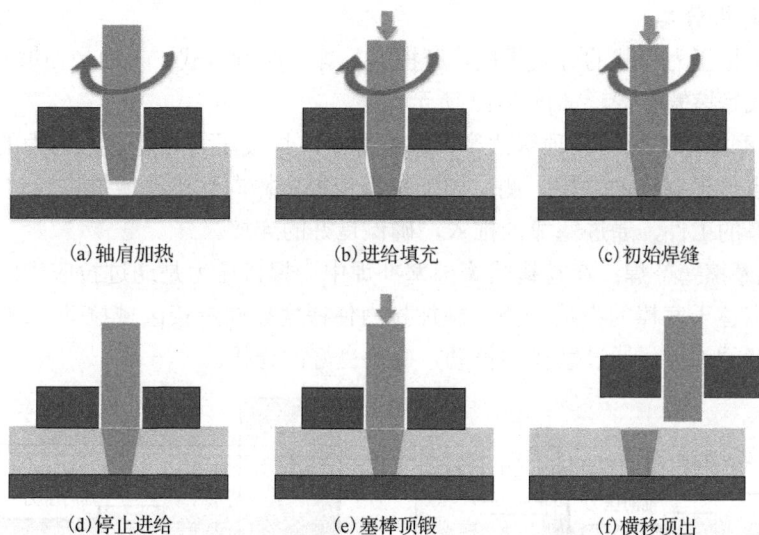

| (a)轴肩加热 | (b)进给填充 | (c)初始焊缝 |
| (d)停止进给 | (e)塞棒顶锻 | (f)横移顶出 |

图 3-16　摩擦塞补焊焊接过程原理示意图

摩擦塞补焊的工艺过程包括以下 4 个阶段。

(1)第一个阶段是孔加工阶段。在待焊接的工件上加工出呈锥形的孔。塞棒作为柱形金属插件被夹持固定在卡盘上，卡盘驱动塞棒高速旋转。

(2)第二阶段是摩擦加热阶段。在这个阶段，塞棒的一端与待连接的工件发生摩擦，产生充足的摩擦热。搅拌摩擦区域的金属因摩擦而软化，形成可塑性流动的状态。

(3)第三阶段是制动减速阶段。在这个阶段，需要快速停止旋转的塞棒。制动的目的是让摩擦产生的热量集中在焊接区域，以确保连接的质量。

(4)第四阶段为顶锻保压阶段。在这个阶段，焊接区域的温度逐渐降低，没有能量输入，同时需要保持轴向顶锻压力来获得高质量的焊接接头。顶锻保压的目的是保持焊接接头的均匀性和紧密度。

摩擦塞补焊工艺和一般的熔焊补焊方法相比具有以下优点。

(1)低热输入。摩擦塞补焊过程中，焊接区域只是通过搅拌摩擦产生的热量进行塑性流动，而无需完全熔化材料。与传统熔焊补焊方法相比，摩擦塞补焊的热输入较低，从而减小了热影响区的尺寸并降低了热变形的风险。

(2)高强度连接。摩擦塞补焊通过搅拌摩擦产生的压力和热量，使得焊接接头的连接强度提高。连接区域通常具有与母材相近甚至更高的强度，能够满足许多应用的要求。

(3)无需填充材料。摩擦塞补焊不需要额外的填充材料，只是通过原材料进行连接，减少了材料成本和焊接工艺的复杂性。

(4)焊接时间较短。与传统焊接方法相比，摩擦塞补焊通常具有较短的焊接时间。通过快速的搅拌摩擦和塞棒的插入，焊接过程可以在相对较短的时间内完成。

(5)适用性广泛。摩擦塞补焊适用于各种金属和合金材料的连接，包括铝合金、镁合金、钛合金等。它在航空航天、汽车制造、船舶和管道行业等领域都有广泛的应用。

2. 摩擦塞补焊分类

依据塞棒焊接压力加载的方式不同，摩擦塞补焊有两种方式，一种是顶锻式摩擦塞补焊，另一种是拉锻式摩擦塞补焊，如图 3-17 所示。

(1)顶锻式摩擦塞补焊：在顶锻式摩擦塞补焊中，焊接压力是通过推应力的方式加载的。焊接机的施力点位于塞棒的大端一侧，施加推力使得塞棒向焊接区域推进。这种方式适用于较大直径或较厚的工件，通过塞棒的推入，确保良好的连接。

(2)拉锻式摩擦塞补焊：在拉锻式摩擦塞补焊中，焊接压力是通过拉应力的方式加载的。焊接机的施力点位于塞棒的小端一侧，施加拉力使得塞棒向焊接区域拉动。这种方式适用于较小直径或较薄的工件，通过塞棒的拉动，确保良好的连接。

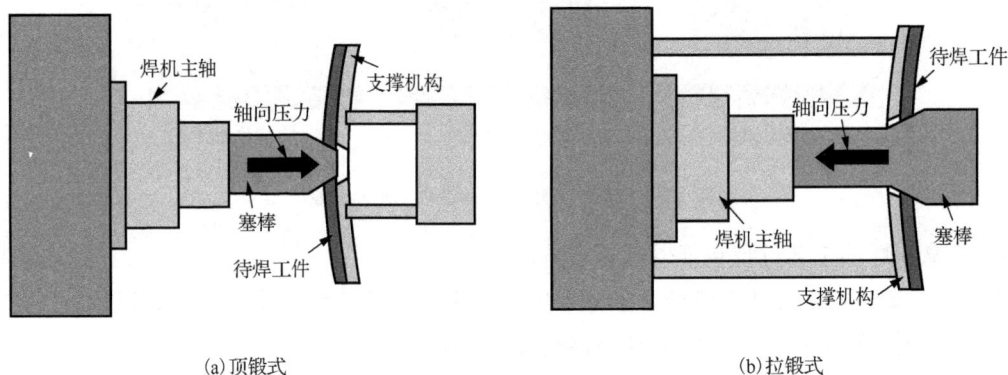

(a)顶锻式　　　　　　　　　(b)拉锻式

图 3-17　摩擦塞补焊设备示意图

复习思考题

3-1　请简要描述搅拌摩擦焊的原理和过程。

3-2　列举搅拌摩擦焊的优点和应用领域。

3-3　解释搅拌摩擦焊的工艺参数，包括搅拌头旋转速度、焊接压力和焊接速度。

3-4　解释焊缝的形成过程，特别是焊缝内部的组织结构。

3-5　解释搅拌摩擦焊中焊接温度的分布特点，并说明与传统焊接方法的差异。

3-6　描述搅拌摩擦焊中可能出现的缺陷和瑕疵，以及如何减少这些缺陷和瑕疵。

3-7　详细解释搅拌摩擦焊中可能出现的应力和变形问题，以及如何控制它们。

3-8　比较搅拌摩擦焊和其他焊接方法的优点和限制，并说明什么情况下搅拌摩擦焊是最优选择。

3-9　解释搅拌摩擦焊中的工艺检验方法，并解释如何使用这些方法来评估焊接质量。

3-10　探讨搅拌摩擦焊在未来的发展方向，包括材料和设备方面的创新。

第4章　钎焊及扩散连接技术

钎焊是指采用熔点低于母材的钎料，将钎料与母材共同加热至低于母材固相线而高于钎料液相线的温度，使钎料熔化、浸润、凝固形成焊缝的焊接技术。扩散连接是指在真空或气氛保护下，两母材接触并在一定的压力和温度条件下，经过一定的时间，使母材界面处原子相互扩散而形成整体的可靠连接过程。目前，钎焊及扩散连接技术在航空航天、机械制造、汽车工业、核电等领域均得到广泛的应用。特别是对于熔焊方法难以焊接的材料，如高硬度材料、热物理性能差别较大的异种材料（如金属与陶瓷、有色金属与钢、金属与玻璃）之间的焊接等，较多采用钎焊及扩散连接技术。本章主要阐述钎焊与扩散连接的基本原理和概念，介绍各种材料的钎焊与扩散连接的特点及工艺要点。

4.1　钎　　焊

4.1.1　钎焊接头的形成

钎焊时钎料熔化为液态而母材保持为固态，液态钎料在母材的间隙或表面润湿、毛细流动、填充、铺展、与母材相互作用（溶解、扩散或冶金结合），冷却凝固形成牢固的接头。钎焊接头如图 4-1 所示。

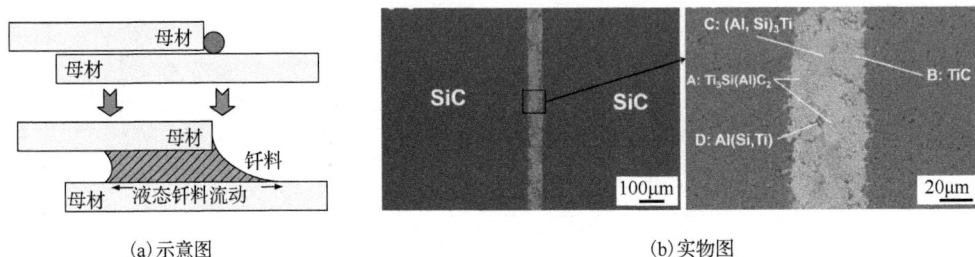

(a) 示意图　　　　　　　　　　　　　　　　(b) 实物图

图 4-1　钎焊接头

1. 钎料的润湿与铺展

钎焊时，随着接头温度的升高，钎料开始熔化并填充焊缝，熔化的钎料与固态的母材接触，液态钎料必须很好地润湿表面才能填满钎缝。要使液态钎料填满钎焊接头间隙，前提是液态钎料必须能够良好地润湿固态母材，这取决于固-液体系的性质。液体在固体表面形成的液滴形状可以用润湿角来描述，如图 4-2 所示，θ 为润湿角。

用 σ_{sg}、σ_{lg}、σ_{sl} 分别表示固-气、液-气、固-液相界面间的界面张力。液滴在固体表面铺展后的最终形状可由杨氏（Young）方程（或称润湿平衡方程）来描述：

$$\sigma_{sg} = \sigma_{sl} + \sigma_{lg} \cos\theta \tag{4-1}$$

由杨氏方程可推导出润湿角与各界面张力的关系：

$$\cos\theta = (\sigma_{sg} - \sigma_{sl}) / \sigma_{sg} \tag{4-2}$$

润湿角的大小表征了体系润湿与铺展能力的强弱。由式(4-2)可知润湿角 θ 的大小与各界面张力的关系，θ 是大于 90° 还是小于 90° 取决于 σ_{sg} 与 σ_{sl} 数值的大小。若 $\sigma_{sg} > \sigma_{sl}$，则 $\cos\theta > 0$，即 0° $< \theta <$ 90°，此时认为液体能润湿固体，θ 越小，则液体对固体润湿效果越好，其极限情况是 $\theta = 0°$，即液体能完全润湿固体；若 $\sigma_{sg} < \sigma_{sl}$，则 $\cos\theta < 0$，即 90° $< \theta <$ 180°，此时认为液体不润湿固体，其极限情况是 $\theta = 180°$，即完全不润湿。钎焊时液态钎料在母材上的润湿角应小于 20°。

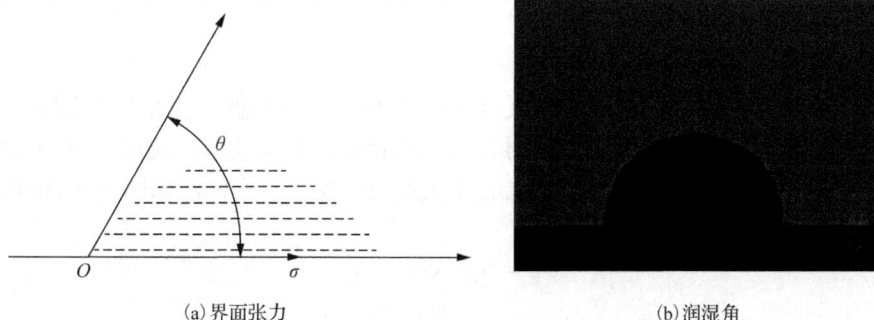

(a) 界面张力　　　　　　　　　　　　　　(b) 润湿角

图 4-2　铺展时界面张力及润湿角

在实际钎焊过程中，常常不可避免地发生母材向钎料中溶解及钎料与母材之间的扩散，而溶解过程及扩散过程都与母材及钎料的物性、成分、温度和时间有关。影响钎料润湿铺展性的因素主要有以下几个方面。

1) 钎料和母材成分的影响

一般来说，如果构成钎料和母材的各元素之间可以发生相互作用，形成固溶体、共晶体或金属间化合物，就会表现出良好的润湿性，反之，润湿性差。例如，Ag、Bi、Cd、Pb 等元素与 Fe 之间基本不存在相互作用，因此这些元素的液相在固体铁表面上表现为明显的不润湿。当钎料与母材之间发生相互作用时，液态钎料才会在母材表面润湿铺展。钎料中添加表面活性物质时，可明显减小液态钎料的表面张力，从而改善钎料对母材的润湿性。表面活性物质，即钎料液体中表面张力小的组分将聚集在液体表面层呈现正吸附，使液体表面张力显著减小。表面活性物质的这种有益作用已在实际钎焊中得到应用，表 4-1 为钎料中添加表面活性物质的实例。

表 4-1　钎料中添加的表面活性物质

钎料	添加的表面活性物质	母材	钎料	添加的表面活性物质	母材
Cu	P	钢	Ag	Ba	钢
Cu	Ag	钢	Ag	Li	钢
Sn	Ni	铜	Ag-28.5Cu	Si	钼、钨
Ag	Cu₃P	钢	Cu-37Zn	Si	钢
Ag	Pd	钢	Al-11.3Si	Sb、Ba、Br、Bi	铝

2) 温度的影响

液体的表面张力随着温度的升高而降低，因此升高温度，有助于提高钎料的润湿性。随着温度的提高，液态钎料本身的表面张力 σ_{lg} 减小，液态钎料与母材间的界面张力 σ_{sl} 降低，这两个因素都有助于提高钎料的润湿性。

3) 金属表面氧化物的影响

常温下，多数金属表面都存在一层氧化膜。当被焊母材表面存在氧化膜时，液态钎料往往凝聚成球，不在母材表面润湿铺展。其原因是氧化物的表面张力 σ_{sg} 比金属本身的低很多，例如，Al_2O_3 与纯 Al 的表面张力分别为 0.56N/m、1.91N/m。另外，氧化物的熔点一般都比较高，在钎焊温度下为固态。因此，当钎料表面存在氧化膜时，熔化的钎料被自身的氧化膜包覆，此时与母材接触的是固态钎料氧化膜，液态钎料受固态氧化膜的制约成为不规则球态，不润湿母材，也不在母材表面铺展。

4) 钎剂与母材表面粗糙度的影响

钎剂对液态钎料润湿性的影响主要表现在两个方面。一方面，当用钎剂去除母材和钎料表面的氧化膜后，液态钎料就可以和母材金属直接接触，从而改善润湿性。另一方面，当母材和钎料表面覆盖一层液态钎剂后，系统的界面张力就发生了变化，如图 4-3 所示，当铺展达到平衡时，杨氏方程为

$$\sigma_{sf} = \sigma_{sl} + \cos\theta \cdot \sigma_{lf} \tag{4-3}$$

$$\cos\theta = \frac{\sigma_{sf} \cdot \sigma_{sl}}{\sigma_{lf}} \tag{4-4}$$

式中，σ_{sf} 为母材与钎剂间的界面张力；σ_{sl} 为母材与钎料间的界面张力；σ_{lf} 为钎剂与钎料间的界面张力。

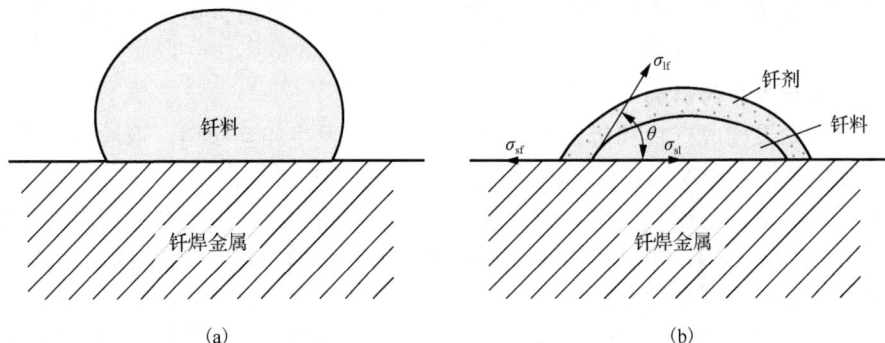

(a)　　　　　　　　　　　　　　　(b)

图 4-3　使用钎剂时界面张力平衡示意图

与无钎剂时的情况相比，要满足 $\sigma_{lf} < \sigma_{lg}$ 或 $\sigma_{sf} < \sigma_{sg}$，就可以增强钎料对母材的润湿性。钎剂除能清除母材表面的氧化物，使 σ_{sf} 增大外，还可以减小液态钎料的界面张力 σ_{lf}，改善钎料的润湿性。

母材实际表面并不是可以满足杨氏方程的理想表面，因而母材的表面状态必然影响钎料的润湿行为。当钎料与母材的相互作用弱时，母材表面粗糙度对钎料的润湿铺展性有明显影响，这是因为较粗糙的母材表面布满纵横交错的细槽，对液态钎料起到特殊的毛细管作用，从而促进钎料在母材表面的铺展，改善润湿性。

2. 液态钎料填缝及其与固态母材的相互作用

实际钎焊时，对液体钎料的要求主要不是沿固态母材表面的自由铺展，而是自动流入并填满钎缝的全部间隙。液态钎料是依靠毛细作用在钎缝间隙内流动并填充钎缝间隙的。在实际钎焊的过程中，液体钎料与母材或多或少地存在相互作用，使液态钎料的成分、密度、黏度和熔点发生变化，从而使毛细填缝现象复杂化。

液态钎料在毛细填缝的同时与母材发生相互作用，这种相互作用的推动力是由钎料与母材间的浓度梯度造成的。这种作用分为两类：一类是母材向液态钎料中的溶解；另一类是钎料组分向固态母材中的扩散。这些相互作用的结果会对钎焊接头的性能产生很大的影响。如果母材和钎料在液态下是能够相互溶解的，那么钎焊过程中一般会发生母材溶于液态钎料的现象。钎焊时，在母材向液态钎料溶解的同时，也出现钎料组分向母材的扩散。根据扩散定律，钎焊时钎料向母材中的扩散可确定如下：

$$d_{\mathrm{m}} = -DS\frac{\mathrm{d}S}{\mathrm{d}x}\mathrm{d}t \tag{4-5}$$

式中，d_{m} 为钎料组分的扩散量；D 为扩散系数；S 为扩散面积；$\mathrm{d}S/\mathrm{d}x$ 为在扩散方向上扩散组分的浓度梯度；$\mathrm{d}t$ 为扩散时间。

由式(4-5)可见，钎料组分的扩散量与浓度梯度、扩散系数、扩散时间和扩散面积有关。扩散自高浓度向低浓度方向进行，当钎料中某组元的含量比母材中高时，由于存在浓度梯度，就会发生该组元向母材金属中的扩散。浓度梯度越大，扩散量就越多。若扩散进入母材的钎料组分浓度在饱和溶解度之内，则形成固溶体组织，这对接头的性能没有不良影响。若冷却时扩散区发生相变，则组织会产生相应的变化，并影响接头的性能。

4.1.2 钎焊方法

钎焊方法通常根据热源或加热方法来分类。钎焊方法的主要作用是创造必要的温度条件，确保匹配适当的母材、钎料、钎剂或气体介质之间进行必要的物理化学过程，从而获得优质的焊接接头。钎焊的方法种类很多，根据加热方法不同，钎焊通常分为火焰钎焊、炉中钎焊、感应钎焊、电阻钎焊、电弧钎焊、浸渍钎焊、红外钎焊、激光钎焊、光束钎焊、气相钎焊、烙铁钎焊、波峰钎焊和电子束钎焊等。钎焊方法的分类如图 4-4 所示，其中在航空航天领域应用较多的是真空钎焊、火焰钎焊、感应钎焊、烙铁钎焊等。

1. 真空钎焊

真空钎焊是炉中钎焊的一种，真空钎焊已成为航空航天行业的主要钎焊方法。真空钎焊是在真空环境下对已经装配好钎料的焊件进行加热，利用真空条件下一系列对钎焊有利的物理化学反应，实现润湿，形成钎焊工艺的方法。真空钎焊是先进的钎焊方法，不需要钎剂，钎焊接头光亮致密，具有良好的力学性能和抗腐蚀性能，焊件美观；整体加热，热应力小，工件变形小；钎焊精度高，可以实现无余量加工和精密钎焊；可以实现按炉次的批量生产；可以实现钎焊和热处理的一体化工艺；工艺参数控制准确，产品质量稳定。真空钎焊在航空航天等领域获得了广泛的应用，并逐渐扩大到民用产品领域。真空钎焊对材料和结构的适应性强，广泛应用于铝合金、钛合金等材料的钎焊。

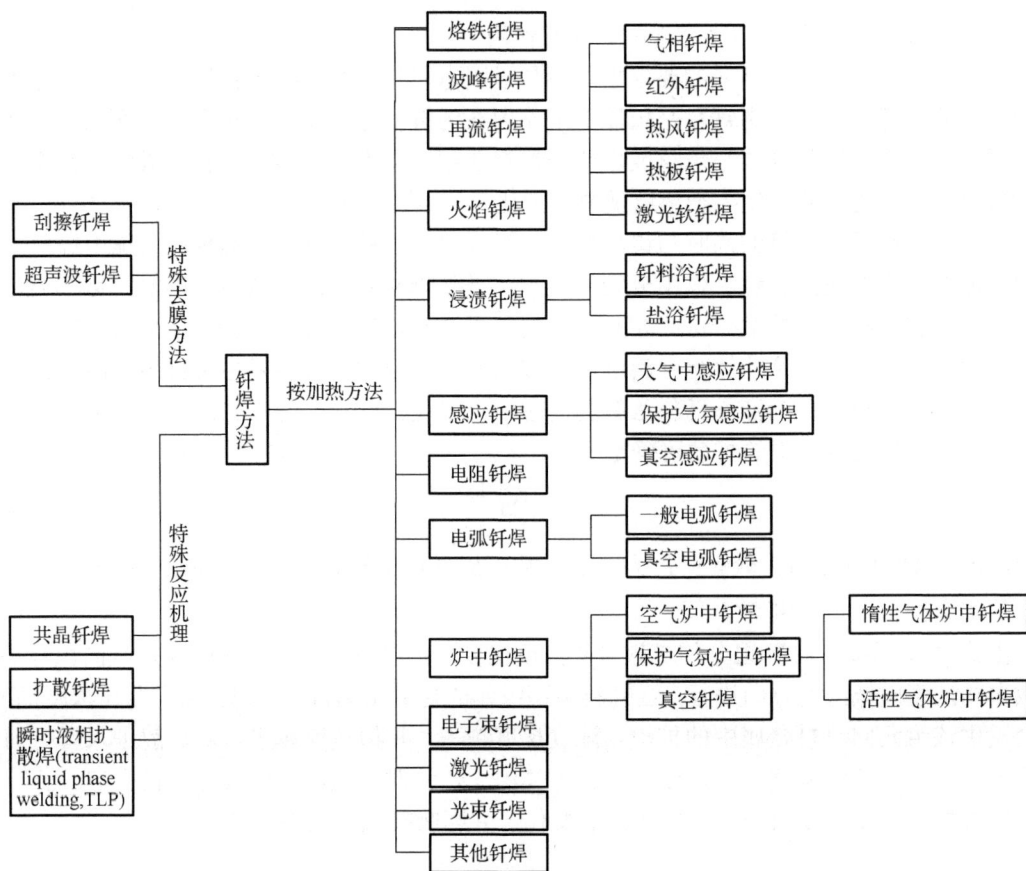

图 4-4　钎焊方法分类

钎焊方法
- 特殊去膜方法：刮擦钎焊、超声波钎焊
- 按加热方法
  - 烙铁钎焊
  - 波峰钎焊
  - 再流钎焊：气相钎焊、红外钎焊、热风钎焊、热板钎焊、激光软钎焊
  - 火焰钎焊
  - 浸渍钎焊：钎料浴钎焊、盐浴钎焊
  - 感应钎焊：大气中感应钎焊、保护气氛感应钎焊、真空感应钎焊
  - 电阻钎焊
  - 电弧钎焊：一般电弧钎焊、真空电弧钎焊
  - 炉中钎焊：空气炉中钎焊、保护气氛炉中钎焊（惰性气体炉中钎焊、活性气体炉中钎焊）、真空钎焊
  - 电子束钎焊
  - 激光钎焊
  - 光束钎焊
  - 其他钎焊
- 特殊反应机理：共晶钎焊、扩散钎焊、瞬时液相扩散焊(transient liquid phase welding,TLP)

体系内的气体压强低于大气压强的气体状态称为真空。真空下气体压力较小，但仍有一定的数值。一般采用真空度来描述真空的压力大小，不同的真空度需要不同的真空泵来获得，常用的真空获得方式有以下几种。

(1)低真空：一级机械泵。

(2)中真空：一级机械泵；机械泵+油增压泵；机械泵+罗茨泵等。

(3)高真空：机械泵+油扩散泵；机械泵+涡轮分子泵；机械泵+罗茨泵+油扩散泵等。

(4)超高真空：机械泵+涡轮分子泵+离子泵等。

在真空气氛的保护下加热，可以减少母材和钎料的氧化，使母材和钎料表面的氧化膜分解、去除或破坏，钎料熔化后对母材形成润湿，在毛细作用下填缝，冷却后形成接头。真空钎焊一般不需要钎剂，是高质量的钎焊工艺方法。

真空气氛下氧化膜去除机理是高的真空度减少了金属加热过程中的氧化，并促使发生了以下反应：真空下氧化膜的分解与挥发；H 或 CO 对氧化膜的还原作用；C 对氧化膜的还原作用；表面的 O 向材料内部的扩散或溶解；致密氧化膜的破裂等。以上反应的综合作用，使氧化膜去除或破坏，促进钎料对母材的润湿。从真空气氛下去膜机理的热力学条件来看，氧化膜去除不仅需要较高的真空度，还需要一定高的钎焊温度。

真空钎焊炉按照基本结构分为冷壁真空炉和热壁真空炉。热壁真空炉结构简单，多用于试验，工业上采用的结构大部分均为冷壁真空炉。冷壁真空炉按照结构布置形式和功能等又可分为许多种类。按照结构布置形式分为立式、卧式；按真空室数量分为单室、双室和三室；按加热元件材料类型分为金属加热体炉、石墨加热体炉等。图 4-5 为卧式双室钎焊气淬炉示意图。

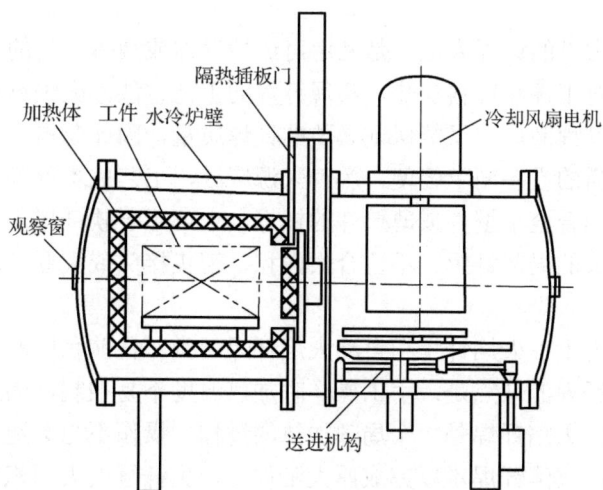

图 4-5　卧室双室钎焊气淬炉

2. 感应钎焊

感应钎焊是将焊件的待焊部位置于交变磁场中，通过电磁感应在工件中产生感应电流来实现工件加热的一种钎焊方法。将导电的工件放置在变化的电磁场中，感应加热电源给单匝或者多匝的感应线圈提供变化的电流，从而产生磁场，当工件被放置到感应线圈之间进入磁场后，涡流进入工件内部，产生精确可控局域的热能。由于热量由工件本身产生，热传递快，加热迅速。感应钎焊是一种局部加热的钎焊方法，广泛应用于高温合金、钛合金等材料制成的工件的局部加热钎焊。对铝合金来说，由于温度不易控制，不宜使用这种方法。感应钎焊特别适合管件套接、管与法兰、轴与轴套之类工件的钎焊连接、在航空航天领域主要用于管类零件。

高频电源是将工频交流电通过整流、变频，将高频电流耦合输出到感应加热元件的设备。根据主功率元件的种类，将高频电源分为真空管振荡器类和半导体固体变频类两大类。随着变频技术及变频元件的发展，近年来半导体固体变频电源的应用越来越多，已成为中频和高频电源的主流。感应加热电源的频率范围很广，频率在 10kHz 以下的电源称为中频感应加热电源；频率为 10～100kHz 的称为超声频感应加热电源；频率高于 100kHz 的称为高频感应加热电源。

感应钎焊时，往往需要使用一些辅助夹具来夹持和定位焊件，以保证其装配准确性及与感应线圈的相对位置，并且允许被焊部件进出感应线圈。这些辅助夹具包括锁紧固定夹具和定位销。在设计夹具时应注意不被感应加热。当夹具和辅助设备是导电体或距离线圈很近时，有可能被感应加热。无感应和热阻材料，如人工或自然生成的陶瓷、石墨和玻璃填充夹层等，不能被电磁场影响并且能够使用封闭的环形设计，其中许多材料还具有能够被加工、加热或铸造成形的能力。当金属材料使用在夹具和传输设备上时，应该使用非电磁材料，如奥氏体不锈钢或铝及铝合金。在夹具上，连接感应线圈的感应连接器或机头中的金属回路应该避免采用封闭式的设计。为了安全应该记住感应线圈应采用陶瓷铸造包覆或用绝缘材料包缠，裸露的线圈是危险的。

3. 火焰钎焊

火焰钎焊是一种常见的钎焊方法，是利用可燃性气体或液体燃料的气化产物与氧或空气混合燃烧产生的火焰对工件和钎料加热，实现钎焊的工艺方法。火焰钎焊是一种简单而实用的钎焊方法，其工艺过程简单，又能保证必要的钎焊质量，因此获得了非常广泛的应用。火焰钎焊操作方便，所需的设备简单轻便，燃气来源广泛，工艺成本低廉。火焰钎焊可以用于采用铝基钎料的铝及铝合金小型件或薄壁件的钎焊，也可用于软钎焊。火焰钎焊一般用于接头面积不大的分立接头的局部钎焊，不适合大面积、密集接头或大厚件的钎焊。火焰钎焊需采用钎剂。

火焰钎焊通常分为手工火焰钎焊和自动火焰钎焊两类，目前我国航空工业的应用以手工火焰钎焊为主。火焰钎焊的缺点是：手工操作时加热温度不易控制，因此要求操作者具有较高的操作水平和技巧；火焰钎焊是一个局部加热的过程，操作不当会造成工件内部热应力过大导致工件严重变形；火焰钎焊难以完成厚大工件、密集钎缝或大面积钎缝的钎焊。另外，火焰钎焊由于在大气环境中完成，工件有氧化现象且工件外观不够美观。氧-乙炔火焰是乙炔和氧经焊炬混合，由喷嘴喷出后混合燃烧并发生一系列化学反应所形成的火焰。根据氧和乙炔混合比的不同，氧-乙炔火焰可分为中性焰、碳化焰(也称还原焰)和氧化焰三种，其构造和形状如图4-6所示。

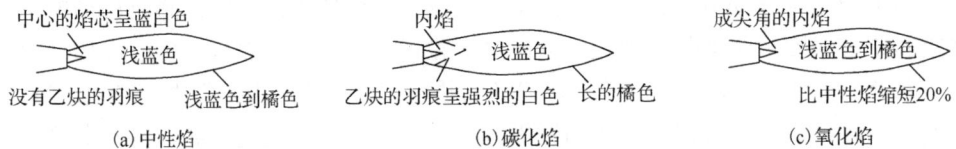

(a) 中性焰 (b) 碳化焰 (c) 氧化焰

图 4-6　火焰构造

正确的火焰加热方法是偏向高导热性的接头组件，并且避免在热冲击中产生应力开裂。钎焊的接头区域能在同一时间达到钎焊温度是最重要的，加热时若能同时将接头各部分加热到所需的钎焊温度，则有利于使钎料填满接头，并获得优质接头。正确的加热方法是偏向高导热性的接头组件，如厚重件和传热快的组件。尽量不要把火焰直接作用在钎料上以及缝隙处的钎剂上，直接加热钎焊材料容易使其过热、出现烟气，甚至导致钎焊材料失效。不正确的操作会引起裂纹、过量的钎料和母材的相互作用或者母材和钎料的氧化。

4. 烙铁钎焊

烙铁钎焊就是利用烙铁工作部(烙铁头)积聚的热量来熔化钎料，并加热钎焊处的母材而完成钎焊接头。烙铁是一种软钎焊工具，种类多，结构也各不相同。最简单的烙铁只是由一个作为工作部的金属块通过金属杆与手柄相连而成的，本身不具备热源，需靠外部热源(如煤火、气体火焰等)加热，因此只能断续地工作。

　　使用最广的一类烙铁是本身具备恒定作用的热源，使烙铁头的温度保持在一定范围，可以连续工作。所装备的热源，除少数(特大型烙铁)为气体火焰外，一般均为电加热元件，这就是当前广泛使用的电烙铁。电烙铁所用的加热元件有两种：一种是绕在云母或其他绝缘材料上的镍铬丝；另一种是陶瓷加热器，是把特殊金属化合物印刷在耐热陶瓷上经烧制而成的。这两种加热元件分别为外热式和内热式。

　　用烙铁进行钎焊时，应使烙铁头与焊件间保持最大的接触面积，并首先在此接触处添加少量钎料，使烙铁与母材间形成紧密的接触，以加速加热过程。待母材加热到钎焊温度后，钎料常以丝材或棒材形式手工进给到接头上，直至钎料完全填满间隙，并沿钎缝另一边形成圆滑的钎角。

5. 电阻钎焊

　　电阻钎焊是将焊件直接通电流或将焊件放在通电的加热板上利用电阻热进行钎焊的方法。电阻钎焊时对施焊处应施加一定的压力。

　　一般的电阻钎焊方法与电阻焊相似，是用电极压紧两个零件的钎焊处，使电流流经钎焊面形成回路，如图 4-7(a) 所示，主要靠钎焊面及相连的部分母材中产生的电阻热来加热，即直接加热法。其特点是被加热的只是零件的钎焊处，因此加热速度很快。在这种钎焊过程中，要求零件钎焊面彼此保持紧密贴合。否则，将因接触不良，造成母材局部过热或接头严重未钎焊透等缺陷。

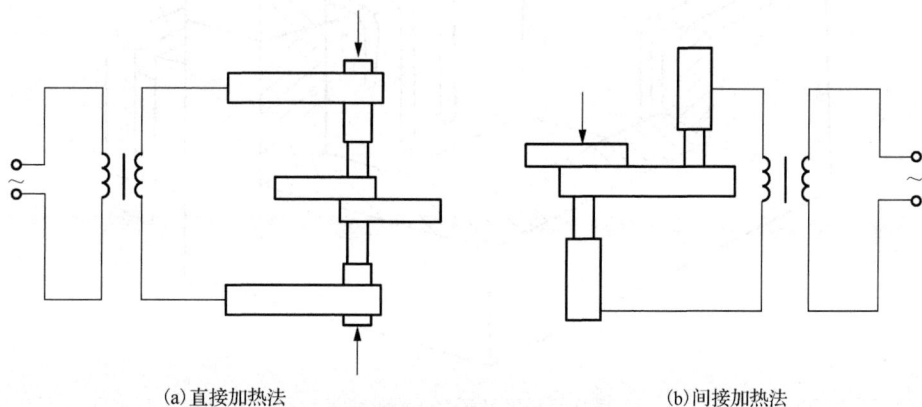

(a) 直接加热法　　　　　　　　　　　　　　(b) 间接加热法

图 4-7　电阻钎焊

　　电阻钎焊还可以采用间接加热法，即电流只通过焊件中的一个零件，如图 4-7(b) 所示，钎料的熔化和其他零件的加热均靠导热来实现。其主要优点是便于钎焊热物理性能差别大的材料和厚度相差悬殊的焊件，使之不会出现加热中心偏离钎焊面的情况。同时，电流不需通过钎焊面，因此可以直接使用固态钎剂，而且对零件钎焊面的配合要求也可以适当放宽，简化了工艺。

　　为了保证加热均匀，通常电极的端面应制成与钎焊接头相应的形状和大小。电阻钎焊使用的电极压力应比电阻焊使用的低，目的仅在于保证零件钎焊面良好的电接触和从缝中排除多余的熔化钎料和钎剂残渣。电阻钎焊的优点是加热迅速、生产率高，加热十分集中，对周围的热影响小，工艺较简单、劳动条件好，而且过程容易实现自动化。但适用于钎焊的接头尺寸不能太大，形状也不能很复杂，这是电阻钎焊应用的局限性。目前，电阻钎焊主要用于钎焊刀具、电机的定子线圈、导线端头、各种电触点，以及电子设备中印刷电路板上集成电路块和晶体管等元器件的连接。

6. 浸渍钎焊

浸渍钎焊是把焊件局部或整体浸入熔融的盐混合物或钎料中，依靠这些熔融介质对焊件的加热来实现钎焊过程。根据所使用的熔融介质，浸渍钎焊可分为盐浴钎焊和熔融钎料中的浸渍钎焊。

盐浴钎焊时需注意浸入和提出盐浴槽时焊件的角度和方向。盐浴槽的结构如图 4-8 所示。对于钎缝沿细长孔道分布的焊件，不应使孔道水平地浸入熔盐中，这样会使空气被堵塞在孔道中而阻碍盐液的流入，从而形成钎焊缺陷，必须以一定的角度浸入。钎焊结束后，焊件也应以一定的角度取出，以便熔盐顺利流出孔道，不致冷凝在里面。但倾角不能过大，以免尚未凝固的钎料积聚在接头的一端或流失。盐浴钎焊完毕后，需采用适当的工艺对残留在工件上的盐进行彻底清洗。

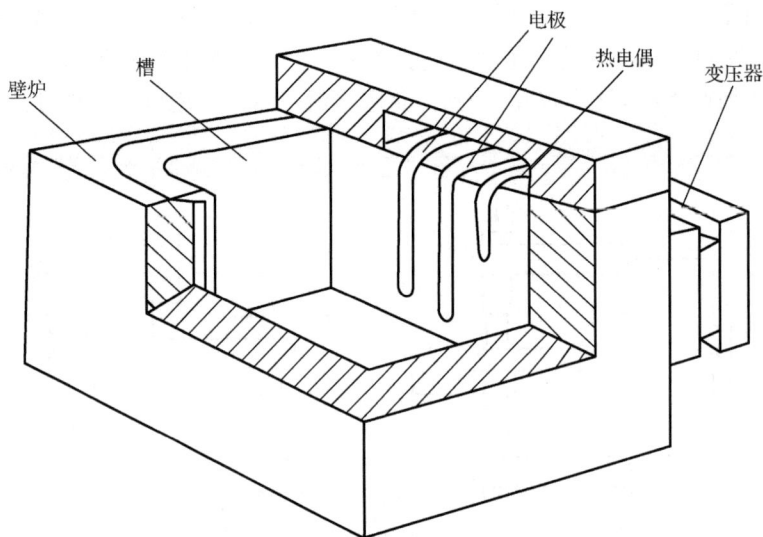

图 4-8　内热式盐浴槽的结构

盐浴钎焊有如下缺点：需要大量的盐类，特别是铝钎焊时需要大量使用含氯化锂的钎剂，成本很高；残留的熔盐清洗时会对环境造成污染；熔盐大量散热和放出腐蚀性气体，同时遇水有爆炸的危险，劳动条件较差；不适宜钎焊有深孔、盲孔或封闭性空腔的零件，因为熔化的盐液很难流入和排出，结构受到限制；通常维持熔盐的熔化条件，耗能较大。盐浴钎焊因具有上述难以克服的缺点，其应用有减少的趋势，除了一些必须采用盐浴钎焊的结构，一般应减少盐浴钎焊的应用。

7. 其他钎焊方法

除以上所述的各种钎焊方法外，还有金属浴钎焊、气相钎焊、波峰钎焊、超声波钎焊等。钎焊方法有多种类型，合理选择钎焊方法应依据工件的材料和尺寸、生产批量、成本以及各种钎焊方法的特点等因素。表 4-2 列出了各种钎焊方法的优缺点及适用范围。

表 4-2　各种钎焊方法对比

钎焊方法	优点	缺点	用途
烙铁钎焊	设备简单,灵活性好,适用于微细钎焊	需使用钎剂	只能用于软钎焊,钎焊小件
火焰钎焊	设备简单,灵活性好	控制温度困难,操作技术要求较高	钎焊小件
金属浴钎焊	加热快,能精确控制温度	钎料消耗大,焊后处理复杂	用于软钎焊及批量生产
盐浴钎焊	加热快,能精确控制温度	设备费用高,焊后需仔细清洗	用于批量生产,不能钎焊密闭工件
气相钎焊	能精确控制温度,加热均匀,钎焊质量高	成本高	只用于软钎焊及批量生产
波峰钎焊	生产率高	钎料损耗大	—
电阻钎焊	加热快,生产率高,成本较低	控制温度困难,工件形状、尺寸受损	钎焊小件
感应钎焊	加热快,钎焊质量好	温度不能精确控制,工件形状受限制	批量钎焊小件
保护气氛炉中钎焊	能精确控制温度,加热均匀,变形小,一般不用钎剂,钎焊质量好	设备费用较高,加热慢,钎料和工件不宜含大量易挥发元素	大、小件的批量生产,多钎缝工件的钎焊
真空炉中钎焊	能精确控制温度,加热均匀,变形小,一般不用钎剂,钎焊质量好	设备费用高,钎料和工件不宜较多易挥发元素	重要工件
超声波钎焊	不用钎剂,温度低	设备投资大	用于软钎焊

4.1.3　钎料

钎焊材料是钎焊过程中在低于母材(被钎金属)熔点的温度下熔化并填充钎焊接头的钎料及去除或破坏母材被钎焊部位氧化膜作用的钎剂的总称。钎焊材料根据所起作用的不同分为钎料和钎剂,其质量好坏、性能优劣以及合理选择应用对钎焊接头的质量起到举足轻重的作用。其中,钎料是钎焊时的填充材料,被钎焊件依靠熔化的钎料连接起来,钎料自身的性能及其与母材间的相互作用在很大程度上决定了钎焊接头的性能。因此,钎焊接头的质量主要取决于钎料。

1. 钎料的基本要求

为了满足接头性能和钎焊工艺的要求,钎料一般应满足以下几项基本要求。

(1)尽量选择主成分与母材主成分相同的钎料。钎料较少用纯金属,而多用二元或多元合金,以利于获得所需熔化温度。理想的钎料为主组元和母材相同的共晶类合金。

(2)钎料的液相线要低于母材固相线至少 20～30℃。

(3)钎料的熔化区间,即该钎料组成的固相线与液相线之间温度差要尽可能地小,否则将造成工艺上的困难。温度差过大还易引起熔析。

(4)钎料与母材的物理、化学作用应保证它们之间形成牢固的结合。

(5)钎料能满足钎焊接头物理、化学及力学性能等要求。钎料的主要成分与母材的主成分在元素周期表中的位置应尽量靠近,这样引起的电化学腐蚀较小,接头耐蚀性好。

(6)钎料成分稳定,尽量减少钎焊温度下元素烧损或挥发,少含或不含稀有金属或贵重金属。

(7)钎料的制造和使用过程中应尽量符合环境保护的要求,即无毒、无害、无污染等。

2. 钎料的选用原则

钎料的种类繁多，使用过程中的影响因素也很多。从原则上来说，选用钎料应从以下几个方面来考虑。

1) 钎料与母材的匹配

对于确定的母材，所选用的钎料应具有适当的熔点，对母材有良好的润湿性和填缝能力。与母材相互作用能产生有益的结果，能避免形成脆性的金属间化合物。尽量使钎料的主要成分与母材主要成分相同；钎料的液相线要低于母材固相线 $40\sim50℃$；钎料的熔化区间要尽可能小，温差过大时，容易引起熔析。

2) 钎料与钎焊方法的匹配

不同的钎焊方法对钎料性能的要求不同，例如，采用火焰钎焊时，钎料的熔点应与母材的熔点相差尽可能大，避免可能产生的母材局部过热、过烧或熔化等；采用电阻钎焊时，希望钎料的电阻率比母材的电阻率大一些，以提高加热效率；炉中钎焊时，钎料中易挥发元素的含量应较少，保证在相对较长的钎焊时间内不会因为合金元素的挥发而影响钎料的性能。

3) 保证满足使用要求

不同产品在不同的工作环境和使用条件下对焊接接头性能的要求不同，这些要求可能涉及导电性、导热性、工作温度、力学性能、密封性、抗氧化性、耐腐蚀性等，选择钎料时应着重考虑其最主要的使用要求。钎焊接头最常见的使用要求是强度、抗氧化性和耐腐蚀性，有疑问时可取些试样通过试验来确定接头是否满足必要的工作时间、温度和强度的要求。

4) 钎焊结构要求

钎焊结构的复杂性有时需要将钎料预先加工成形，如制成环状、垫圈、垫片状、箔材和粉末等形式，预先放置在钎焊间隙中或其附近。因此，在选用钎料时要充分考虑其加工性能是否可以制成所需要的形式。

5) 生产成本

生产成本包括钎料的成本、成形加工成本和钎焊方法及设备投资等方面的成本。生产批量不大时，优先考虑产品的性能和质量；大批量生产时，降低钎料的成本具有重要的经济意义。

正确地选用钎料是保证获得优质钎焊接头的关键，应从钎料和母材的相互匹配、钎焊件的使用工况要求、现有设备条件以及经济性等方面进行综合考虑来确定。

4.1.4　钎剂

钎剂是在空气或保护气氛下钎焊时，用于保护待焊工件和钎料表面免于氧化，并对待钎焊部位已经存在的氧化膜具有有效的去除作用，同时改善钎料对母材表面的润湿能力。利用钎剂去膜是目前应用最广的一种方法。钎剂的作用通常可归结为：清除母材和钎料表面的氧化物；以液态薄层覆盖母材和钎料表面，抑制母材及钎料再氧化；起界面活性作用，改善钎料的润湿性。要起到这些作用，钎剂的性能应尽量满足以下要求。

(1) 钎剂的熔点和最低活性温度比钎料低，在活性温度范围内有足够的流动性。在钎料熔化之前钎剂就应熔化并开始起作用，去除钎缝间隙和钎料表面的氧化膜，为液态钎料的铺展润湿创造条件。

(2) 应具有良好的热稳定性，使钎剂在加热过程中保持其成分和作用稳定不变。一般来说，钎剂应具有不小于 100℃的热稳定温度范围。

(3)能很好地溶解或破坏被钎焊金属和钎料表面的氧化膜。钎剂中各组分的气化(蒸发)温度应比钎焊温度高，避免固钎剂挥发而丧失作用。

(4)在钎焊温度范围内钎剂应黏度小、流动性好，能很好地润湿钎焊金属、减小液态钎料的界面张力。

(5)熔融剂及清除氧化膜后的生成物密度应较小，有利于上浮，呈薄膜层均匀覆盖在钎焊金属表面，有效地隔绝空气，促进钎料的润湿和铺展，不滞留在钎缝中形成夹渣。

(6)熔融钎剂残渣不应对钎焊金属和钎缝有强烈的腐蚀作用，钎剂挥发物的毒性小。

4.1.5　钎焊接头设计及钎焊工艺

钎焊接头设计和钎焊工艺是影响钎焊质量和接头性能的重要因素，因此必须根据采用的钎焊方法、材料和结构对钎焊接头进行设计并制定合理的钎焊工艺。钎焊接头设计包括接头形式、钎缝间隙等。钎焊工艺包括钎焊前工件表面准备、工件的装配和固定、安置钎料、钎焊、钎焊后处理等工序，每道工序均会影响产品的最终质量。

1. 钎焊接头设计

1)钎焊接头的基本形式

钎焊结构对接头的基本要求之一就是应与被连接零件具有相等的承受外力的能力。钎焊接头的承载能力与许多因素有关，包括接头形式、选用的钎料强度、钎缝间隙、钎料和母材间相互作用的程度、钎缝的钎着率等。其中，接头形式起着相当重要的作用。

对接接头具有均匀的受力状态，并能节省材料、减轻结构重量，因此成为熔焊连接的基本接头形式。但在钎焊连接中，钎料的强度大多比母材的强度低，接头(钎缝)的强度往往就低于母材的强度，因此对接接头常不能保证与焊件具有相等的承载能力。对接接头要保持对中和间隙大小均匀比较困难，故一般不推荐使用。

传统的 T 形接头、角接接头同样难以满足具有相等承载能力的要求，而搭接接头依靠增大搭接面积，可以在接头强度低于母材强度的条件下满足接头与焊件具有相等的承载能力的要求。另外，搭接接头的装配要求也相对较为简单，因此成为钎焊连接的基本接头形式。在具体结构中，需要钎焊连接零件的相互位置是各式各样的，不可能全都符合典型的搭接形式。为了提高接头的承载能力，接头设计的基本处理方法是尽可能使接头局部地搭接化。

2)搭接长度的确定

当采用搭接接头时，钎焊接头的搭接长度 L 可根据保证接头与焊件承载能力相等的原则，通过计算确定板件。板件搭接长度理论值可按下式计算：

$$L = \alpha \frac{\sigma_b}{\sigma_\tau} \delta \qquad (4\text{-}6)$$

式中，σ_b 为焊件材料的抗拉强度；σ_τ 为钎焊接头的抗剪强度；δ 为焊件材料的厚度；α 为安全系数。对采用银基、铜基、镍基等较高强度钎料的钎焊接头，搭接长度通常取薄件厚度的 2~3 倍；对采用锡、铅等低强度钎料的钎焊接头，搭接长度可取薄件厚度的 4~5 倍，但不应大于 15mm。这是因为搭接长度过大，既耗费材料、增大结构重量，又难以满足相应提高承载能力的要求。搭接长度过大时，钎缝很难被钎料全部填满，往往形成大量缺陷。

3) 钎缝间隙的确定

钎缝间隙是两个待焊零件的钎焊面之间的距离。钎焊是依靠毛细作用使钎料填满间隙的，因此必须正确地选择接头间隙。间隙的大小在很大程度上影响钎缝的致密性和接头强度。对于不同的钎料和母材组合，其获得最高接头强度的最佳间隙值范围各不相同，与接头间隙的选择有关的因素如下。

(1) 用钎剂钎焊时接头的间隙应选得大一些。因为钎焊时熔化的钎剂先流进接头，熔化的钎料后流进接头，将熔化的钎剂排出间隙。当接头间隙小时，熔化的钎料难以将钎剂排出间隙，从而形成夹渣。真空或气体保护钎焊时，不发生排渣的过程，接头间隙可取得小些。

(2) 母材与钎料的相互作用程度将影响接头间隙值。若母材与钎料的相互作用小，间隙值一般可取小些；若母材与钎料的相互作用强烈，如用铝基钎料钎焊铝，间隙值应大些，因为母材的溶解会使钎料熔点提高，流动性降低。

(3) 流动性好的钎料，如纯金属、共晶合金及自钎剂钎料，接头间隙应小些；结晶间隔大的钎料，流动性差，接头间隙可以大些。

(4) 垂直位置的接头间隙应小些，以免钎料流出；水平位置的接头间隙可以大些；搭接长度大的接头，间隙应大些。

(5) 设计异种材料接头时，必须根据热膨胀数据计算出钎焊温度时的接头间隙。

2. 表面准备

待焊零件表面不可避免地会覆盖氧化物、油脂和灰尘等，它们都将妨碍液态钎料在母材上铺展填缝，因此钎焊前零件的表面制备主要是清除零件表面的油污和氧化物。此外，在某些情况下，为了保证钎焊质量，还要对钎焊面镀覆一定的金属层。

目前，待焊零件表面除油的方法主要有有机溶剂除油、化学除油、电解除油、三氯乙烯蒸气除油等。无论经过何种方法除油后的零件，都应再用清水洗净并干燥。待焊零件表面氧化物的去除方法主要有机械清除、物理清除、化学清除等。

钎焊前对工件表面预镀覆金属是一种特殊的钎焊工艺措施，一般是基于简化钎焊工艺或改善钎焊质量的要求，但在有些情况下是实现工件良好钎焊的根本技术途径。从工件表面的预镀覆层的功用看可分为工艺镀层、阻挡镀层和钎料镀层。预镀覆金属的工艺方法有电镀、化学镀、热浸镀、压覆物理气相沉积(physical vapor deposition，PVD)、化学气相沉积等多种方法。

3. 钎料及钎剂添加

根据钎焊工艺的需要和钎料的加工性能，常将钎料加工成不同形状，包括棒状、条状、丝状、片状、箔状、垫圈状、环状、颗粒状、粉末状、膏状以及填有钎剂芯的管状钎料等。合理地选用钎料形状可以简化工艺，改善钎焊质量。通常根据钎焊方法、接头结构特点以及生产量来选用钎料形状。例如，烙铁钎焊、火焰钎焊，是手工操作送进钎料，一般采用棒状、条状和管状钎料；电阻钎焊采用箔状钎料；炉中钎焊和感应钎焊可采用丝状、环状、垫圈状和膏状钎料；盐浴钎焊宜采用压敷钎料板。

钎料在焊件上的添加放置有两种方式：一种是明置方式，即钎料安放在缝隙的外缘；另一种是暗置方式，即把钎料置于间隙内特制的钎料槽中。无论以哪种方式添加钎料，都应遵循以下原则。

(1) 尽可能利用钎料的重力作用和缝间隙的毛细作用来促进钎料填缝。

(2) 保证钎料填缝过程中间隙内的钎剂和气体有排出的通路。

(3) 钎料要放置在不易润湿或加热温度较低的零件上。

(4) 钎料放置要牢靠，不致在钎焊过程中因意外干扰而错动位置或脱落。

(5) 应使钎料的填缝路程最短，并尽可能地分散均匀。

(6) 防止对母材产生明显的溶蚀或钎料的局部堆积。

4. 钎焊工艺参数

钎焊过程的主要工艺参数是钎焊温度、保温时间、加热速度和冷却速度，这些工艺参数直接影响钎料填缝和钎料与母材相互作用的过程，因此对接头质量具有决定性的作用。

1) 钎焊温度

钎焊温度是钎焊过程中最主要的工艺参数之一。在钎焊温度下，一方面要钎料熔化，在毛细作用下填满接头间隙，并与母材进行冶金作用；另一方面能够完成母材的热处理程序中的某一道工序，如淬火、固溶处理等，提高钎焊接头的性能。

确定钎焊温度的主要依据是所选用钎料的熔点。钎焊温度应适当地高于钎料熔点，以减小液态钎料的表面张力、改善润湿和填缝，并使钎料与母材充分相互作用，有利于提高接头强度。如果钎料与母材相互作用很强，使填缝的液态合金与原始钎料相比成分和性能发生较大变化，这时为了保证填缝过程的顺利进行，钎焊温度应以间隙中形成新合金的熔点为依据来确定。

在钎焊温度下，应使母材充分固溶，完成其固溶处理，既节约了工时，又避免了焊后固溶处理会引起不良后果，这是炉中钎焊，特别是真空钎焊选择钎焊温度时应当考虑的一个问题。各种材料的固溶处理温度不同，钎焊温度应根据材料的热处理规范来选择，使钎焊和热处理工序在同一加热冷却循环中完成。

2) 保温时间

钎焊保温时间是钎料填充间隙和控制合金化作用的一个重要因素，对于接头强度的影响与钎焊温度具有类似的特性。一定的保温时间是钎料同母材相互扩散、形成牢固结合所必需的。但过长的保温时间同样会导致某些过程的过分发展而走向反面。

应当指出，对钎焊温度和钎焊保温时间不应孤立地来确定，它们之间存在一定的互补关系，可以相应地在一定范围内变化。

3) 加热速度

钎焊时的加热速度也是影响钎料的润湿、填充以及焊后工件残余应力大小的一个重要因素，接头区域的温度明显受到加热速度的影响。过快的加热速度会使焊件内温度不均而产生内应力；过慢的加热速度又会产生某些有害过程，如母材晶粒长大、钎料低沸点组元的蒸发、金属的氧化、钎剂的分解等。因此，应在保证均匀加热的前提下尽量缩短加热时间。具体确定时，必须结合焊件尺寸、母材和钎料特性等因素来考虑。对于大件、厚件以及导热性差的母材，加热速度不能太快；在母材活泼、钎料含有易蒸发组分以及母材与钎料、钎剂间存在有害作用时，加热速度应尽量快些。

4) 冷却速度

焊件的冷却虽是在钎焊保温结束后进行的，但冷却速度对接头质量也有很大的影响。过慢的冷却速度可能引起母材晶粒长大、强化相析出或出现残余奥氏体等。加快冷却速度，有利于细化钎缝组织、减小枝晶偏析，从而提高接头强度。但是过高的冷却速度，可能使焊件形成过大的热应力而产生裂纹，或因钎缝迅速凝固气体来不及逸出而形成气孔。具体确定时，必须结合焊件的尺寸、母材的种类和钎料特性等因素。

4.2 扩 散 连 接

扩散连接(扩散焊)是依靠界面原子相互扩散而实现结合的一种精密的连接方法。近年来随着航空航天、电子和能源等工业部门的发展，扩散连接技术得到了快速的发展。扩散连接在尖端科学技术部门起着十分重要的作用，是异种材料、耐热合金和新材料连接的主要方法之一。特别是对用熔焊方法难以连接的材料，扩散连接具有明显的优势。

扩散连接是指在一定的温度和压力下，被连接表面相互靠近、相互接触，通过使局部发生微观塑性变形，或通过被连接表面产生的微观液相扩大被连接表面的物理接触，结合层原子之间经过一定时间的相互扩散，形成结合界面可靠连接的过程。

4.2.1 扩散连接的分类

可根据不同的准则对扩散连接方法进行分类。一般可分为固相扩散连接和瞬时液相扩散焊两大类。固相扩散连接所有的界面反应均在固态下进行，瞬时液相扩散焊是在异种材料之间发生相互扩散，使界面组分变化导致连接温度下液相的形成。在液相形成之前，固相扩散连接和瞬时液相扩散焊的原理相同，而一旦有液相形成，瞬时液相扩散焊实际上就变成钎焊+扩散连接。也可以按连接时是否添加中间层连接气氛等来分类。

一般地，扩散连接有两种分类方法，见表4-3。

表4-3　扩散连接的分类

分类法	分类依据	类别名称		
第一种	按被焊材料的组合形式	无中间层	同种材料扩散连接	
			异种材料扩散连接	
		加中间层	同种材料扩散连接	
			异种材料扩散连接	
第二种	按连接过程中接头区是否出现液相或其他工艺变化	固相扩散连接(solid phase diffusion bonding, SDB)		
		瞬时液相扩散焊(transient liquid phase welding, TLP)		
		超塑性成形/扩散连接(superplastic forming/diffusion bonding, SPF/DB)		
		热等静压扩散连接(hot isostatic pressing diffusion bonding, HIP)		

1)同种材料扩散连接

通常指不加中间层的两同种金属直接接触的扩散连接。这种类型的扩散连接，一般要求待焊表面制备质量较高，焊接时要求施加较大的压力，焊接后连接接头的化学成分、组织与母材基本一致。对同种材料来说，Ti、Cu、Zr、Ta等最易实现扩散连接；铝及其合金、含 Al、Cr、Ti 的铁基及钴基合金则因氧化物不易去除而难以实现扩散连接。

2) 异种材料扩散连接

指两种不同的金属、合金或金属与陶瓷、石墨等非金属材料之间直接接触的扩散连接。异种金属的化学成分、物理性能等有显著差异。两种材料的熔点、热膨胀系数、电磁性、氧化性等差异越大,扩散连接难度越大。

3) 加中间层的扩散连接

对于采用常规扩散连接方法难以焊接或焊接效果较差的材料,可在被焊材料之间加入一层过渡金属或合金(称为中间层),这样就可以焊接很多难焊的或冶金上不相容的异种材料,可以焊接熔点很高的同种或异种材料。

4) 固相扩散连接

在扩散连接过程中,母材和中间层均不发生熔化或产生液相的扩散连接方法,是常规的扩散连接方法。固相扩散连接通常在扩散连接设备的真空室中进行。被焊材料或中间层合金中含有易挥发元素时不宜采用这种方法。

5) 瞬时液相扩散焊

瞬时液相扩散焊是指在扩散连接过程中接缝区短时出现微量液相的扩散连接方法。换句话说,是指利用在某一温度下待焊异种金属之间会形成低熔点共晶的特点加速扩散过程的连接方法。在扩散连接过程中,中间层与母材发生共晶反应,形成一层极薄的液相薄膜,此液膜填充整个接头间隙后,再使之等温凝固并进行均匀化扩散处理,从而获得均匀的扩散连接接头。微量液相的出现有助于改善界面接触状态,允许使用较低的扩散压力。

6) 超塑性成形/扩散连接

超塑性成形/扩散连接工艺的特点是扩散连接压力较低,与成形压力相匹配,扩散时间较长,可长达数小时。在高温下具有相变超塑性的材料,可以在高温下用较低的压力同时实现成形和扩散连接。用此种组合工艺可以在一个热循环中制造出复杂的空心整体结构件。采用此方法的条件之一是材料的超塑性成形温度与扩散连接温度接近,该方法在低真空度下完成。在超塑性状态下进行扩散连接有助于焊接接头质量的提高,这种方法已在航空航天工业中得到应用。

7) 热等静压扩散连接

热等静压扩散连接是在热等静压设备中实现扩散连接。焊前应将组装好的工件密封在薄的软质金属包囊中并将其抽真空,封焊抽气口,然后将整个包囊置于加热室中进行加热,利用高压气体与真空气囊中的压力差对工件施加各向均衡的等静压力,在高温高压下完成扩散连接过程。

4.2.2 扩散连接的特点

根据被焊材料的组合和连接方式的不同,几种扩散连接的工艺特点见表 4-4。

从广义上讲,扩散连接属于压焊的一种,与常用压焊方法(冷压焊、摩擦焊、爆炸焊及超声波焊)相同的是在连接过程中要施加一定的压力。但以扩散为主导因素的扩散连接和以塑性变形为主导因素的压力焊在连接机理、方法和工艺上有很大区别。扩散连接与其他焊接方法加热方式、加热温度等工艺条件的比较如表 4-5 所示。

表 4-4　扩散连接方法的工艺特点

类型	工艺特点
同种材料扩散连接	是指不加中间层的同种金属直接接触的一种扩散连接。对待焊表面制备质量要求高，焊接时要求施加较大的压力，焊接后连接接头组织与母材基本一致，对氧溶解度大的金属(如 Ti、Cu、Fe、Zr、Ta 等)最易焊，而对容易氧化的铝及其合金，含 Al、Cr、Ti 的铁基合金难焊。
异种材料扩散连接	是指两种不同金属、合金或金属与陶瓷、石墨等非金属材料之间直接接触的扩散连接。由于两种材质上存在物理和化学等性能差异，焊接时可能出现以下情况。 (1)由于热膨胀系数不同，结合面上出现热应力。 (2)由于冶金反应在结合面上产生低熔点共晶或形成脆性金属间化合物。 (3)由于扩散系数不同，接头中形成扩散孔洞。 (4)由于电化学性能不同，接头可能产生电化学腐蚀。
加中间层的扩散连接	是指在待焊界面之间加入中间层材料的扩散连接。该中间层材料通常以箔片、电镀层、喷涂或气相沉积层等形式使用，其厚度<0.25mm。中间层的作用是：降低扩散连接的温度和压力，提高扩散系数，缩短保温时间，防止金属间化合物的形成等。中间层经过充分扩散后，其成分逐渐接近母材。此法可以焊接很多难焊的或在冶金上不相容的异种材料。
固相扩散连接	通常用于连接两个或多个固体材料。在扩散连接过程中，母材和中间层均不发生熔化或产生液相的方法，材料之间通过固相扩散反应形成强固的连接。这种连接方法通常应用于高温环境下，其中固体材料的原子在高温下会通过扩散运动，使得它们在接触界面上互相扩散，并在界面形成新的相或化合物。
瞬时液相扩散焊	是一种具有钎焊特点的扩散连接。在焊件待焊面之间放置熔点低于母材的中间层金属，在较小压力下加热，使中间层金属熔化、润湿并填充整个接头间隙，成为过渡液相，通过扩散和等温凝固，然后再经一定时间的扩散均匀化处理，从而形成焊接接头，该方法又称扩散钎焊。
超塑性成形/扩散连接	是一种将超塑性成形与扩散连接组合起来的工艺，适用于具有相变超塑性的材料，如钛及其合金等的焊接。薄壁零件可先超塑性成形然后焊接，也可相反进行，次序取决于零件的设计。
热等静压扩散连接	在热等静压设备中实现扩散连接。焊前应将组装好的工件密封在薄的软质金属包囊中并将其抽真空，封焊抽气口，然后将整个包囊置于加热室中进行加热，利用高压气体与真空气囊中的压力差对工件施加各向均衡的等静压力，在高温高压下完成扩散连接过程。

表 4-5　扩散连接与其他焊接方法工艺条件的比较

工艺条件	扩散连接	熔焊	钎焊
加热方式	局部、整体	局部	局部、整体
加热温度	0.5~0.8 倍母材熔点	母材熔点	高于钎料熔点
表面准备	严格	不严格	严格
装配	精确	不严格	不严格
焊接材料	金属、合金、非金属	金属合金	金属、合金、非金属
异种材料连接	无限制	受限制	无限制
裂纹倾向	无	强	弱
气孔	无	有	有
变形	无	强	轻
接头施工可达性	无限制	有限制	有限制
接头强度	接近母材	接近母材	取决于钎料的强度
接头抗腐蚀性	好	敏感	差

4.2.3 扩散连接原理及过程

1. 扩散连接原理

扩散连接是把两个或两个以上的固相材料(包括中间层材料)紧压在一起,置于真空或保护气氛中加热至母材熔点以下某个温度,对其施加压力使连接界面凸凹不平处产生微观塑性变形达到紧密接触,再经过保温、原子相互扩散而形成牢固接头的一种连接方法。扩散连接过程是在温度、压力和保护气氛(或真空条件)的共同作用下完成的,但连接压力不能引起试件的宏观塑性变形。温度和压力的作用是使被连接表面微观凸起处产生塑性变形而增大紧密接触面积,激活界面原子之间的扩散。

实际的材料表面不可能完全平整和清洁,因而实际的扩散连接过程要复杂得多。固态金属表面除在微观上呈凹凸不平外,最外层表面还有 0.2～0.3nm 的气体吸附层(主要是水蒸气、O_2、CO_2 和 H_2S 等);在气体吸附层之下为厚度 3～4nm 的氧化层,在氧化层之下是厚度 1～10μm 的变形层,如图 4-9 所示。

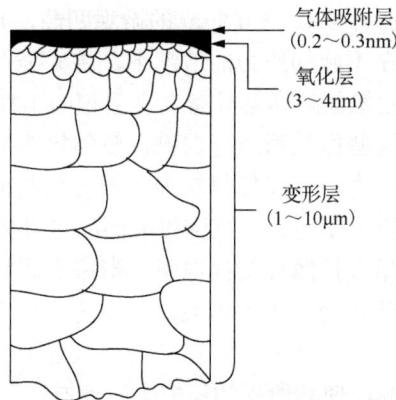

图 4-9 固态金属的表面结构示意图

实际的待连接表面总是存在微观凹凸不平、气体吸附层、氧化层等。而且,待连接表面的晶体位向不同,不同材料的晶体结构不同,这些因素都会阻碍接触点处原子之间形成金属键,影响扩散连接过程的稳定进行。扩散连接时必须采取适当的工艺措施来解决这些问题。

扩散连接过程实际上是通过对连接界面加热和加压,使金属表面的氧化膜破碎、表面微观凸起处发生塑性变形和高温蠕变,在若干微小区域出现界面间的结合。这些区域进一步通过原子相互扩散得以不断扩大,当整个连接界面均形成金属键结合时,即最终完成了扩散连接过程。

2. 扩散连接的三个阶段

为了便于分析和研究,通常把扩散连接过程分为三个阶段:第一阶段为塑性变形使连接界面接触;第二阶段为扩散和晶界迁移;第三阶段为界面和孔洞消失,如图 4-10 所示。

1)塑性变形使连接界面接触

这一阶段为物理接触阶段,高温下微观凹凸不平的表面,在外加压力的作用下,通过屈服和蠕变机理使一些点首先达到塑性变形。在持续压力的作用下，界面接触面积逐渐扩大，最终达到整个界面的可靠接触。

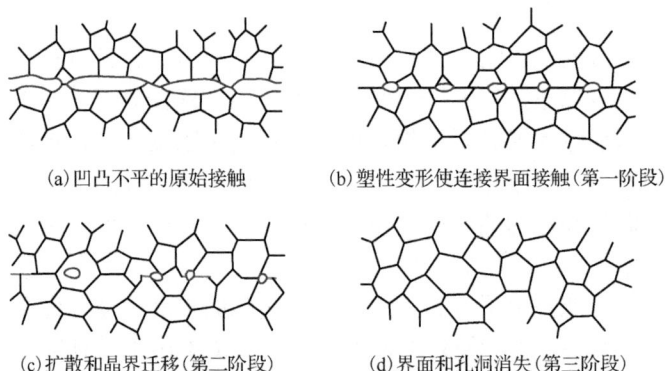

(a)凹凸不平的原始接触　　　　　(b)塑性变形使连接界面接触(第一阶段)

(c)扩散和晶界迁移(第二阶段)　　　(d)界面和孔洞消失(第三阶段)

图 4-10　固态金属的表面结构示意图

扩散连接时，材料表面存在许多 0.1～0.5μm 的微观凹凸，且表面还常常有氧化膜覆盖。使这样的固体表面相互接触，在不施加压力的情况下，首先会在凸起处相接触。尽管初始接触点的数量可能很多，但实际接触面积通常只有名义面积的 1/100000～1/100，而且很难达到金属之间的真实接触。即使在这些区域形成金属键，整体接头的强度仍然很低。因此，只有在高温下通过对被连接件施加压力，才能使材料表面微观凸起部位发生塑性变形，破坏氧化层，使被焊材料间紧密接触面积不断增大，直到接触面积可以抵抗外载荷引起的变形。

在金属紧密接触后，原子相互扩散并交换电子，形成金属键连接。由于开始时连接压力仅施加在极少部分初始接触的凸起处，压力不大即可使这些局部凸起处的压应力达到很高的数值，超过材料的屈服强度而发生塑性变形。但随着塑性变形的发展，接触面积迅速增大，一般可达接触表面的 40%～75%，使其所受的压应力迅速减小，塑性变形量逐渐减小。

因此，接触表面应尽可能光洁平整，以减少界面孔洞。该阶段对整个扩散连接十分重要，为以后通过扩散形成冶金结合创造了条件。在这一阶段末期，界面之间还有空隙，但其接触部分基本上已经是晶粒间的连接。

2) 扩散和晶界迁移

第二阶段是接触界面原子间的相互扩散，形成牢固的结合层。这一阶段晶界处原子持续扩散使许多空隙消失。同时，界面处的晶界迁移离开了接头的原始界面，达到了平衡状态，但仍有许多小空隙遗留在晶粒内。

该阶段通常会发生越过连接界面的晶粒生长或再结晶以及界面迁移，使第一阶段建成的金属键连接变成牢固的冶金结合，这是扩散连接过程中的主要阶段，但这时接头组织和成分与母材差别较大，远未达到均匀化的状况，接头强度并不很高。因此，必须继续保温扩散一定时间，完成第三阶段，使扩散层达到一定深度，才能获得高质量的接头。

3) 界面和孔洞消失

第三阶段是在界面接触部分形成的结合层，逐渐向体积扩散方向发展，形成可靠的连接接头。通过继续扩散，进一步加强已形成的连接，扩大连接面积，特别是要消除界面、晶界和晶粒内部的残留孔洞，使接头组织与成分均匀化。由于需要时间很长，第三阶段一般难以进行彻底。只有当要求接头组织和成分与母材完全相同时，才能完成第三阶段。如果在连接温度下保温扩散引起母材晶粒长大，反而会降低接头强度，这时可以在较低的温度下进行扩散，但所需时间更长。

4.2.4　扩散连接机制

扩散连接通过界面原子间的相互作用形成接头，原子间的相互扩散是实现连接的基础。固态扩散有以下几种机制：空位机制、间隙机制、轮转机制、双原子机制等。空位机制、轮转机制、双原子机制的扩散可以形成置换式固溶体；间隙机制可以形成间隙式固溶体，只有原子体积小的元素，如氢、硼、碳、氮等，才有这种扩散形式。

扩散是指相互接触的物质，由于热运动而发生的相互渗透。扩散向着物质浓度减小的方向进行，使粒子在其占有的空间中均匀分布，它可以是自身原子的扩散，也可以是外来物质形成的异质扩散。

扩散理论的研究主要由两方面组成：一方面是宏观规律的研究，重点讨论扩散物质的浓度分布与时间的关系，即扩散速度问题。根据不同条件建立一系列的扩散方程，并按不同的边界条件求解；另一方面是研究扩散过程中原子运动的微观机制，即在只有几埃(万分之一微米)的位置间原子的无规则运动和实测宏观物质流之间的关系。它表明扩散与晶体中的缺陷密切相关，通过扩散结果可以研究这些缺陷的性质、浓度和形成条件。

扩散系数 D 是扩散的基本参数，定义为单位时间内经过一定平面的平均粒子数。扩散系数对加热时晶体中的缺陷、应力及变形特别敏感。当晶体中的缺陷，特别是空穴增加时，原子在固体中的扩散加速。扩散系数 D 与温度呈指数关系变化，即服从阿伦尼乌斯(Arrhenius)公式：

$$D = D_0 \exp\left(-\frac{Q}{RT}\right) \tag{4-7}$$

式中，D 为扩散系数；Q 为扩散过程的激活能；R 为玻尔兹曼常数；D_0 为扩散因子；T 为热力学温度。

由式(4-7)可以看出，扩散系数随着温度的提高显著增加。

原子一般从高浓度区向低浓度区扩散。对于两个理想接触面的柱体(半无限体)，原子的平均扩散距离有如下计算公式：

$$x = \left(2Dt\right)^{1/2} \tag{4-8}$$

式中，x 为原子的平均扩散距离；t 为扩散时间。

由式(4-8)可以看出，扩散连接时，原子的扩散距离与时间的平方根成正比。在扩散连接时，可以根据不同的要求选择不同的扩散时间。为了使扩散连接接头成分和性能均匀化，要用较长的扩散时间。如果连接界面间生成脆性的金属间化合物，那么要缩短扩散时间。

1. 表面氧化膜的行为

通过表面分析发现，一些材料(如铝及铝合金等)表面氧化膜的存在严重阻碍了扩散连接过程的进行。因此，实际上材料在扩散连接初期均为表面氧化膜之间的相互接触。在随后的扩散连接过程中，表面氧化膜的行为对扩散连接质量有很大的影响。材料表面氧化膜的行为一直是扩散连接研究的重点问题之一。不同材料的表面氧化膜在扩散连接过程中的行为是不同的，如表 4-6 所示。关于表面氧化膜的去向，一般认为是在连接过程中氧化膜首先发生分解，然后原子向母材中扩散和溶解。

表 4-6　扩散连接过程中不同氧化膜的行为表现

连接过程	钛镍型	铜铁型	铝型
连接前	氧化膜		
初期阶段	连接界面	夹杂物	酸化膜
后期阶段	连接界面	夹杂物	酸化膜

2. 扩散孔洞与柯肯达尔效应

在异种金属或不同成分的合金进行扩散连接时，由于母材的化学成分不同，不同元素的原子具有不同的扩散速度(扩散系数不一样)，造成穿过界面的物质流不一样，使某物质向一个方向运动，最终会形成界面的移动。扩散速度大的原子大量越过界面向另一侧金属中扩散，而反方向扩散过来的原子数量较少，这样造成了通过界面向其两侧扩散迁移的原子数量不等。移出量大于移入量的一侧出现了大量的空穴，集聚起来达到一定密度后聚合为孔洞，这种孔洞称为扩散孔洞，如图 4-11 所示。这一现象是 1947 年 Kirkendall 和 Smigeiskas 等研究铜和黄铜扩散连接的过程中首先发现的，故称柯肯达尔(Kirkendall)效应，在其他金属组合(如 Ni-Cu、Cu-Al、Fe-Ni 等)中也发现了这种现象。

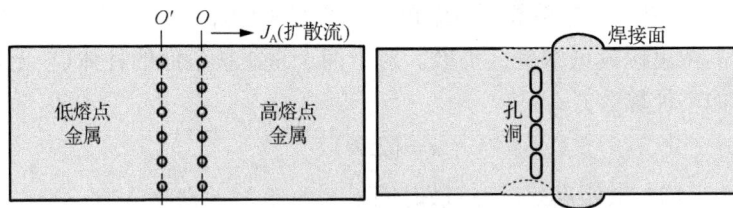

图 4-11　扩散连接界面的移动及其附近的扩散空洞

扩散孔洞可在连接过程中产生，也会在连接后的长期高温工作中产生。在无压力的情况下，扩散连接或退火都会产生扩散孔洞。造成扩散孔洞的原因是不同元素的原子扩散速度不一样。一般情况下，若两种不同的金属相互接触，结合界面移向熔点低的金属一侧。当非均匀扩散时，边界也非均匀地运动，从而出现孔洞。扩散孔洞的存在严重影响接头的质量，特别是使接头强度降低。扩散连接后未能消除的微小界面孔洞中还残留着气体(表 4-7)，这些残留气体对接头质量也有影响。

表 4-7　界面空隙内所含的残留气体

连接气氛		空气	真空	氢	氩
氧化膜第一阶段					
第二阶段	铜				
	不锈钢	夹杂物		H₂	Ar
	钛合金				

压力可减少扩散孔洞，提高接头强度。扩散连接时施加一定的压力，使所加的压强超过低熔点金属在扩散连接温度下的屈服强度，有利于扩散孔洞的消除。随着压力的增大，扩散孔洞减少。对于已形成扩散孔洞的接头，加压退火可有效地减少扩散孔洞。

3. 扩散与组织缺陷的关系

实际工程材料都存在大量的缺陷，很多材料甚至处于非平衡状态，组织缺陷对扩散的影响十分显著。在许多情况下，组织缺陷决定了扩散的机制和速度。材料的晶粒越细，即材料一定体积中的边界长度越大，沿晶界扩散的现象越明显。原子沿晶界的扩散与晶体内的扩散不一样。英国物理学家 Fisher 提出的沿晶界扩散的模型认为，晶界是晶粒间嵌入一定厚度的薄片，扩散沿晶界薄片进行得很快，沿边界进入的原子数量远超过从表面直接进入晶粒的原子数量。原子首先沿边界快速运动，然后从边界进入晶粒内部。沿晶界扩散的路径与晶内扩散的路径不一样，晶界扩散原子的平均扩散距离与时间的四次方根成正比。

4. 扩散连接过程中的化学反应

随着扩散过程的进行，成分变化在扩散区中同时发生多相反应，称为多相扩散或反应扩散。异种材料(特别是金属与非金属)连接时，界面将进行化学反应。首先在局部形成反应源，然后向整个连接界面扩展，当整个界面都形成反应时，能形成良好的扩散连接。产生局部化学反应的萌生源与工艺参数(如温度、压力和时间)有密切关系。

压力对化学反应源有决定性的影响，压力越大，反应源的扩展程度越大；温度和时间主要影响反应源的扩散程度，对反应数量的影响不大。固态物质之间的反应只能在界面上进行。向活性区输送原始反应物，使其局部化学反应继续进行是反应区扩大的条件之一。

异种金属的扩散系数要比同种金属的扩散系数大，用扩散连接来焊接脆性金属比焊接塑性金属更合适。当界面结合率要求达到 100%时，需要加入形成液相的金属中间层或夹层，如果没有中间层，就要求加大压力，以便获得良好的界面接触。原子扩散过程是比较慢的，但是如果提高加热温度，可以加快扩散速度。

4.2.5　扩散连接工艺

1. 表面处理及中间层材料

1）表面处理

扩散连接的工艺流程一般包括以下几个阶段：工件表面处理、工件装配、装炉、扩散连接（包括抽真空、加热、加压、保温等）、炉冷。金属表面一般不平整，附着有氧化物或其他固态或液态产物（如油脂、灰尘等），吸附有害气体或潮气。待连接件组装前需对工件表面进行仔细处理。表面处理包括清洗，去除化学结合的表面膜层（氧化物），清除气、水或有机物表面膜层。除油是扩散连接前工件表面清理工序的必要部分，一般采用乙醇、三氯乙烯、丙酮、洗涤剂等，可在多种溶液中反复清洗。

2）中间层材料及选择

为了促进扩散连接过程的进行，降低扩散连接温度、时间、压力和提高接头性能，扩散连接时会在待连接材料之间插入中间层。有关中间层的研究是扩散连接的一个重要方面。中间层材料不仅在瞬时液相扩散焊时使用，在固相扩散连接中也有广泛的应用。

中间层材料的特点有：①容易发生塑性变形；含有加速扩散的元素，如 B、Be、Si 等；②物理化学性能与母材的差异较被焊材料之间的差异小；③不与母材发生不良冶金反应，如产生脆性相或不希望的共晶相；④不会在接头处引起电化学腐蚀问题。

中间层材料的作用有：①改善表面接触，减小扩散连接时的压力；②改善冶金反应，避免或减少形成脆性金属间化合物；③异种材料连接时，可以抑制夹杂物的形成，促使其破碎或分解；④促进原子扩散，降低连接温度，加速连接过程；⑤控制接头应力，提高接头强度。

2. 扩散连接的工艺参数

扩散连接的工艺参数主要有加热速度、加热温度、保温时间、压力、真空度和气体介质、表面准备等，其中最主要的参数为加热温度、保温时间、压力和真空度，这些因素对扩散连接过程及接头质量有重要的影响，而且是相互影响的。

1）加热温度

加热温度是扩散连接最重要的工艺参数，加热温度的微小变化会使扩散速度产生较大的变化。温度是最容易控制和测量的工艺参数，在任何热激活过程中，提高温度引起动力学过程的变化比改变其他参数产生的作用大得多。扩散连接过程中的所有机制都对温度敏感。加热温度的变化对连接初期工件表面局部凸出部位的塑性变形、扩散系数、表面氧化物的溶解以及界面孔洞的消失等会产生显著影响。

从扩散规律可知，扩散系数 D 与温度 T 为指数关系。也就是说，在一定的温度范围内，温度越高扩散系数越大，扩散过程越快。同时，温度越高，金属的塑性变形能力越好，连接界面达到紧密接触所需的压力越小，所获得的接头结合强度越高。但是加热温度的提高受被焊材料的冶金和物理化学特性方面的限制，如再结晶、低熔共晶和金属间化合物的生成等。此外，提高加热温度还会造成母材软化及硬化。因此，当温度高于某一限定值后，再提高加热温度，扩散连接接头质量提高不多，甚至反而有所下降。不同材料组合的连接接头，应根据具体情况，通过试验来确定加热温度。对于许多金属和合金，扩散连接合适的加热温度一

般为 $(0.6 \sim 0.8)T_m$（T_m 为母材熔点，异种材料连接时 T_m 为熔点较低一侧母材的熔点），该温度范围与金属的再结晶温度范围基本一致，故有时扩散连接也可称为再结晶连接。确定连接温度时必须同时考虑保温时间和压力的大小。温度-时间-压力之间具有连续的相互依赖关系。一般升高加热温度能使结合强度提高，增加压力和延长保温时间，也可提高接头的结合强度。扩散连接温度是一个十分关键的工艺参数。选择时可参照已有的试验结果，在尽可能短的时间内和尽可能小的压力下达到良好的冶金连接，而又不损害母材的基本性能。

2) 保温时间

保温时间是指被焊工件在焊接温度下保持的时间。在该保温时间内必须保证完成扩散过程，达到所需的结合强度。保温时间太短，扩散连接接头达不到稳定的结合强度。但高温、高压持续时间太长，对扩散接头质量起不到进一步提高的作用，反而会使母材的晶粒长大。可能形成脆性金属间化合物的接头，应控制保温时间来限制脆性层的厚度，使其不影响扩散连接接头的性能。

大多数由扩散控制的界面反应会随着时间的推移而发生变化。然而，扩散连接所需的保温时间与温度、压力、中间扩散层厚度以及对接头成分和组织均匀化的要求密切相关，并受到材料表面状态和中间层材料的影响。当温度较高或压力较大时，扩散时间可以缩短。在一定的温度和压力条件下，初始阶段接头的强度会随着时间的延长而增加，但当接头强度达到一定值后，随着时间的延长，强度不会再继续增加。

原子的平均扩散距离（扩散层深度）与扩散时间的平方根成正比，异种材料连接时常会形成金属间化合物等反应层，反应层深度也与扩散时间的平方根成正比，即符合抛物线定律：

$$x = k\sqrt{Dt} \tag{4-9}$$

式中，x 为扩散层深度或反应层深度；t 为扩散时间；D 为扩散系数；k 为常数。因此，要求接头成分均匀化的程度越高，保温时间就将以平方的速度增长。

3) 压力

与加热温度和保温时间相比，压力是一个不易控制的工艺参数。对任何给定的温度-时间组合来说，提高压力能获得较好的界面连接，但扩散连接时的压力必须保证不引起被焊工件的宏观塑性变形。

施加压力的主要作用是促使连接表面微观凸起的部分产生塑性变形，使表面氧化膜破碎，洁净金属使其直接紧密接触，促使界面区原子激活，同时实现界面区原子间的相互扩散。此外，施加压力还有加速扩散、加速再结晶过程和消除扩散孔洞的作用。

压力越大、温度越高，界面紧密接触的面积越大。但不管施加多大的压力，在扩散连接第一阶段都不可能使连接表面达到 100% 的紧密接触状态，总有一小部分局部未接触的区域演变为界面孔洞。界面孔洞是由未能达到紧密接触的凹凸不平部分交错构成的。这些孔洞不仅削弱接头性能，而且还像销钉一样，阻碍晶粒的生长和扩散原子穿过界面的迁移运动。在扩散连接第一阶段形成的界面孔洞，如果在第二阶段仍未能通过蠕变而弥合，那么只能依靠原子扩散来消除，这需要很长的时间，消除那些包围在晶粒内部的大孔洞更是十分困难。因此，在加压变形阶段，要设法使绝大部分连接表面达到紧密接触状态。

4) 真空度和气体介质

扩散连接接头质量与保护方法、保护气体、母材与中间扩散层的冶金物理性能等因素有关。工件表面准备之后，必须随即对清洁的表面加以保护，有效的方法是在扩散连接过程中采用保护性气氛，真空环境也能够长时间防止污染。可以在真空室中加氢、氯、氨等保护气氛，但氢能与 Zr、Ti、Nb 和 Ta 形成不利的氢化物，应注意避免。

连接过程中保护气氛的纯度、流量、压力或真空度、漏气率都会影响扩散连接接头的质量。扩散连接中常用的保护气体是氩气。真空度通常为 $(1 \sim 20) \times 10^{-3}$ Pa。对于有些材料也可以采用高纯度氮气、氢气或氨气。

另外，对于在冷却过程中有相变的材料以及陶瓷类脆性材料，在扩散连接时，加热和冷却速度应加以控制。采用能与母材发生共晶反应的金属作为中间层进行扩散连接，有助于氧化膜和污染层的去除。但共晶反应扩散时，加热速度太慢，会因扩散而使接触面上的化学成分发生变化，影响熔融共晶的生成。

5）表面准备

连接表面的洁净度和平整度是影响扩散连接接头质量的重要因素。扩散连接组装之前必须对工件表面进行认真准备，其表面准备包括：加工符合要求的表面光洁度、平直度，去除表面的氧化物，消除表面的气、水或有机物膜层。

对材料表面处理的要求还受连接温度和压力的影响。随着连接温度和压力的提高，对表面处理的要求逐渐降低。一般是为了降低连接温度或压力，才需要制备较洁净的表面。异种材料连接时，对表面平整度的要求与材料组配有关，在连接温度下对较硬材料的表面平整度和装配质量的要求更为严格。例如，铝和钛扩散连接时，借助钛表面凸起部位来破坏铝表面的氧化膜，并形成金属之间的连接。

3. 扩散连接接头的质量检验

扩散连接接头的主要缺陷有未焊透、裂纹、变形等，产生这些缺陷的影响因素也较多。扩散连接接头的质量检验方法如下。

（1）采用着色、荧粉或磁粉探伤来检验表面缺陷。

（2）采用真空、压缩空气以及煤油试验等来检查气密性。

（3）采用超声波、X 射线探伤等检查接头的内部缺陷。

表 4-8 为扩散连接接头常见缺陷及产生的原因。一些异种材料扩散连接的缺陷、产生原因及防止措施见表 4-9。

表 4-8　扩散连接接头常见缺陷及产生的原因

缺陷	缺陷产生的原因
出现裂纹	升温和冷却速度太快，压力太大，加热温度过高，加热时间太长； 焊接表面加工精度低
未焊透	加热温度不够，压力不足，焊接保温时间短，真空度低； 焊接夹具结构不正确或在真空室里工件安装位置不正确； 工件表面加工精度低
贴合	和未焊透的原因相似
残余变形	加热温度过高，压力太大，焊接保温时间过长
局部熔化	加热温度过高，焊接保温时间过长； 加热装置结构不合理或加热装置与焊件的相应位置不对，加热速度太快
错位	焊接夹具结构不合适或在焊接真空室里工件安放位置不对，焊件错动

表 4-9　异种材料扩散连接的缺陷、产生原因及防止措施

异种材料	焊接缺陷	缺陷产生的原因	防止措施
青铜+铸铁	青铜一侧产生裂纹，铸铁一侧变形严重	扩散连接时加热温度、压力不合适，冷却速度太快	选择合适的焊接工艺参数，焊接室中的真空度要合适，延长冷却时间
钢+铜	铜母材一侧结合强度差	加热温度不够，压力不足，焊接时间短，接头装配位置不正确	提高加热温度，增加压力，延长焊接时间，接头装配合理
铜+铝	接头严重变形	加热温度过高，压力过大，焊接保温时间过长	加热温度、压力及焊接保温时间应合理
金属+玻璃	接头贴合，强度低	加热温度不够，压力不足，焊接保温时间短，真空度低	提高焊接温度，增加压力，延长焊接保温时间，提高真空度
金属+陶瓷	产生裂纹或剥离	热膨胀系数相差太大，升温过快，冷速太快，压力过大，加热时间过长	选择热膨胀系数相近的两种材料，升温、冷却应均匀，压力适当，加热时间适当
金属+半导体材料	错位、尺寸不合要求	夹具结构不正确，接头安放位置不对，工件振动	夹具结构合理，接头安放位置正确，防止振动

复习思考题

4-1　钎焊的本质是什么？

4-2　阐述钎焊与熔化焊、压力焊的不同。

4-3　钎焊的分类方法有哪些？

4-4　影响钎焊润湿性的因素有哪些？

4-5　什么是扩散连接？有什么显著的特点？

4-6　简述扩散连接的基本原理和扩散连接过程的三个阶段。

4-7　简述扩散孔洞形成的原因、Kirkendall 效应和消除扩散孔洞的机制。

4-8　钎料的选用原则是什么？分别从工况和使用性能方面说明，钎料选用应注意的问题有哪些？

4-9　根据表面氧化膜在扩散连接时的不同行为，可将材料分为哪几类？各有什么特点？

4-10　扩散连接的工艺参数有哪些？对扩散连接质量有什么影响？选择扩散连接的工艺参数时，应考虑哪几个方面的问题？

4-11　钎焊间隙是如何影响接头性能的？如何确定钎缝的间隙值？

4-12　为什么在扩散连接中有时采用中间层？在何种情况下采用中间层？

4-13　简述异种材料扩散连接时可能出现的问题和解决的措施。

第二篇　飞行器轻量化精密焊接结构强度的基本理论

第 5 章　飞行器结构件的焊接接头形式

在材料需要连接的部位，通过焊接加工方式制作的接头称为焊接接头。在焊接结构中，焊接接头通常有两个主要作用：一是连接作用，将被焊材料连接为一个整体构件；二是传力作用，使构件能够承受应力和承载力。

5.1　焊接接头的基本特性

5.1.1　焊接接头的基本概念

随着现代焊接技术的迅速发展和焊接理念的不断更新，出现了许多新的焊接结构和方法，因此焊接接头的种类也变得多样化。其中，熔化焊焊接接头是应用最广泛的接头类型。

熔化焊焊接接头是由高速移动的热源针对焊材进行局部加热并进行快速冷却后形成的。根据焊后截面形貌、区域内化学成分、金相组织、力学性能等不同特征，一般可将焊接接头分为焊缝区域、热影响区、母材三个组成部分，如图 5-1 所示。

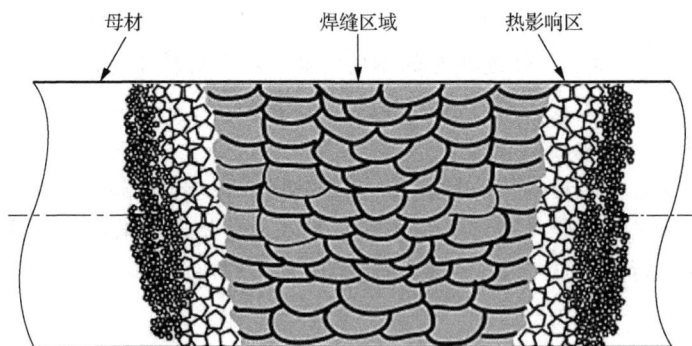

图 5-1　熔化焊焊接接头

熔化焊焊接接头在高温热源的持续影响下形成，焊缝区域由焊缝填充材料及部分或全部由母材凝固而成的组织构成，其化学成分与母材存在差异或基本一致，但组织与母材存在较大差异。而热影响区受焊接热循环以及热塑性变形的影响，组织与性能发生了显著变化，尤其是靠近焊缝的区域，这种变化更加明显。此外，焊接过程中的热循环以及焊缝形状的改变会导致不同程度的应力集中。

5.1.2　焊接接头的接头形式

　　根据实际焊件的厚度、结构以及使用条件的不同，在实际焊接过程中，熔化焊焊接接头的形式会发生一定的变化。常见的熔化焊焊接接头形式包括对接接头、搭接接头、T 形接头和角接接头等，如图 5-2 所示。其中，对接接头和角接接头是焊缝接头的两种基本形式。

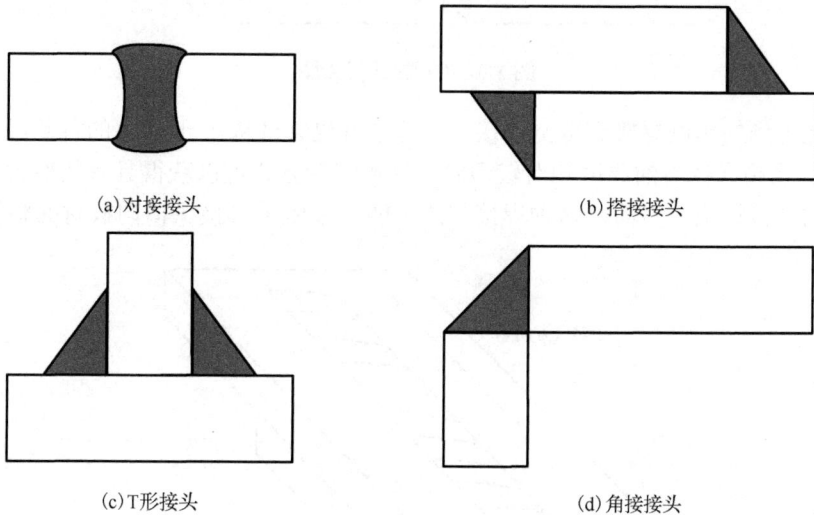

(a)对接接头　　　　　　　　　　　(b)搭接接头

(c)T形接头　　　　　　　　　　　(d)角接接头

图 5-2　焊接接头的基本形式

1. 对接接头
两个结构件间表面构成大于或等于 135°、小于或等于 180° 的接头称为对接接头。
　　对接接头是各种焊接接头中采用最多、最为完善的一种接头形式。它具有良好的力学性能以及较高的强度，能够承受较大的静载荷或动载荷，是焊接结构中最常用的接头形式。根据实际焊件的需要，可采用平对接、锁底对接等方式对对接接头进行调整，改善焊后变形或残余应力。

2. 搭接接头
两个相互连接的零件在接头处部分重叠、相互平行的焊接接头称为搭接接头。
　　搭接接头的应力分布极不均匀，整体力学性能相对较差，疲劳强度较低。但其焊前准备以及装配工作相比于其余接头较为简单，变形较小，因此在受力较小的焊接结构中，搭接接头应用广泛。

3. T 形接头
将相互垂直的零件采用角焊缝的方式连接起来的接头称为 T 形接头。
　　当 T 形接头采用双侧焊接时，该焊接接头能够承载来自多方向的力及载荷，有着良好的力学性能以及均匀的残余应力分布。然而，当该焊缝采用单侧焊接时，接头的承载能力会显著降低，这是因为单侧焊接的情况下，未被焊接的一侧可视为存在较大的缺口，容易导致不均匀地受力和应力集中，如图 5-3 所示。

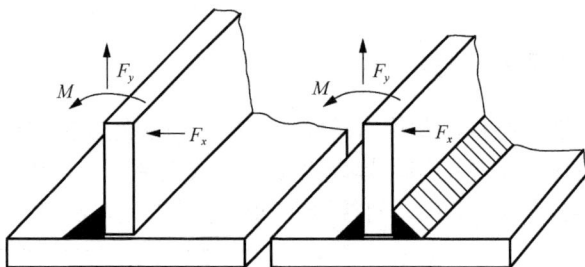

图 5-3　T 形接头受力图

　　除了上述提到的单侧焊接和双侧焊接，一些学者也尝试从 T 形接头的背侧进行焊接，如图 5-4 所示。当横向板材的厚度相对较薄时，这种焊接方式可以获得具有较好力学性能和较优成形状态的焊接接头。然而，这种焊接方式可能会破坏 T 形接头横向板材的整体性。

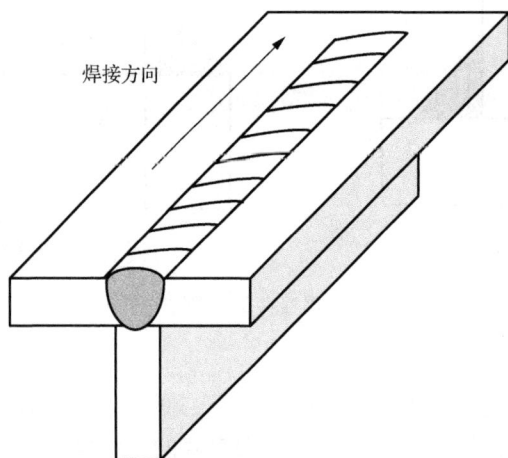

图 5-4　背焊示意图

4. 角接接头

　　两块板材端部构成大于 30°，小于或等于 135° 夹角的焊接接头称为角接接头。

　　角接接头相对于对接接头而言在受力形式上较差，但可针对其受力形式进行一定的改进和优化，常用于箱体结构。图 5-5 中展示了 6 种不同类型的角接接头，其中，图 5-5(a) 为最简单的角接接头，但存在明显的应力集中以及较差的承载能力；图 5-5(b) 则在上述角接接头的基础上进行了改进，通过在背后补焊的方式进行内部加强，提高了整体接头的力学性能和承载能力；图 5-5(c) 通过开坡口的方式将角焊缝变为平焊缝，提高了连接强度并改善了焊缝的外观；图 5-5(d) 和 (e) 装夹难度较低，加工速度较快，相对于其他接头更省时间；图 5-5(f) 通过增加角钢的方式确保转折处是准确的直角，整体结构刚性较大。

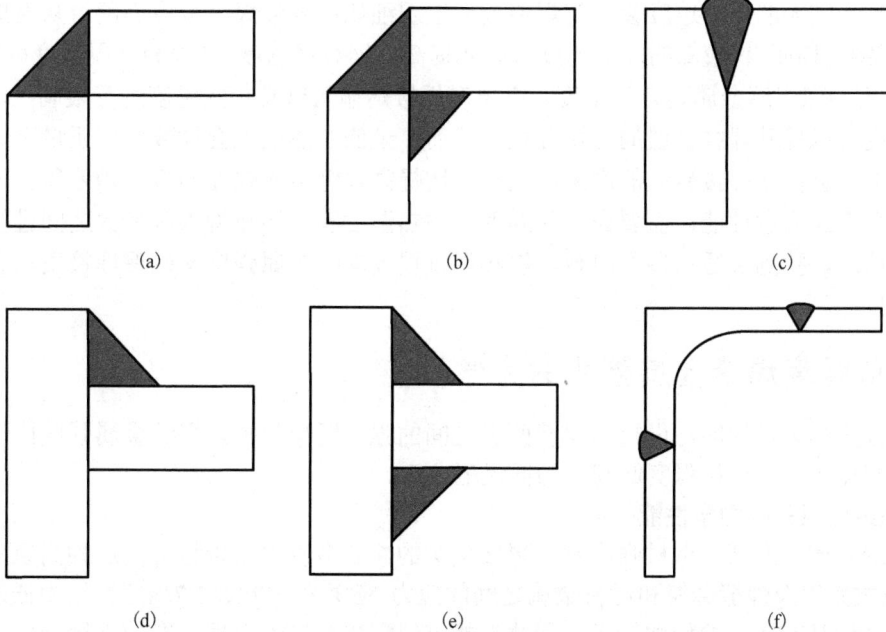

图 5-5　角接接头的基本形式

5.2　焊接接头的非均质特性

为确保焊接结构的安全性，焊接接头应该具有足够的强度、塑性和韧性。但是，焊接接头的力学性能并不均匀，尤其是塑性和韧性的不均匀性会影响焊接结构的综合性能。

5.2.1　焊缝金属的力学性能

焊缝金属的力学性能受多个因素影响，首先取决于其化学成分和金相组织，这与母材成分、焊接填充材料成分和熔合比之间存在直接的关系。此外，焊接层数也将对焊缝的力学性能造成较大的影响。在单层焊接中，焊缝金属通常呈现柱状晶组织。柱状晶组织通常垂直于等温线方向，凝固初期高熔点金属结晶较多，而低熔点物质则存在于最后凝固的部分和柱状晶的晶间。对相同厚度且厚度较大的板材而言，单层焊接时存在的粗大柱状晶力学性能相对较差。然而，在多层焊接中，第一层焊道的柱状晶组织受后续焊接过程中的热作用影响，部分柱状晶被消除，并转化为较细的等轴晶，如图 5-6 所示。因此，相较于单层焊接，多层焊接产生的焊缝金属的力学性能较好。

除此之外，焊缝金属的力学性能还会受焊接热输入和预热温度的影响。当采用较小的焊接热输入进行

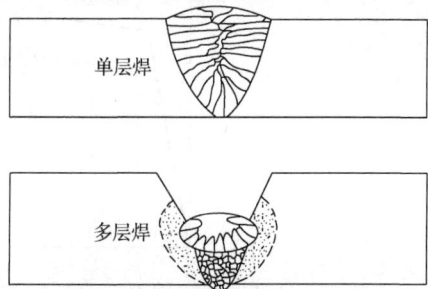

图 5-6　单层焊与多层焊的接头组织

单层焊接时，较大的冷却速度会促使焊缝金属组织细化，导致焊缝金属变硬，从而提高其强度。对低碳钢结构而言，较高的冷却速度可有效提高焊缝金属强度，其焊缝金属强度可达 $550 \sim 600MPa$。为确保焊缝金属具有高强度，需要对焊接热输入以及预热温度进行限制，以保证最低冷却速度，以提升焊缝金属的力学性能。然而，过低的热输入会导致焊接质量下降，过低的预热温度也会促使焊接裂纹的产生，这与上述提高焊缝金属强度的方式相矛盾。因此，为保证焊缝金属的力学性能，需要在工件厚度、预热温度和焊接热输入等参数之间进行平衡。根据具体情况，找到合适的参数组合，以实现既提高焊缝金属强度又确保焊接质量和防止裂纹产生的目标。

5.2.2　低强度焊缝金属接头的力学性能

　　焊接接头的力学性能与母材和焊缝两者之间的强度匹配相关。焊缝金属强度比母材高，称为高组配接头，比母材强度低则称为低组配接头。

1. 高组配接头的力学性能

　　当焊缝金属强度高于母材强度时，焊接接头的断裂多发生在母材上，这种高组配接头的应力-应变关系以及焊缝金属和母材金属之间的应力-应变关系如图 5-7(a) 所示。中低碳钢母材和焊缝金属均具有较高的韧性储备，因此选择高组配接头较为合理。即使焊缝金属韧性相较于母材有所降低，也不会影响整体结构的安全性。当横向载荷使结构发生弹性变形时，焊缝金属区域的应变相对较小，焊缝金属相当于受到保护。因此，高组配接头具有更高的抗脆断安全性，常用于大型设备，如海上采油平台、船舶等需要高强度作业的设备。

2. 低组配接头的力学性能

　　低组配接头的断裂大多发生在焊缝金属上，焊接接头的强度与焊缝金属本身的强度并不相等，其应力-应变关系如图 5-7(b) 所示，图中 W 为焊缝金属，J 为焊接接头，B 为母材。

　　对超高强度钢而言，其韧性储备相对较低，如果继续采用等强度原则，采用高组配焊接接头进行焊接，焊缝韧性进一步降低。当焊缝金属的韧性低于安全极限时，将可能导致因焊缝韧性不足而产生的低应力脆性破坏。因此，在进行超高强度钢焊接时，应当采用等韧性原则，选择焊缝韧性不低于母材金属的低组配接头更为合理。对高韧性的低组配接头而言，在弹性应力区，其焊接抗脆断能力显然高于母材。对高强度和大型厚板结构而言，焊接过程中易产生焊接裂纹，从而导致脆性断裂。为避免焊接裂纹，有时也会采用低组配接头。

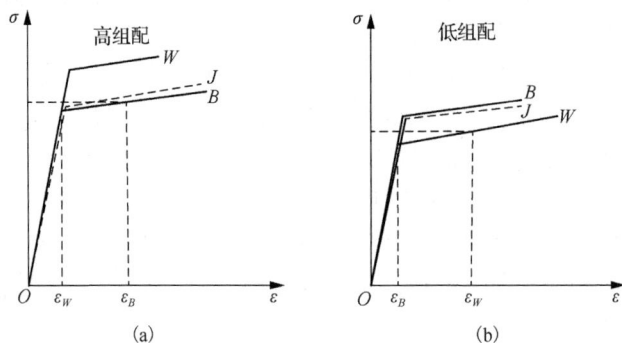

图 5-7　热影响区韧性分布示意图

5.3　薄壁结构的焊接接头工作应力的分布与承载能力

5.3.1　焊缝性质与应力集中的概念

1. 工作焊缝与联系焊缝

焊接结构中的焊缝，按其发挥的作用通常可分为工作焊缝与联系焊缝。

（1）工作焊缝（承载焊缝）：当焊缝与被连接件之间呈串联关系，承担传递全部或绝大部分载荷的作用时，该焊缝称为工作焊缝或承载焊缝。一旦工作焊缝断裂，焊接接头即破坏，整个焊接结构立即失效。工作焊缝的应力通常称为工作应力。图 5-8(a) 所示为工作焊缝的受力情况。

（2）联系焊缝：当焊缝与被连接件之间呈并联关系时，焊缝主要起连接被焊构件的作用，在工作过程中仅传递很少或完全不传递载荷。即使联系焊缝断裂，整个接头也不会破坏。联系焊缝通常用来连接构件，并起到固定和支撑的作用。联系焊缝的应力称为联系应力。图 5-8(b) 所示为联系焊缝的受力情况。

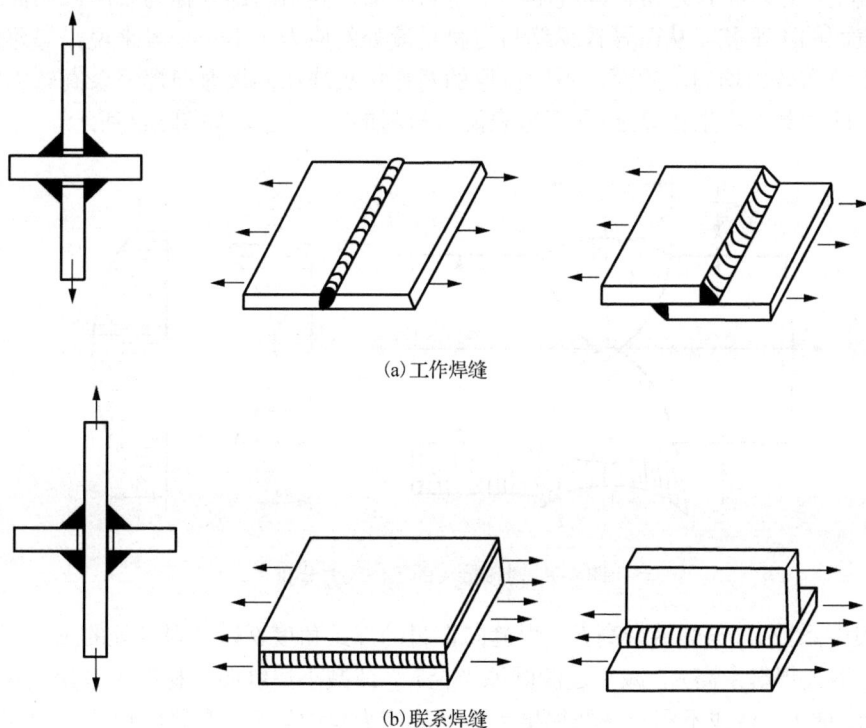

(a) 工作焊缝

(b) 联系焊缝

图 5-8　工作焊缝与联系焊缝

2. 应力集中的概念

焊接接头在承受载荷时，其内部的工作应力分布并不均匀，使得局部区域的最大应力 σ_{max} 比平均应力 σ_0 高，这种现象称为应力集中。通常采用应力集中系数 K_T 对应力集中程度进行描述：

$$K_T = \frac{\sigma_{max}}{\sigma_0} \tag{5-1}$$

式中，σ_{max} 为截面中最大应力；σ_0 为截面中的平均应力。

3. 焊接接头的应力分布

焊缝的形状和焊缝布置特点以及焊接工艺的影响，使得焊接接头工作应力分布是不均匀的。焊接结构中产生应力集中的原因如下。

(1)焊缝中的工艺缺陷，如气孔、夹渣、裂缝和未焊透等，其中裂纹和未焊透引起的应力集中严重。

(2)不合理的焊缝外形，如对接焊缝余高过大，形成较大的应力集中。

(3)不合理的焊接接头设计，如接头截面的突变，加盖板的对接接头等，都会造成严重的应力集中。焊缝布置不合理也能引起应力集中，如只有单侧焊缝的 T 形接头。

5.3.2　熔化焊焊接接头的工作应力分布

1. 对接接头

在焊接生产过程中，通常使焊缝略高于母材板面，高出的部分称为余高。然而，余高造成了构件表面的不平整，从而导致焊缝与母材过渡处的应力集中。一般来说，等厚的对接接头工作应力分布较为均匀。然而，不同板厚的对接接头或相同板厚但焊缝余高较大时，存在应力集中，应力集中产生在焊趾(即焊缝表面与母材的交界处)，如图 5-9 所示。

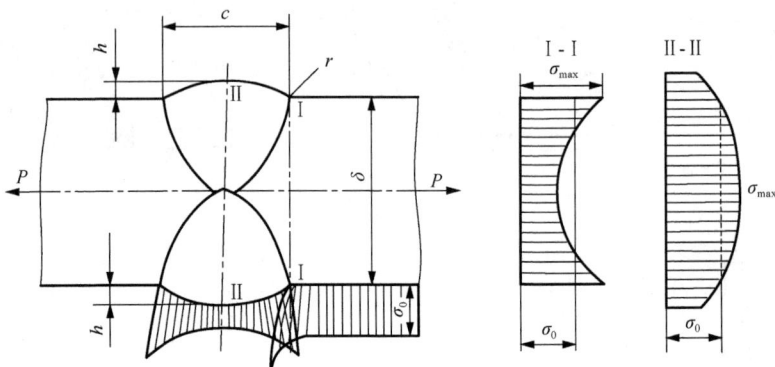

图 5-9　对接接头的工作应力分布

应力集中系数 K_T 与焊缝余高 h、焊缝向母材的焊趾角度 θ 以及焊趾处的过渡圆弧半径 r 密切相关。增大焊缝余高 h，减小过渡圆弧半径 r，或减小焊缝向母材的焊趾角度 θ，则应力集中系数 K_T 增大，造成不利于降低焊接接头处的应力集中情况，会降低焊接结构的疲劳强度并缩减整体构件的疲劳寿命。然而，通过在焊趾处加工较大的过渡圆弧半径可以显著降低应力集中。此外，若降低焊缝余高 h，则可以大幅降低应力，从而提高接头的疲劳强度。在对接不同板厚的构件时，须进行特殊的厚板削薄处理。

综上所述：过渡圆弧半径 r 变大，焊缝向母材的焊趾角度 θ 变大，接头平缓过渡，应力较为均匀。

2. T 形接头和十字接头

在航空航天领域中，T 形接头常用于各类蒙皮壁板，其水平板和垂直板通过角焊缝连接。然而，水平板和垂直板之间通常存在间隙，并且 T 形接头的几何形状特点是由焊缝金属迅速过渡到母材，这导致在接头传递外力时，力流线发生剧烈偏转，从而引起应力分布不均匀。角焊缝的根部和焊趾处都存在严重的应力集中。十字接头应力集中的问题更加严重。T 形接头和十字接头的应力分布如图 5-10 所示。

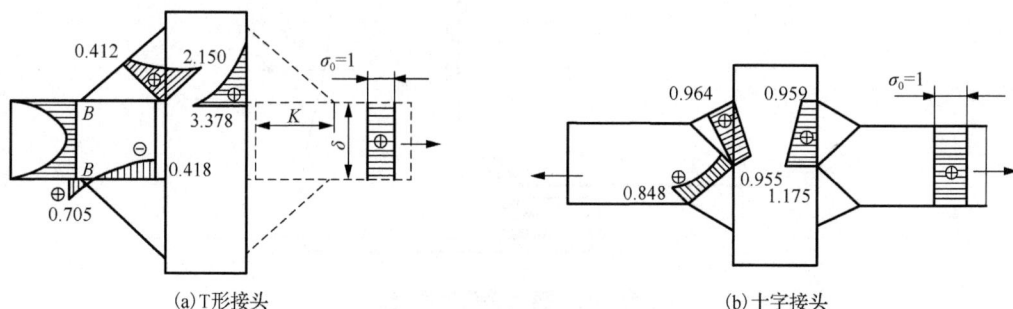

(a) T 形接头　　　　(b) 十字接头

图 5-10　T 形接头和十字接头的应力分布

(1) 坡口熔透：当水平板和垂直板相对较薄，或对待焊板材进行开坡口处理时，根部间隙的消除大大降低了应力集中，改善了接头的工作性能。此外，焊趾角度 θ 的减小可以显著降低应力集中系数 K_T，因此确保熔透是降低 T 形（十字）接头的重要措施之一。增大焊接功率或降低焊接速度可以有效提高熔池深度，或采用激光焊接等深熔焊的焊接方法均能有效降低整体焊件的应力集中情况。

(2) 坡口未熔透：对于不开坡口或水平板和垂直板相对较厚的板材，常规焊接方式往往难以熔透，较易在水平板和垂直板之间产生间隙，导致焊缝根部或间隙处出现严重的应力集中情况，而焊趾处也存在明显的应力集中现象。应力集中系数 K_T 会随角焊缝形状不同而发生较大程度的改变。K_T 随 θ 角的减小而减小，同时随焊脚尺寸 K 的增大而减小。

3. 搭接接头

搭接接头与对接接头相比，由于构件形状发生较大变化，其应力集中情况更加复杂。在搭接接头中，根据搭接角焊缝受力的方向，可以将搭接角焊缝分为正面角焊缝、侧面角焊缝和斜向角焊缝 3 种类型，如图 5-11 所示。当焊缝与受力方向垂直时，称为正面角焊缝，如图 5-11 中的 l_3 段所示；当焊缝与受力方向平行时，称为侧面角焊缝，如图 5-11 中的 l_1 和 l_5 段；当焊缝介于两者之间时，称为斜向角焊缝，如图 5-11 中的 l_2 和 l_4 段。

1) 正面角焊缝的工作应力分布

在正面角焊缝的搭接接头中，应力分布是不均匀的。如图 5-12 所示，在角焊缝的焊根 A 点和焊趾 B 点都存在较大的应力集中。应力集中的程度受许多因素的影响，如焊趾 B 点的应力集中系数 K_T 会随角焊缝的斜边与水平边的夹角 θ 而改变。减小夹角 θ 并增大熔深，确保焊缝的完全渗透，可降低应力集中程度。

改变角焊缝的外形和尺寸是影响正面角焊缝接头应力集中程度的重要因素，可以显著降低焊趾处的应力集中，并对焊根处的应力集中造成影响。当角焊缝焊趾角度在 28°～65° 变化时，焊趾处和焊根处的应力集中系数会发生明显变化。角焊缝焊趾角度 $\theta = 53°$ 时，焊趾和焊根处应力集中系数最大；当角焊缝较平坦，$\theta = 30°$ 时，无论焊趾处还是焊根处，应力集中系数均会显著下降。尽管如此，搭接接头正面角焊缝接头应力集中系数仍然相当高。

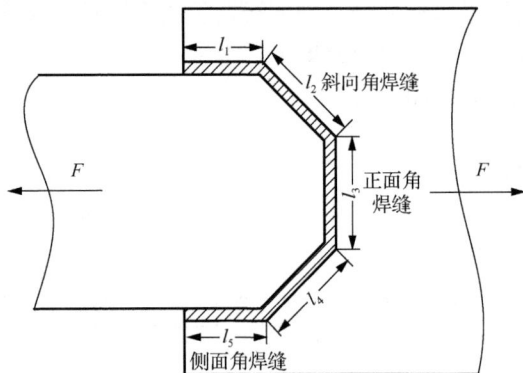

图 5-11　搭接接头角焊缝

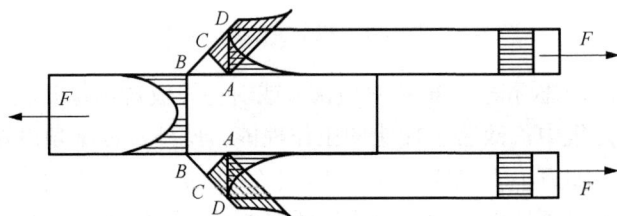

图 5-12　搭接接头正面角焊缝的工作应力分布

随着角焊缝焊脚尺寸的变大，角焊缝的承载断面也变大，从而提高了承载能力。然而，承载能力并不一定随焊脚尺寸的变化呈线性变化。例如，当焊脚尺寸 $K \leq 20\text{mm}$ 时，焊缝承载能力比焊脚尺寸 $K < 10\text{mm}$ 时强；当焊脚尺寸 $K > 20\text{mm}$ 时，随着焊脚尺寸的进一步增大，承载能力增幅相应地减小约 20%。

在搭接接头中，当板厚中心线不重合且使用正面角焊缝连接时，在外力作用下，力流线的偏转，不仅会导致被连接板的严重变形，还会在焊缝中引入附加应力。双面焊接时，焊趾处受到很大的拉力；而单面焊接时，焊趾处应力集中更加严重。因此，在受力接头中，禁止使用单面角焊缝。

2) 侧面角焊缝的工作应力分布

在侧面角焊缝连接的搭接接头中，焊缝既承受正应力又承受切应力，导致工作应力的分布更为复杂，应力集中更为严重。

侧面角焊缝的长度对接头的应力集中程度也有显著影响。如图 5-13 所示，侧面角焊缝上的最大切应力出现在焊缝两端，而中部切应力最小。同时，随着角焊缝的长度变长，切应力分布不均匀程度也增大。因此，对侧面角焊缝连接的搭接接头而言，采用过长的侧面角焊缝将使应力集中程度变大，这是不合理的。因此，一般规定侧面角焊缝长度不得大于 $50K$（K 为焊脚尺寸）。

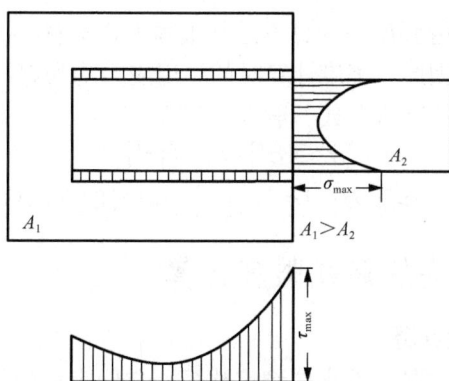

图 5-13　侧面角焊缝应力分布情况

5.4　静载荷条件下轻合金焊缝强度的设计

目前，焊接接头设计方法有许用应力设计法和极限状态设计法等方法。许用应力设计法是一种被广泛采用且人们习惯使用的设计方法，而极限状态设计法则主要应用于建筑钢结构设计。两者在接头上的应力分析和计算中没有本质的区别，其强度表达式也相似，但取值的方式和方法存在差异。本节将重点介绍许用应力设计法，即常用的静载强度计算。

5.4.1　静载强度计算的使用范围与设计特点

焊接接头的强度计算主要针对焊缝的强度进行，需要计算在一定载荷下焊缝产生的应力。其适用范围（在构件满足以下条件的情况下）为：荷载变化次数较少；焊缝具有足够的塑性变形能力，即焊缝能够随着母材的变形而发生变形。

对于焊接接头的应力分布，特别是 T 形接头和搭接接头等复杂形状的接头，其应力分布非常复杂，精确计算接头的强度是困难的。常用的计算方法是在一些假设的前提下进行的，称为简化计算法。在静载条件下，为了计算方便，作如下假设。

（1）只计算工作应力，不考虑联系应力（联系焊缝中的应力称为联系应力，工作焊缝中的应力称为工作应力）。

（2）不考虑残余应力与应力集中的影响（视残余应力与应力集中对静载强度影响不大）。焊趾处和余高处的应力集中对接头强度没有影响。

（3）接头应力是均匀分布的，以平均应力来计算。

（4）正面角焊缝与侧面角焊缝的强度没有差别。

（5）焊脚尺寸大小对角焊缝的强度没有影响。

（6）角焊缝都是在切应力的作用下破坏的，按切应力来计算。

5.4.2　强度计算的基本公式

焊接接头的强度计算和其他结构的强度计算相同，均需要计算在一定载荷作用下产生的应力。目前，焊接接头的静载强度计算方法仍然采用许用应力设计法。而接头的强度计算实际上是计算焊缝的强度，焊缝强度的计算方法从根本上说与材料力学中计算方法是相同的，只是计算对象为焊缝金属。因此，强度计算时的许用应力均为焊缝的许用应力。

焊接接头静载强度计算的基本公式一般为

$$\sigma \leqslant [\sigma'] \text{ 或 } \tau \leqslant [\tau'] \tag{5-2}$$

式中，σ、τ 为焊缝中平均工作应力；$[\sigma']$、$[\tau']$ 为焊缝的许用应力。

5.4.3 熔化焊焊接接头的静载强度计算

1. 对接接头的静载强度计算

在计算对接接头静载强度时，首先要确定载荷，并确定承受最大载荷作用的焊缝位置，这涉及分析焊缝所承受载荷的大小和方向，并计算出合力。其次，需要确定焊缝横截面的最小有效长度，以确定焊缝的有效工作截面。对对接接头而言，计算高度 δ_1 为板材厚度时一般不考虑余高，焊缝的计算长度 l 一般取焊缝实际长度，如图 5-14 所示。

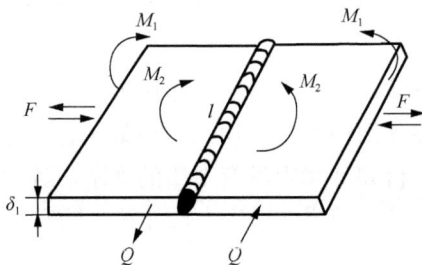

图 5-14 对接接头受力示意图

对接接头的静载强度计算公式见表 5-1。

表 5-1 对接接头的静载强度计算公式

形式	受力条件	计算公式	公式序号
对接接头	受拉	$\sigma = \dfrac{F}{l\delta_1} \leqslant [\sigma'_l]$	式(5-3)
	受压	$\sigma = \dfrac{F}{l\delta_1} \leqslant [\sigma'_a]$	式(5-4)
	受切	$\sigma = \dfrac{F}{l\delta_1} \leqslant [\tau']$	式(5-5)
	受垂直板面弯矩(M_1)	$\sigma = \dfrac{6M_1}{l\delta_1^2} \leqslant [\sigma'_l]$	式(5-6)
	受板平面内弯矩(M_2)	$\sigma = \dfrac{6M_2}{l^2\delta_1} \leqslant [\sigma'_l]$	式(5-7)

注：$[\sigma'_l]$ 为焊缝的许用拉应力；$[\sigma'_a]$ 为焊缝的许用压应力；$[\tau']$ 为焊缝的许用切应力。

2. 搭接接头的静载强度计算

搭接接头静载强度主要按受力状态来确定计算公式。

(1)拉、压时(图 5-15)，用切应力 τ 来计算(故称条件计算)。

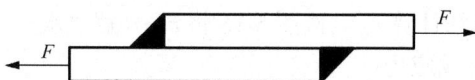

图 5-15 搭接接头受力示意图

$$\tau = \frac{F}{0.7Kl \times 2} = \frac{F}{1.4Kl} \leqslant [\tau'] \tag{5-3}$$

$$\tau = \frac{F}{0.7K \sum l} \leqslant [\tau'] \tag{5-4}$$

式中，K 为焊脚尺寸。

(2)受弯时搭接接头静载强度计算，有 3 种计算方法。

①分段计算法：

$$\tau = \frac{M}{0.7Kl(h+K) + \dfrac{0.7Kh^2}{6}} \leqslant [\tau'] \tag{5-5}$$

式中，h 为余高；$0.7Kl(h+K)$ 为水平焊缝的计算；$\dfrac{0.7Kh^2}{6}$ 为垂直焊缝的计算。

② 轴惯性矩计算法：

$$\frac{M}{I_x} Y_{max} = \tau_{max} \leqslant [\tau'] \tag{5-6}$$

式中，$\dfrac{M}{I_x}$ 为计算 x 轴的惯性矩。

$$Y_{max} = \frac{h}{2} + 0.7K \tag{5-7}$$

③ 极惯性矩计算法：

接头在 M 的作用下，以 O 点为中心回转，见图 5-16。

$$\tau_{max} = \frac{M}{I_F} r_{max} \leqslant [\tau'] \tag{5-8}$$

式中，r 为回转半径。

如果还有外加力 F，$I_P = \int Fr^2 \mathrm{d}F$ 或 $I_F = I_x + I_y$，极惯性矩等于垂直的两个轴惯性矩计算之和。

以上三种方法比较而言，分段计算法和轴惯性矩计算法得出的结果大体相同，计算较为简单。极惯性矩计算法得出的结论准确。当已知载荷、设计焊缝长度或焊脚尺寸时，用分段计算法更方便。当接头焊缝复杂时，采用极惯性矩计算法和轴惯性矩计算法较为方便。

如果接头承受的载荷不是单纯的弯矩，而是垂直于 x 轴方向的偏心载荷 F，见图 5-16，那么焊缝中既有弯矩 $M = FL$ 引起的切应力 τ_M，又有由切应力 $Q = F$ 引起的切应力 τ_Q。应分别计算两个值，然后求其向量和。如果采用分段计算法或轴惯性矩计算法计算，则式(5-9)计算合成应力：

$$\tau_{\hat{\Xi}} = \sqrt{\tau_M^2 + \tau_Q^2} \leqslant [\tau'] \tag{5-9}$$

如果采用极惯性矩计算法计算 τ_M，按图 5-16 将 τ_M 分解成水平和垂直的两个力，然后再与 τ_Q 合成，按式 (5-10) 计算合成应力：

$$\tau_{合} = \sqrt{(\tau_M \cos\theta + \tau_Q)^2 + (\tau_M \sin\theta)^2} \leqslant [\tau'] \tag{5-10}$$

关于 τ_Q 的计算，是按全部的焊缝计算，还是不考虑水平焊缝只按垂直焊缝承受切应力计算，应根据实际具体情况来定。

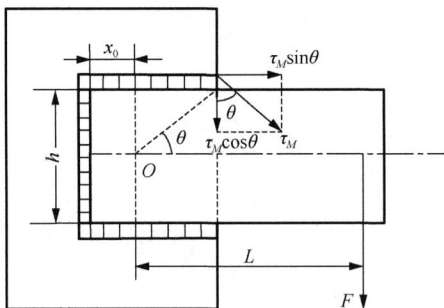

图 5-16 偏心受载的搭接接头

复习思考题

5-1 焊接接头的主要特点是什么？

5-2 设计或选择焊接接头的坡口时，所要考虑的主要因素有哪些？

5-3 结合低组配接头的概念说明塑性约束强化的机理。

5-4 接头强度的简化计算进行了哪些假设或简化？为什么要进行简化？其依据是什么？

5-5 说明应力集中的概念及其三个特点。

5-6 如何区分结构中的工作焊缝和联系焊缝？

第6章 轻合金焊接结构中的应力与变形

焊接接头受到热胀冷缩和弹塑性变形的影响，这是焊接接头产生应力和变形的主要原因。焊接过程中，不均匀的加热和冷却导致焊接接头各部位产生不协调变形，形成内部应力即焊接应力，进而引起外部变形，即焊接变形。焊后变形和残余应力会显著影响接头的力学性能和行为。因此，焊接工艺、参数和接头的设计都应综合考虑这些因素，以确保接头质量和性能。

6.1 内应力的产生

6.1.1 内应力及其产生的原因

内应力是指在没有外力作用的条件下平衡于物体内部的应力，它是工程结构中普遍存在的现象。根据内应力的分布范围，将其分为三类：第一类内应力，宏观内应力，其平衡范围很广，相当于物体的尺度；第二类内应力，微观内应力，其平衡范围比前者小得多，仅相当于晶粒的尺度；第三类内应力，超微观内应力，其平衡范围更小，相当于晶格尺度。在焊接过程中产生的结构内应力主要属于第一类内应力，即宏观内应力。

热胀冷缩是一种自然界普遍存在的物理现象。当物体受热时，分子运动增强，导致膨胀；当物体受冷时，分子运动减弱，导致收缩。因此，温度的变化会引起物体形状的变化。如果物体的膨胀或收缩是自由的，即没有受到任何约束，那么这种变形是温度变化的直接反映。但如果物体的变形受到约束，如连接或其他约束作用，就会在物体内部产生应力，这种应力称为温度应力或热应力。

热应力是构件受到不均匀的热影响而产生的。当结构件内外侧受到不同温度条件的影响时，它们之间相互约束，使得结构件无法自由膨胀。因此，在结构件内侧会出现明显的应力集中现象。这种应力是在没有外力作用的情况下产生的，且拉应力和压应力在系统内部平衡，形成了内应力。这种内应力是由不均匀的加热引起的，因此被称为热应力。

但应力不会无限积累，会受到应力-应变曲线和系统平衡条件的限制。

1. 应力-应变曲线

对一个单位长度的低碳钢材料杆件进行拉伸或压缩试验，会得出如图 6-1 所示的应力-应变曲线。

曲线上 a、b、c 和 e 点分别对应材料的比例极限 σ_p、弹性极限 σ_e、屈服强度 σ_s 和抗拉强度 σ_b。当外加应力在弹性范围内变化时，杆件内只存在弹性应力和弹性应变且符合 $\sigma = E\varepsilon$ 规律，去掉外加应力后，杆件恢复到原来长度。当外加应力超过屈服强度 σ_s 时，如达到 d 点的位置，杆件不仅有弹性应变 ε_s，而且还有塑性应变 ε_p，去掉外加应力后，杆件内的弹性应变 ε_s

得到恢复而塑性应变 ε_{p} 保留下来，杆件无法恢复到原来长度。对于拉伸试验，杆件伸长了 ε_{p}，对于压缩试验，杆件缩短了 ε_{p}。

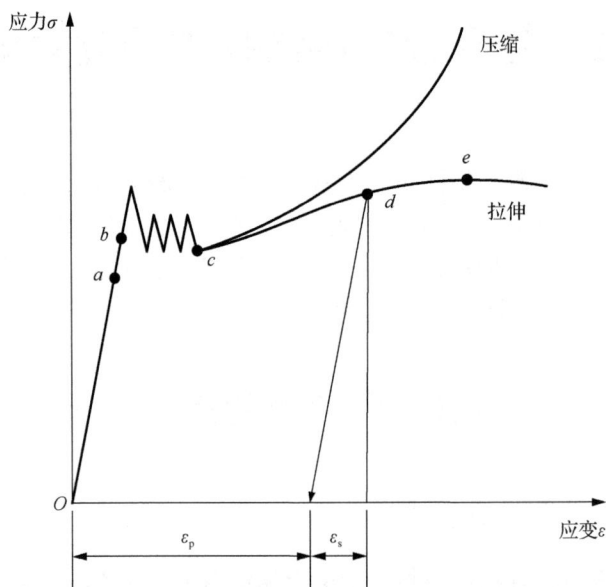

图 6-1　应力-应变曲线

2. 系统平衡条件

对于任何一个独立的力学系统，如果这个系统处于静止平衡状态，那么必须满足力学平衡条件：合力等于零，即 $\sum F = 0$；合力矩等于零，即 $\sum M = 0$。

如果材料在受热过程中所引发的热应力未超越其屈服强度，即未达到材料塑性变形的临界点，那么随着冷却的进行，这些热应力将逐渐消散。然而，当材料在受热过程中达到特定温度条件，使得其产生的热应力超越了材料的屈服强度，从而引起了压缩塑性变形。随着温度继续上升，压缩塑性变形量将持续积累，材料的屈服强度逐渐减弱，导致内部压应力逐渐减小。在材料的屈服强度降至零时，相应的热应力也将趋于零。此时，热膨胀引起的变形完全被材料的压缩塑性变形所取代。随后，当材料开始冷却时，它将产生冷却引起的收缩。这种冷却引起的收缩同样受到材料刚性的限制，导致材料发生拉伸塑性变形并形成拉应力。与此同时，外部约束或支撑结构将受到压应力的作用，在系统内产生新的内部应力。这种内部应力被称为残余应力，它在温度恢复均匀后仍然存在于材料内部。

如果材料在受热过程中发生相变，并且相变造成材料的比体积发生变化，也会造成材料的体积变化，即产生变形。这种相变所带来的体积变化如果受到限制，也会产生新的内应力，即相变应力。当温度恢复到初始的均匀状态后，如果相变产物仍然存在，那么相变应力也将存在，并形成残余应力，即相变残余应力。

6.1.2　焊接内应力的种类和产生

内应力是指在没有外力作用的条件下平衡于物体内部的应力，是一个系统内部自身平衡的应力。它满足系统平衡条件，即合力等于零$(\sum F = 0)$，合力矩等于零$(\sum M = 0)$。焊接结构中的内应力按其产生原因可分为温度应力、残余应力和相变应力等。

1. 温度应力

温度应力是由构件受热不均引起的。以图 6-2 所示的金属框架为例来说明，金属框架由中心杆和两侧杆组成，上下为刚性平行梁。如果只让框架的中心杆受热，两侧杆的温度保持不变，那么中心杆由于温度升高而伸长。但是这种伸长的趋势受到两侧杆件的阻碍，不能自由地进行，因此中心杆件就受到压缩力，产生压应力；两侧杆在阻碍中心杆膨胀伸长的同时受到中心杆的反作用而产生拉应力，如图 6-2(a)所示。对于金属框架这个系统，这种应力是在没有外力的作用下出现的，且拉应力与压应力在框架中互相平衡，就构成了内应力。这是由受热不均匀造成的，因此称为温度应力或热应力，满足$\sum F = 0$及$\sum M = 0$的平衡条件。

如果中心杆与两侧杆的温差不大，温度应力低于材料的屈服强度，在框架内只有弹性变形，不产生任何形式的塑性变形；当框架的温度均匀化后，温度应力也随之消失，因此温度应力是瞬时性应力。

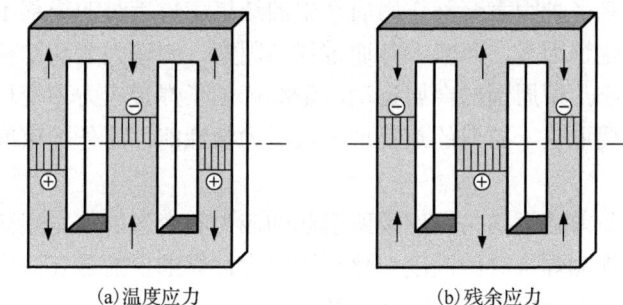

(a)温度应力　　　　　　　(b)残余应力

图 6-2　内应力产生示意图[1]

2. 残余应力

如果加热温度较高，中心杆产生的压缩变形超过了材料的屈服强度，将发生压缩塑性变形。当中心杆温度恢复到原始状态时，即框架的温度均匀化后，若任其自由收缩，中心杆的长度必然要比原来的短。此时框架两侧杆阻碍中心杆自由收缩，所以中心杆将受到拉应力，而两侧杆本身由于中心杆的反作用而产生压应力，如图 6-2(b)所示。这样，就在框架中形成了一个内应力体系，这种内应力是温度均匀化后残存在系统中的，因此称为残余应力，满足$\sum F = 0$及$\sum M = 0$的平衡条件。如果没有环境载荷的作用，残余应力将长期存在于框架系统内，是永久性应力。

3. 相变应力

部分轻合金(如钛合金)，在从高温到低温的冷却过程中，伴随有不同的固态组织转变(相变)。组织不同其比热容也不相同，但如果再没有环境载荷的作用或温度变化造成的组织转变，相变应力将长期存在于框架系统内，也属于残余应力的范畴。

6.2　焊接应力与变形的形成过程

焊接时产生应力和变形的原因是焊件受到不均匀加热，并且由加热所引起的热变形和组织变形受到焊件本身刚度的约束。在焊接过程中所产生的应力和变形称为暂态或瞬态的应力和暂态变形，而在焊接结束和构件完全冷却后残留的应力和变形，称为残余应力和残余变形。

1. 引起焊接应力与变形的机理及影响因素

焊接时焊件受到不均匀加热并使焊缝区域发生熔化，与焊接熔池相邻的高温区材料的热膨胀会受到周围较冷材料的约束，产生较为明显的压缩塑性变形。在冷却的过程中产生不均匀的压缩塑性变形。在冷却的过程中，已经发生压缩塑性变形的这部分材料（如长焊缝两侧）同样受到周围金属的制约而不能自由收缩，并在一定程度上受到拉伸。与此同时，熔池凝固，焊缝金属冷却收缩受到制约而产生收缩拉应力和变形。这样，在焊接接头区域就产生了不协调应变，称为残余应变，或称为初始应变或固有应变。

焊接应力和变形是多种因素交互作用而产生的结果。焊接时的局部不均匀热输入是产生焊接应力与变形的决定性因素，热输入是通过材料因素、制造因素和结构因素所构成的内拘束度和外拘束度而影响热源周围的金属运动，最终产生了焊接应力和变形。影响热源周围金属运动的内拘束度主要取决于材料的热物理参数和力学性能，而外拘束度主要取决于制造因素和结构因素。

焊接应力和变形与前述不均匀温度场所引起的应力和变形的基本规律是一致的，但其过程更为复杂。主要表现为焊接时的温度变化范围更大，焊缝上的最高温度可以达到材料的沸点，而离开焊接热源温度就急剧下降直至室温。

2. 焊接应力与变形的演变过程

随着焊接过程的进行，热源后方区域温度在逐渐降低，即焊缝在不断冷却。因此，离热源中心不同距离的各横截面上的温度分布是不同的，因此其应力和变形情况也不相同。图6-3给出了铝合金板焊接时不同截面处的纵向应力演化过程。图中截面 I 位于塑性温度区最宽处，该截面到热源的距离是 $s_1 = vt_1$（v 为焊接速度，t_1 为加热时间）；截面 II、III、IV 到热源的距离分别为 $s_2 = vt_2$、$s_3 = vt_3$、$s_4 = vt_4$；截面 IV 距离热源很远，温度已经恢复到原始状态，其应力分布为残余应力在该截面上的分布。对准稳态温度场来说，不同截面处的情况，也可以看成热源经过某一固定截面后不同时刻的情况，这种空域向时域转换的结果是一致的。

截面 I 为塑性温度区最宽的截面，即 600℃等温线在该截面处最宽。在该截面上温度超过 1500℃ 区域内，$\sigma_s = 0$，产生的变形全部为压缩塑性变形；在 600～500℃ 内，屈服应力从 0 逐渐增加到 σ_s，压应力也从 0 增加到 σ_s，弹性开始逐渐恢复，所产生的变形除压缩塑性变形外，还有弹性变形；在 200～500℃ 内，弹性应变达到最大值 ε_s，压应力 $\sigma = \sigma_s$，同时存在塑性变形；在 200℃ 以下，内应力 $\sigma < \sigma_s$，并逐渐由压应力转变为拉应力，在板边处拉应力可能达到材料的拉伸屈服强度 σ_s。由于内应力自身平衡的特性，截面上拉应力区的面积与压应力区的面积是相等的。

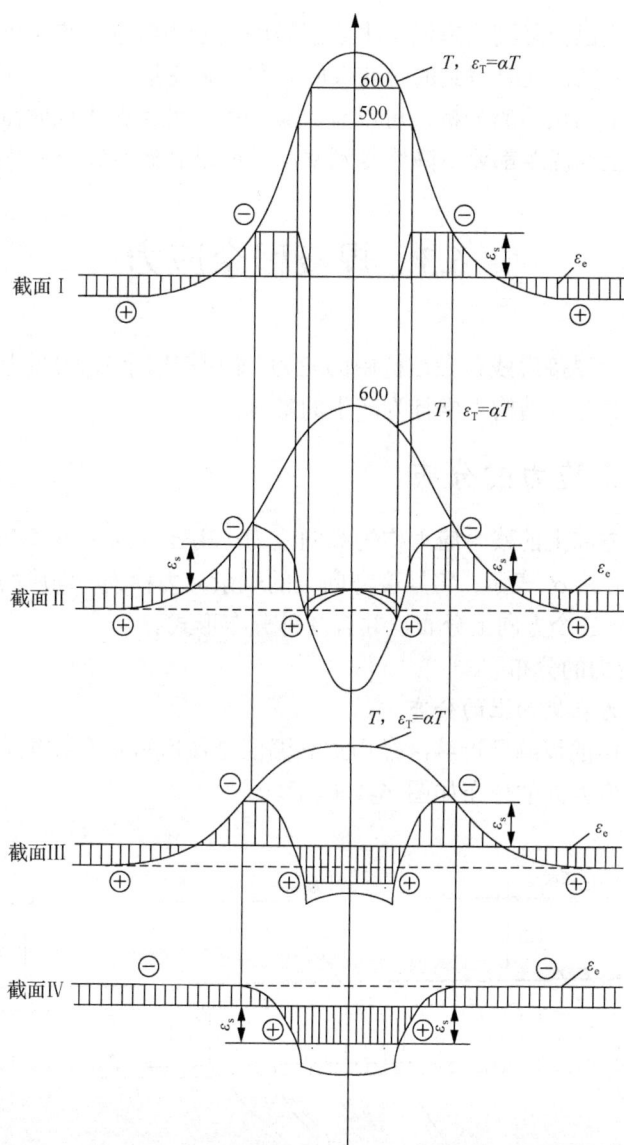

图 6-3　铝合金板焊接时不同截面处的纵向应力演化过程

截面 II 上的最高温度为 600℃。因为经历了降温过程，产生收缩现象，但受到周围金属的约束不能自由进行，所以受到拉伸。中心线处的温度为 600℃，拉应力为零，产生拉伸塑性变形；在中心线两侧温度高于 500℃ 的区域内，弹性开始部分恢复，受拉伸后产生拉应力，并出现弹性变形，拉伸变形与原来的压缩塑性变形相互叠加，使某一点处的变形量为零，在该处之外的区域仍为压缩变形；在 500℃ 以下，应力和变形情况与截面 I 基本相同，在板边处为拉应力，但此拉应力区变小。

截面 III 处的最高温度已经低于 500℃。由于温度继续降低，材料进一步受到拉伸，应力增大到 σ_s，使板材中心部位出现拉伸塑性变形，原来的压缩塑性变形区进一步减小，板边的拉应力区几乎消失。

截面Ⅳ处的温度已经降到了室温，中心区域的拉应力区进一步扩大，板边也由原来的拉应力区转变为压应力区，此时得到的是残余应力和残余变形。

对于上述四个空间截面的分析，可以看成某一固定截面在不同时刻的情况。因为在焊接结束后，任一截面上的温度都要下降恢复到室温，所以必然要经历上述的各个过程。

6.3 焊接残余应力

本节将主要讨论焊接后残存在结构中的应力(即焊接残余应力)的基本分布情况，并详细分析焊接残余应力对焊接结构力学行为产生的影响。

6.3.1 焊接残余应力的分布

通常将沿焊缝方向上的残余应力称为纵向应力，用 σ_x 表示；将垂直于焊缝方向上的残余应力称为横向应力，用 σ_y 表示；将厚度方向上的残余应力称为 z 向应力，用 σ_z 表示。这 3 种应力分别在 x、y、z 三个方向上分布，共有 9 种分布形式。

1. 纵向残余应力的分布

1) 纵向残余应力在纵向上的分布

平板对接焊件中的焊缝及近缝区经历过高温的金属区域中存在纵向残余拉应力，其纵向残余应力沿焊缝长度方向的分布如图 6-4 所示。

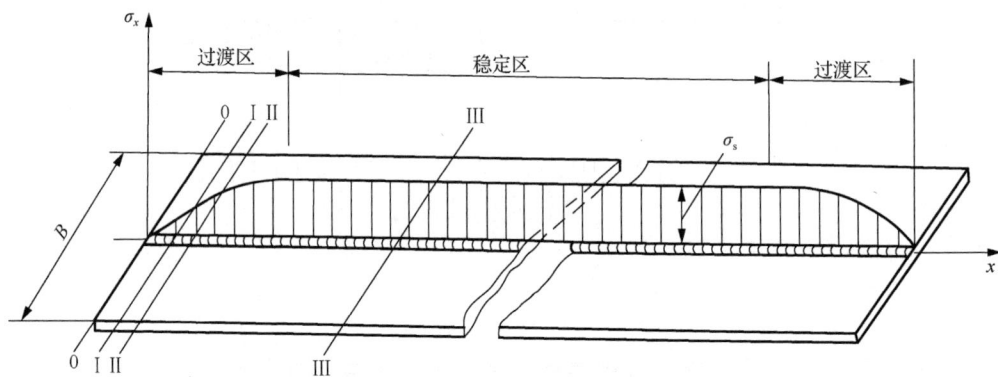

图 6-4　平板对接时焊缝上纵向残余应力沿焊缝长度方向上的分布

当焊缝比较长时，在焊缝中段会出现一个稳定区，对钛合金材料来说，稳定区中的纵向残余应力 σ_x 将达到材料的屈服强度 σ_s。在焊缝的端部存在应力过渡区，纵向应力 σ_x 逐渐减小，在板边处 $\sigma_x = 0$。这是由于板的端面 0-0 截面处是自由边界，端面之外没有材料，其内应力自然为零，因此端面处的纵向应力 $\sigma_x = 0$。一般来说，当内应力的方向垂直于材料边界时，在该边界处应力与边界垂直的应力必然等于零。如果应力的方向与边界不垂直，那么在边界上就会存在一个切应力分量，因此不等于零。当焊缝长度比较短时，应力稳定区将消失，仅存在过渡区。并且焊缝越短纵向应力 σ_x 的数值就越小。图 6-5 给出了 σ_x 随焊缝长度变化的情况。

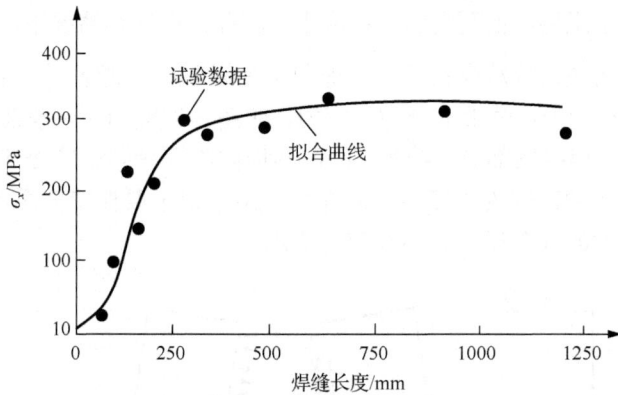

图 6-5　不同焊缝长度 σ_x 值的变化

2）纵向残余应力在横截面方向上的分布

纵向应力沿板材横截面上的分布表现为中心区域是拉应力，两边为压应力，拉应力和压应力在截面内平衡。

铝合金的 σ_x 分布规律与钛合金的基本相似，但其焊缝中心的纵向应力比较小。对铝合金来说，高热导率使其温度场近似于正圆形，与沿焊缝长度同时加热的模型相差悬殊，导致与平面变形假设的出入比较大。在焊接过程中，铝合金受热膨胀实际受到的限制比平面假设要小，因此压缩塑性变形量减小，残余应力也因而减小，一般 σ_x 只能达到 $(0.5\sim0.8)\,\sigma_s$。

2. 横向残余应力的分布

横向残余应力产生的直接原因是焊缝冷却时的横向收缩，间接原因是焊缝的纵向收缩。另外，表面和内部不同的冷却过程以及可能叠加的相变过程也会影响横向应力的分布。

1）纵向收缩引起的横向残余应力 σ_y' 及其分布

考虑边缘无约束时平板对接焊的情况，此时横向可以自由收缩，如图 6-6（a）所示。如果将焊件自焊缝中心线一分为二，就相当于两块板同时受到板边加热的情形。由前述分析可知，两块板将产生相对的弯曲，如图 6-6（b）所示。

两块板实际上已经连接在一起，因而必将在焊缝的两端部分产生压应力而中心部分产生拉应力，这样才能保证板不弯曲。因此焊缝上的横向应力 σ_y' 应表现为两端受压、中间受拉的形式，压应力要比拉应力大得多，如图 6-6（c）所示。如图 6-7 所示，当焊缝较长时，中心部分的拉应力将有所下降，并逐渐趋近于零。

2）横向收缩引起的横向残余应力 σ_y'' 及其分布

对于边缘受约束的板，焊缝及其周围区域在冷却过程中横向收缩受到约束，受约束的横向收缩对横向应力起主要作用。由于一条焊缝的各个部分不是同时完成的，各部分有先焊和后焊之分。先焊的部分先冷却并恢复弹性，会对后焊后冷却部分的横向收缩产生阻碍作用，因而产生横向应力。基于这一分析可以推断，σ_y'' 的分布与焊接方向、分段方法和焊接顺序有关系。

例如，平板对接时如果从中间向两边施焊，中间部分先于两边冷却。后冷却的两边在冷却收缩过程中会对中间先冷却的部分产生横向挤压作用，使中间部分承受压应力；而中间部分会对两端的收缩产生阻碍，使两端承受拉应力。因此，在这种情况下，σ_y'' 的分布表现为中间部分承受压应力，两端部分承受拉应力，如图 6-8(a)所示。相反地，若从两端向中心部分焊接，则中心部分为拉应力，两端部分为压应力，如图 6-8(b)所示，与前一种情况正好相反。

对直通焊缝来说，焊缝尾部最后冷却，因而其横向收缩受到已经冷却的先焊部分的阻碍，故表现为拉应力，焊缝中段则为压应力。而焊缝初始段由于要保持截面内应力的平衡也表现为拉应力，其横向应力的分布规律如图 6-8(c)所示。

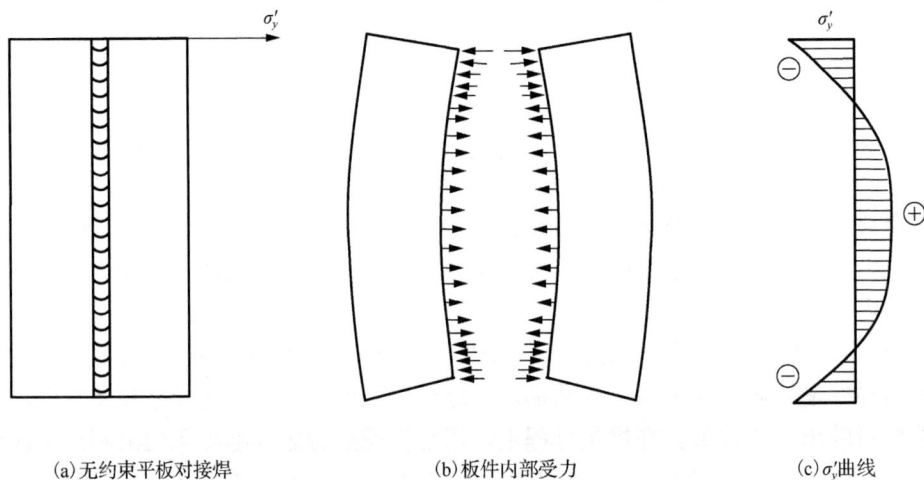

(a)无约束平板对接焊　　　　　(b)板件内部受力　　　　　(c)σ_y'曲线

图 6-6　不同纵向收缩所引起的横向应力 σ_y' 的分布

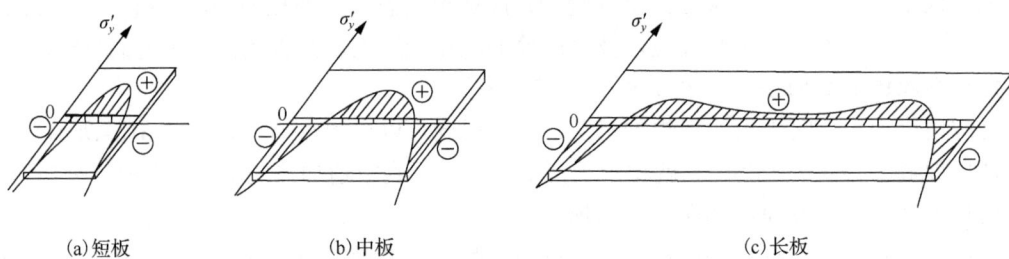

(a)短板　　　　　(b)中板　　　　　(c)长板

图 6-7　不同长度焊缝上的横向应力的比较

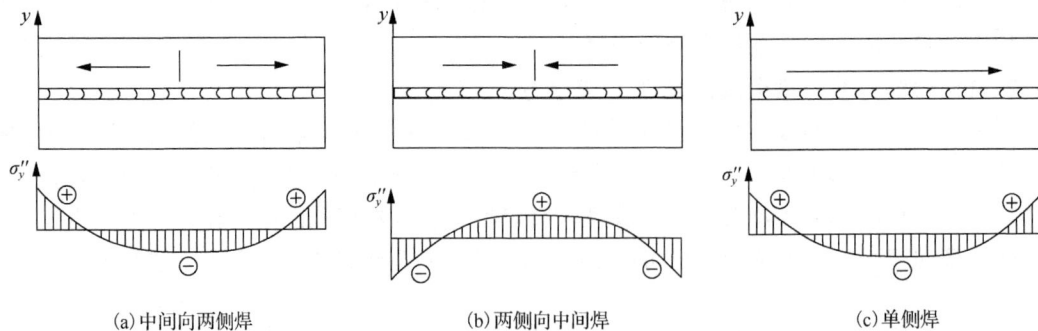

(a)中间向两侧焊　　　　　(b)两侧向中间焊　　　　　(c)单侧焊

图 6-8　不同焊接方向焊缝上的横向应力 σ_y'' 的比较

焊缝纵向收缩和横向收缩是同时存在的，因此横向应力的两个组成部分 σ'_y 和 σ''_y 也是同时存在的。横向应力 σ_y 应是上述两部分应力 σ'_y 和 σ''_y 综合作用的结果。

3）横向应力 σ_y 在板宽方向上的分布

横向应力在与焊缝平行的各截面上的分布与在焊缝中心线上的分布相似，但随着到焊缝中心线距离的增加，应力减小，在板的边缘处 $\sigma_y = 0$，如图 6-9 所示。由此可以看出，横向应力沿板材横截面的分布表现为：焊缝中心应力幅值大，两侧应力幅值小，边缘处应力为零。

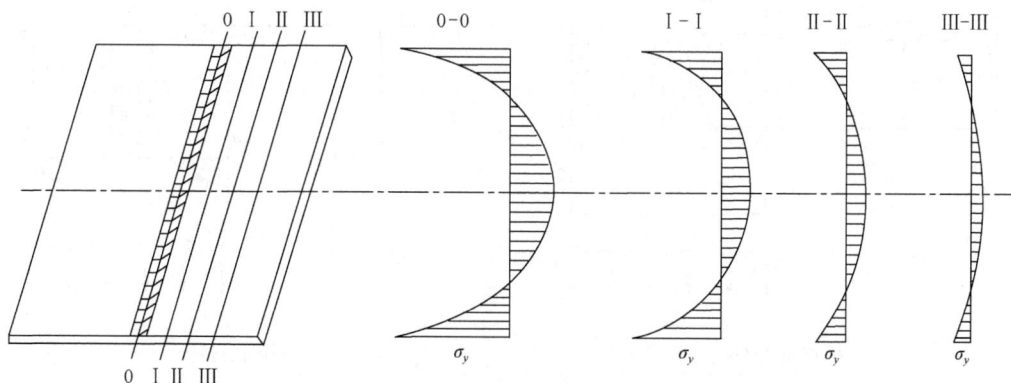

图 6-9　横向应力 σ_y 沿板宽方向的分布

6.3.2　焊接残余应力对焊接结构性能的影响

焊接残余应力的存在对焊接结构产生的影响是多方面的，并且作用机理也不同。另外，焊接残余应力在构件中并非总是有害的，其作用应根据具体的情况进行分析。

1. 内应力对静载强度的影响

在一般结构件中，焊缝区的纵向拉伸应力峰值较高，对某些材料来说，可以接近材料的屈服强度 σ_s。当外加作用力与其方向一致而相互叠加时，这一区域会产生塑性变形，并因此丧失继续承受外载的能力，导致构件的有效承载面积减小。

假设弹塑性构件的内应力分布如图 6-10 所示，中间部分为拉应力，两侧部分为压应力。构件在外载 F 的作用下产生拉应力 σ，则

$$\sigma = \frac{F}{A} = \frac{F}{B\delta} \tag{6-1}$$

式中，A 为构件截面积；B 为构件的宽度；δ 为构件的厚度。

由于 σ 的存在使构件两侧的压应力减小并逐渐转变为拉应力，而中心处的拉应力将与外力叠加。如果材料具有足够的塑性，当拉应力峰值达到材料的屈服强度 σ_s 后，该区域的应力不再增加，将产生塑性变形。继续增加外力，构件中尚未屈服的区域的应力继续增加并逐渐屈服，直至整个截面上应力完全达到 σ_s，达到应力全面均匀化，见图 6-10(a)。初始内应力是平衡的，即拉应力和压应力的面积相等，因此使构件截面完全屈服所需要施加的外力与无内应力使构件完全屈服所需要施加的外力是相等的。可见，只要材料具有足够的塑性，能进行塑性变形，则内应力的存在并不影响构件的承载能力，因此对静载强度没有影响。

如果材料处于脆性状态，见图 6-10(b)，当外载荷增加时，材料不能发生塑性变形使构件上的应力均匀化，因而应力峰值不断增加，一直达到材料的抗拉强度 σ_b。这将造成构件局部被破坏，从而导致整个构件断裂。也就是说，当材料的塑性变形能力不足时，内应力的存在将影响构件的承载能力，使其静载强度降低。

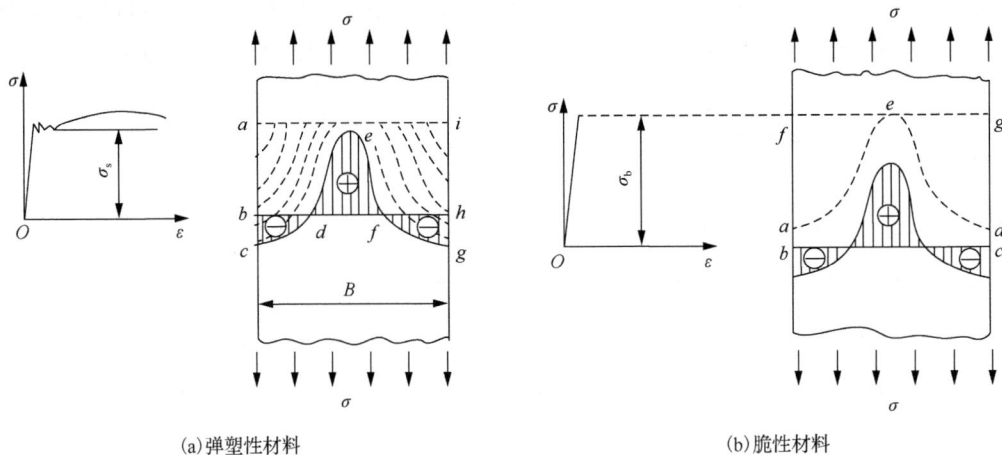

(a) 弹塑性材料　　　　　　　　　(b) 脆性材料

图 6-10　构件内应力分布

塑性变形产生的必要条件是存在切应力。材料在单轴应力 σ 的作用下，最大切应力 $\tau_{max} = \sigma/2$，见图 6-11(a)。在三轴等值拉应力的作用下，见图 6-11(b)，最大切应力 $\tau_{max} = 0$。在这种情况下，不可能产生塑性变形。

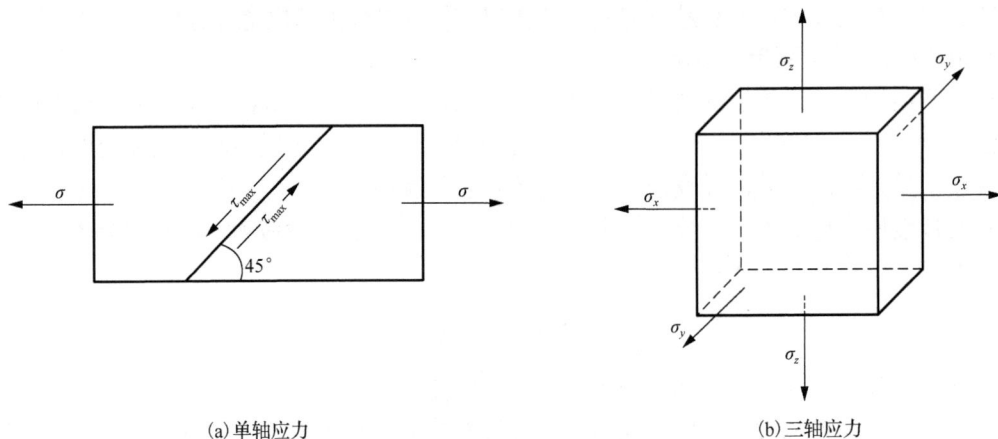

(a) 单轴应力　　　　　　　　　(b) 三轴应力

图 6-11　单轴和三轴应力状态

2. 内应力对刚度的影响

构件受拉伸但应力未达到材料的屈服强度 σ_s 时，构件的伸长量 ΔL 与作用力 F 之间有如下关系：

$$\Delta L = \frac{FL}{AE} = \frac{FL}{B\delta E} \tag{6-2}$$

式中，F 为外载荷；L 为构件长度；E 为弹性模量；$A = B\delta$ 为构件的截面积；B 为构件的宽度；δ 为构件的厚度。

构件的刚度可以用式(6-3)进行表征：

$$\tan \alpha = \frac{F}{\Delta L} = \frac{EA}{L} \tag{6-3}$$

假设一构件有中心焊缝，其内应力分布如图 6-12(a)所示，在焊缝附近 b 区内的应力为拉应力 σ_1，两侧的应力为压应力 σ_2。一般情况下 $\sigma_1 = \sigma_2$。在外力 F 的作用下，位于 b 区内的 $\sigma = \sigma_s$，应力不能继续增加，即 b 区不能继续承受载荷，而由 b 区之外的部分 $(B-b)\delta$ 来承载，因而有效承载面积缩小了。此时，构件的伸长量变为

$$\Delta L' = \frac{FL}{(B-b)\delta E} \tag{6-4}$$

比较式(6-2)和式(6-4)，可以看出 $\Delta L' > \Delta L$，即存在内应力时伸长量增大。而其刚度指标为

$$\tan \alpha' = \frac{F}{\Delta L'} \tag{6-5}$$

对比式(6-3)和式(6-5)，有 $\tan \alpha' < \tan \alpha$，即其刚度比没有内应力时要小。

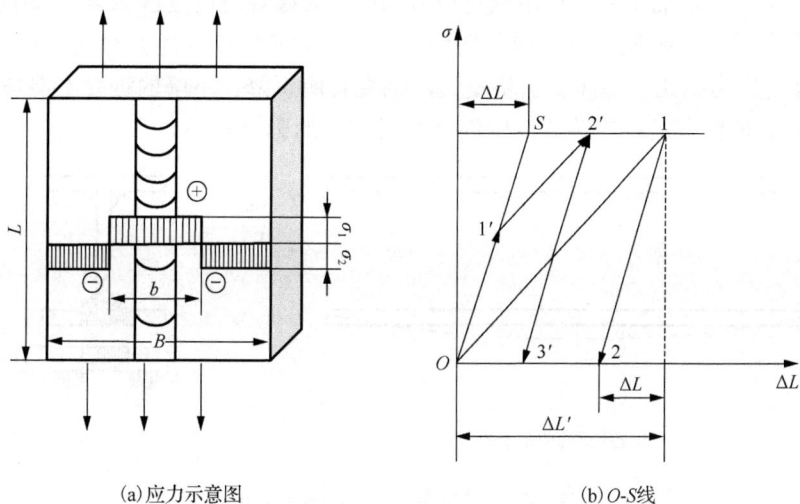

(a)应力示意图　　　　　　　　　　(b)O-S线

图 6-12　残余应力对刚度的影响

分析这一现象可以得出，当无内应力的构件承受外载 F 时，将产生伸长量 ΔL，即如图 6-12(b)中的 O-S 线所示；有内应力的构件承受外载 F 时，伸长量为 ΔL，即如图 6-12(b)中的 O-1 线所示。此时，b 区中只产生拉伸塑性变形，应力保持为 σ_s。而在 $(B-b)$ 区内，应

力上升 $\sigma_2 + F/[(B-b)\sigma]$，在此过程中，构件各截面产生大小为 $\Delta L'$ 的平移，外力卸载时发生回弹（即各截面反向平移），此时不产生新的收缩变形区，各区中的应力均下降了 $F/(B\sigma)$，在 b 区中的应力变为 $\sigma_s + \dfrac{F}{B\sigma}$，在 $(B-b)$ 区中应力为 $\sigma_2 + F/[(B-b)\sigma] - F/(B\sigma)$。两个区域中的内应力都比加载前小。此时，构件的回弹量为 ΔL（图 6-12 中的 1-2 线）。由于 1-2 线平行于 O-S 线，也就是说，卸载后在构件上保留了一个拉伸变形量 $\Delta L' - \Delta L$。可以看出，如果构件中存在与外载荷方向一致的内应力，并且内应力的值是 σ_s，那么在外载荷作用下的刚度会降低，并且卸载后构件变形不能完全恢复。构件的刚度下降与 b/B 的值有关，b/B 的值越大，对刚度的影响就越大。

如果对构件再次加载外力，相当于 $\sigma_1 < \sigma_s$ 的情况，此时 b 区还可以承受一部分载荷。在外力的作用下，构件整个截面上的应力都增加，因此加载过程按 O-S 线进行，与无内应力情况是一样的。当外载产生的应力与 σ_1 之和达到 σ_s 时，如果继续加载外力，b 区中的应力就不再增加，产生塑性变形，相当于构件截面积减小，加载过程由 1'-2' 线表示，1'-2' 线与 O-1 线平行。此时卸载外力，加载过程沿 2'-3' 线变化，2'-3' 线与 O-S 线平行，使得回弹量小于拉伸变形。

第一次加载后使 b 区内应力由 σ_s 下降到 $\sigma_s - F/(B\sigma)$。如果第二次加载与第一次加载完全相同，那么加载过程是完全弹性的，卸载后的回弹量与拉伸变形相同。由此可得到一个非常重要的结论：焊接构件经过一次加载和卸载后，如果再次加载，只要载荷大小不超过前次的载荷，内应力就不再起作用，外载荷也不影响内应力的分布。此结论仅适用于静载条件，交变载荷则另当别论。如果构件承受弯曲载荷，这一结论也是适用的。

例如，图 6-13 所示的工字形梁承受弯曲载荷时，翼缘焊缝附近区域 A_s 中的内应力达到与外力矩 M 引起的拉应力相同，将造成塑性变形，截面的有效惯性矩 I' 将比没有内应力时小。因此，与没有内应力相比，挠曲变形将变大，刚度有所下降，下降的程度不但与 A_s 的大小有关，而且与 A_s 的位置有关，焊缝靠近中性轴时对刚度的影响较小。

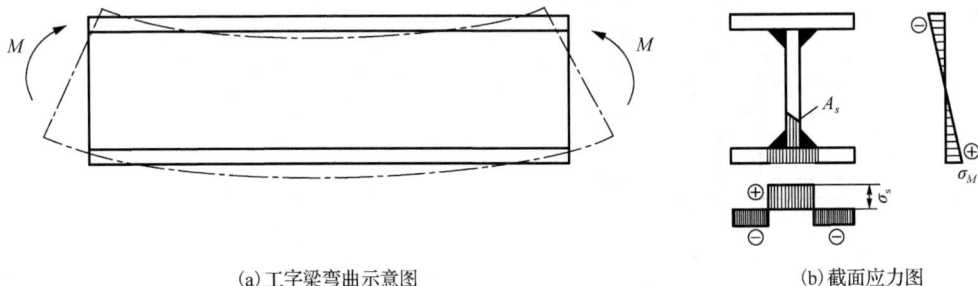

(a) 工字梁弯曲示意图　　　　　　　　　　　(b) 截面应力图

图 6-13　焊接梁工作时的刚度分析

3. 内应力对杆件受压稳定性的影响

由材料力学的基本理论可知，受压杆件在弹性范围内工作，其临界失稳应力为

$$\sigma_{cr} = \frac{\pi^2 EI}{l^2 A} = \frac{\pi^2 E}{\lambda^2} \tag{6-6}$$

式中，E 为弹性模量；l 为受压杆件自由长度；I 为构件截面惯性矩；A 为构件横截面积；

$\lambda = l/r$ 为构件长细比，$r = \sqrt{\dfrac{I}{A}}$ 为截面惯性半径。可见 σ_{cr} 与 λ^2 成反比。

　　焊接残余应力在构件内部平衡，因此构件截面上同时存在压应力和拉应力，压应力和拉应力分布在不同区域。当构件承受压力外载荷时，外载压力和压缩内应力叠加，将使压应力区内的金属首先达到屈服强度 σ_s，屈服区内的应力不再增加，该区丧失了进一步承受外载荷的能力。就整个构件来说，这相当于削弱了构件的有效承载面积。对于拉应力区，拉应力与外载荷引起的压缩应力作用方向相反，这将使拉应力区晚于其他部分达到屈服强度 σ_s，所以该区还可以继续承受外力。

　　当长细比较大（$\lambda > 150$）时，临界失稳应力 σ_{cr} 的值较小，将造成外载压力与残余压力的和达到 σ_s 之前就发生失稳（$\sigma_{cr} < \sigma_s$），此时，内应力对构件的稳定性无影响。当长细比较小（$\lambda < 30$），相对偏心又不大（< 0.1）时，临界失稳应力主要取决于杆件的全面屈服，因而内应力也不会影响杆件的稳定性。当长细比 λ 介于前述两种情况之间时，会影响杆件的稳定性。以焊接 H 形受压杆件为例，其纵向焊接应力分布如图 6-14(a) 所示，承受外加压力 F 并产生压应力 σ_p，受压后的应力分布如图 6-14(c) 所示。

　　对比图 6-14 中杆件受压前后的情况可以看出，杆件受压前的有效承载面积为

$$A = 2B\delta_b + h\delta_b \tag{6-7}$$

有效面积对 x-x 轴的惯性矩（忽略腹板对 x-x 轴的惯性矩）I_x 为

$$I_x = \frac{2B\delta_b}{12} \tag{6-8}$$

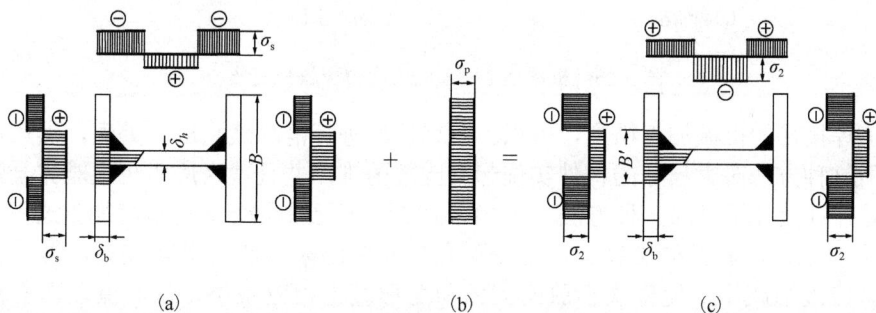

图 6-14　H 形受压焊接杆件工作应力的分布

杆件受压后的有效承载面积为

$$A' = 2B'\delta_b + h'\delta_b \tag{6-9}$$

有效面积对 x-x 轴的惯性矩（忽略腹板对 x-x 轴的惯性矩）I_x' 为

$$I_x' = \frac{2(B')^3\delta_b}{12} \tag{6-10}$$

由 $B > B'$，可得 $B^3 \gg (B')^3$，所以 $I_x \gg I_x'$。而 $A > A'$，综合比较可以判定：$\dfrac{I_x}{I_x'} > \dfrac{A}{A'}$，因此长细比之间的关系为

$$\lambda_x = \frac{l}{r_x} = \frac{l}{\sqrt{I_x/A}} < \lambda_x' = \frac{l}{r_x'} = \frac{l}{\sqrt{I_x'/A'}} \tag{6-11}$$

由此可以推出 $\sigma_{cr}' > \sigma_{cr}$。即当构件的残余压应力 σ_2 与外载应力 σ_p 之和达到 σ_s 时，临界失稳应力 σ_{cr}' 将比没有外载荷时的 σ_{cr} 小。也就是说，此时更容易发生失稳。如果内应力分布与上述情况相反，即翼板边侧为拉应力，中心为压应力，则会使有效面积的分布离中性轴较远，这样情况会大有好转。

4. 内应力对构件精度和尺寸稳定性的影响

为保证构件的设计技术条件和装配精度，对复杂焊接件在焊后要进行机械加工。机械加工去除构件上的一部分材料，使截面积相应改变，并释放一部分残余应力，从而破坏了原来构件中内应力的平衡。内应力的重新分布会引起构件变形，并影响加工精度。例如，在焊接的 T 形零件上加工一个平面，在加工完毕后松开夹具，变形就充分表现出来，这就破坏了已经加工的平面的精度。如图 6-15(a) 所示的齿轮箱上有几个需要加工的轴承孔，加工后一个孔时必然影响已加工好的孔的精度。

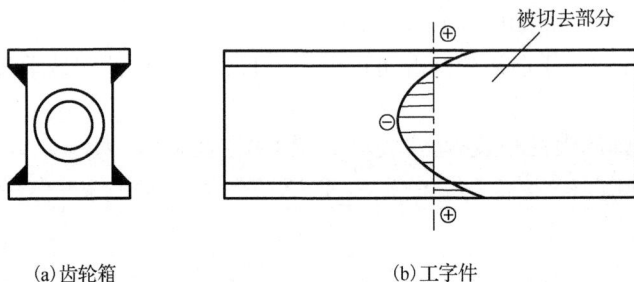

(a)齿轮箱   (b)工字件

图 6-15　机械加工引起的内应力释放和变形

要保证焊接件的机械加工精度，可以先对焊接件进行消除残余应力处理，然后再进行机械加工。但这种方法对大尺寸的构件实施起来比较困难，并且残余应力也很难完全消除。分步加工也是保证尺寸精度的一种方法。对于图 6-15(b) 所示的情况，可以将加工过程分成几次进行，每次加工后，适当放松夹具，使变形充分表现出来，然后重新装夹，再次加工；每次的加工量应逐渐减小，使每次释放的应力和变形量也相应减小，从而保证加工精度。对于图 6-14(a) 所示的情况，可以对几个孔进行交替加工，并且加工量也应逐次减小。这种方法的不足之处是比较烦琐，不方便。

6.4　焊接残余变形

焊接残余变形可分为纵向收缩变形、横向收缩变形、弯曲变形、角变形、波浪变形、错边变形六类。在焊接结构中焊接残余变形往往并不是单独出现的，而是可能几种变形同时出现，互相影响。

焊接残余变形是焊接结构生产中经常出现的问题，不但影响焊接结构的尺寸精度和外形美观，而且可能降低焊接结构的承载能力，引起事故发生。有时变形太大无法矫正会造成废品。因此，在焊接结构制造过程中应力求避免焊接残余变形。

6.4.1　纵向收缩变形

构件焊后在沿焊缝长度方向发生的收缩变形称为纵向收缩变形，如图 6-16 中的 ΔL。6.2 节和 6.3 节中讲的温度变形和残余变形都指的是纵向变形。

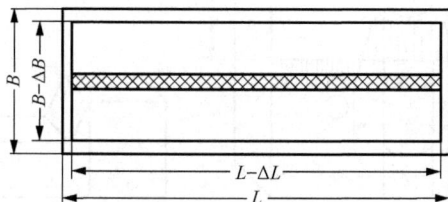

图 6-16　纵向和横向收缩变形

1. ΔL 的产生原因

6.3 节已经分析了焊接残余变形和应力的产生机理及过程，在此将其简单化和实用化。在焊接时，焊缝近缝区金属由于在高温下的自由变形受到阻碍，产生了压缩塑性变形，而液态金属在冷却过程中形成固态焊缝，产生收缩变形。这两个因素共同造成了焊缝的纵向收缩变形，因此把焊缝区及压缩塑性变形区统称为收缩变形区。由复杂的热力效应分析和计算可以得出收缩变形区的宽度、面积和塑性应变。

收缩变形区的宽度用 B_p 表示，$B_p = 170 \dfrac{q_w}{\delta \sigma_s}$。式中，$q_w$ 为单位长度焊缝的热输入（J/mm），与焊缝横截面积 A_w（mm）成正比，即 $q_w = kA_w$，k 为比例系数。

收缩变形区的面积用 A_p 表示，$A_p = B_p \delta = 170 \dfrac{q_w}{\sigma_s}$。

收缩变形区的塑性应变为 $\varepsilon_p = \mu_1 \dfrac{\alpha}{c\rho} \times \dfrac{q_w}{A}$。式中，$\mu_1 = 0.335$ 为纵向刚度系数；α 为材料的热膨胀系数；c 为材料的比热容；ρ 为材料密度；A 为构件的横截面积。

收缩变形区的存在使构件相当于受到一个假想外加压力 F_f 的作用而缩短，如图 6-17 所示。假想外加压力 F_f 的数值可表示为

$$F_f = E \int_{A_p} \varepsilon_p \mathrm{d}A \tag{6-12}$$

在假想外加压力 F_f 的作用下整个构件产生纵向收缩 ΔL，符合 $\sigma = E\varepsilon$ 的规律，即 $\dfrac{F_f}{A} = E \dfrac{\Delta L}{L}$，可得

$$\Delta L = \frac{F_f L}{EA} = \frac{L \int_{A_p} \varepsilon_p \mathrm{d}A}{A} \tag{6-13}$$

式中，A 为构件的横截面积；A_p 为收缩变形区面积；E 为构件材料的弹性模量；L 为构件的长度（焊缝贯穿全长）。

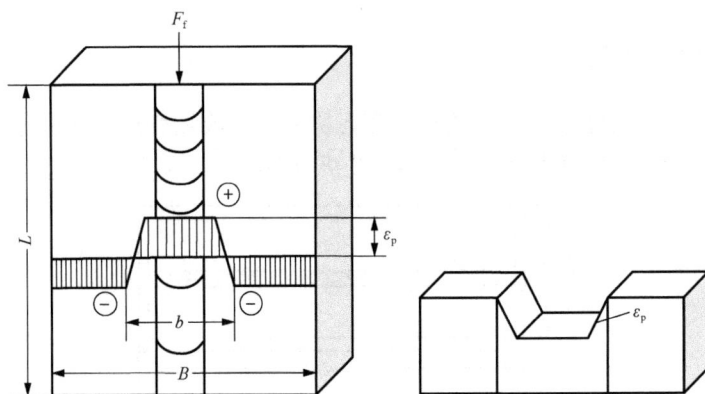

图 6-17　假想外力作用下的纵向收缩变形

2. ΔL 的影响原因

由式(6-13)可知，ΔL 取决于构件的长度、横截面积和压缩塑性变形 $\int_{A_p} \varepsilon_p \mathrm{d}A$。$\int_{A_p} \varepsilon_p \mathrm{d}A$ 又与焊接工艺参数、焊接方法以及材料的热物理参数有关。

1) 焊接热输入

焊接热输入是最主要的一个影响因素。在一般情况下，ΔL 与焊接热输入成正比。为了降低纵向收缩变形，常选用焊接热输入量小的焊接方法。

2) 焊接层数

同样截面的焊缝可以一次焊成，也可以分几层焊成，多层焊每次所用的热输入比单层焊小得多。因此，每层焊缝所产生的收缩变形区的面积 A_p 比单层焊时小，而各层所产生的收缩变形区面积是相互重叠的，所以多层焊所引起的纵向收缩比单层焊小。分的层数越多，每层所用的热输入就越小，变形也就越小。

3) 预热温度

在一般情况下，工件原始温度提高，相当于加大了热输入，使焊接收缩变形区扩大，焊后纵向收缩变形也增大；反之，原始温度下降，相当于减少热输入，收缩变形减小。但是当预热温度过高时，也可能出现相反的结果。随着预热温度的升高，收缩变形区虽然扩大，但是与此同时，由于较高的预热温度，缩小了工件在焊接时的温差，温度趋于均匀化，收缩变形区内的塑性应变量 ε_p 反而下降，使纵向收缩 ΔL 减小。

4) 焊缝长度

间断焊的纵向收缩变形比连续焊小。在受力不大的地方，用间断焊缝代替连续焊缝是降低纵向收缩变形的有效措施。

6.4.2　横向收缩变形

构件焊后在垂直于焊缝方向发生的收缩变形称为横向收缩变形。

1. ΔB 的产生原因

横向收缩变形产生的过程比较复杂，不管是堆焊缝、角焊缝还是对接焊缝等接头，都主要表现为横向收缩引起的横向收缩变形。

在焊接过程中，实际上横向收缩是与纵向收缩同时发生的，产生收缩的基本原理也是类似的，即焊缝区域熔化的金属在冷却过程中的收缩，以及近缝区金属由于高温下存在压缩塑性变形，冷却后所表现出来的收缩。

在热源附近的金属受热膨胀，但将受周围温度较低的金属的约束而承受压应力，这样就会在板宽方向上产生压缩塑性变形，并使其厚度增加，最终结果表现为横向收缩。对于板宽为 B、厚度为 δ 的板条，焊后在无约束状态下冷却收缩时，单位长度焊缝热输入 q_w 所引起的平均温度升高可表示为

$$\Delta T_0 = \frac{q_w}{c\rho\delta B} \tag{6-14}$$

由于 $\Delta B = \alpha \Delta T_0 B$，则 ΔB 可表示为

$$\Delta B = \frac{\alpha q_w}{c\rho\delta} \tag{6-15}$$

对于对接接头，横向收缩的分析是比较复杂的。如果两平板对接中间留有间隙，焊接时，坡口边缘可以无约束地移动，热源扫过之后的坡口横向闭合，产生的横向位移的最大值可由纯弹性解表示：

$$\Delta e_{max} = \frac{2\alpha q_w}{c\rho\delta v} \tag{6-16}$$

此横向位移可以无约束地进行。如果热源扫过之后的材料瞬时具有足够的强度，则横向收缩将因冷却立即开始。但实际上，在热源后的一小段范围内，材料还处于完全塑性状态，没有变形抗力，因而还不会产生收缩应力，所以减小了横向收缩量。带坡口间隙的焊后横向收缩量可按式(6-17)计算：

$$\Delta B = \mu_t \frac{2\alpha q_w}{c\rho\delta} \tag{6-17}$$

式中，$\mu_t = -0.75 \sim 0.85$，为横向刚度系数。

2. ΔB 的影响原因

1)焊接热输入

在一般情况下，横向收缩 ΔB 与焊接热输入成正比。为了降低横向收缩变形，尽量采用较小的焊接热输入，选用焊接热输入小(即能量密度高)的焊接方法是有利的。

2)焊缝截面积

焊缝横截面积越大，需要的焊接热输入就越大，液态金属的收缩量也越大，造成横向收缩变形增大。

3)板厚

对于堆焊缝和角焊缝接头，板厚增加有利于横向收缩变形的减小；对于对接焊缝接头，板厚增加有可能使得横向收缩变形增加，这是由于板厚增加使得焊缝截面尺寸增大。

4)坡口形式

坡口形式和坡口角度直接影响焊缝截面尺寸，坡口角度越大，横向收缩变形越大。

5)焊接层数

对于一定的板厚，焊接层数越多，总体的横向收缩变形越小。而各层焊缝所引起的横向收缩，第一层最大，以后逐层递减。

6.5 焊接残余应力与变形的测量和调控

要想全面掌控焊接结构的残余应力分布和变形行为是非常复杂和困难的。虽然焊接热弹塑性理论的发展可以借助有限元方法与高速计算机计算和预测焊接残余应力的演变、分布以及焊接变形的行为，但是焊接过程本身的复杂性和数值模拟计算本身存在局限性，理论模型和数值求解均包含了很大程度的简化，其方法只能保证主要特征近似，因此需要通过试验来检验理论计算的准确程度。

6.5.1 焊接过程中应变、位移及焊接变形的测量

焊接接头的高温区是焊接时产生最大应变的部位，因而要求应变测量方法能在高温下进行，需要采用耐高温的应变计。通过测量标距孔或球印获得横向应变和纵向应变，并配合热电偶测定应变点的温度，可以区分各应变分量并进而求出应力。

焊接残余变形的测量实际上经常采用长度和角度测量技术，而不需要任何与焊接相关的特殊匹配技术。采用米尺很容易测定横向和纵向收缩。对弯曲和角变形的测量，可在测量板上用拉线的办法进行，或对构件采用 90° 角尺测量。

6.5.2 焊接残余应力的测量

1. 焊接残余应力的破坏性测量

这类方法的基本原理是通过完全切除或部分切除构件的局部材料，测量被释放的应变，并根据胡克定律计算残余应力。

1) 单轴焊接残余应力的测量

对于单轴焊接残余应力，可采用切条法进行测量。如图 6-18 所示的工字形截面梁，要测量残余应力的 x 方向，将构件切割成大量窄条，并根据释放的应变求出应力：

$$\sigma_x = -E\varepsilon_x \tag{6-18}$$

可以用锯进行切条，释放的应变可由可拆卸的应变计或粘贴的电阻应变计测量。

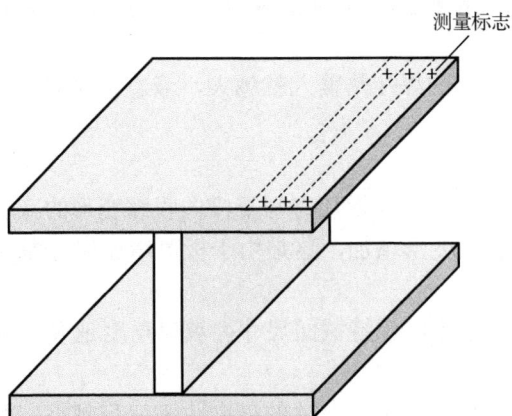

图 6-18 切条法

2）多轴焊接残余应力的测量

对于多轴焊接残余应力，可采用钻孔法进行测量，钻孔法是已经标准化的方法。对板钻小通孔可以测出释放的径向应变。在应力场中取一直径为 d 的圆环，并在圆环上粘贴应变片，在圆环的中心处钻一直径为 d_0 的小通孔，钻孔使应力的平衡受到破坏，测出孔周围的应变变化就可以用弹性力学的理论来推算出小孔处的应力。设应变片中心与圆环中心的连线与 x 轴的夹角为 α，其释放的径向应变 ε_r 和钻孔释放的残余应力之间的关系可按照带孔无限板的弹性理论，同时承受双轴薄膜应力 σ_x 和 σ_y（理解为主应力）的条件求解：

$$\varepsilon_r = (A + B\cos\alpha)\cdot(\sigma_x + \sigma_y) \tag{6-19}$$

$$A = -\frac{1+\mu}{2E}\left(\frac{d_0}{d}\right)^2 \tag{6-20}$$

$$B = r - \frac{1+\mu}{2E}\left[\frac{4}{1+\mu}\left(\frac{d_0}{d}\right)^2 - 3\left(\frac{d_0}{d}\right)^4\right] \tag{6-21}$$

式中，μ 为泊松比。

为了完全确定未知的双轴残余应力状态（两个主应力 σ_1 和 σ_2，以及主应力方向 β），必须至少在圆环上的三个不同测量方向评价释放的径向应变 ε_r（如采用三个应变片组成的应变花）。常用的应变片布置是 $\alpha=0°$、$\alpha=45°$ 和 $\alpha=90°$（对应 ε_{00}、ε_{45} 和 ε_{90}）。

$$\sigma_{1,2} = \frac{\varepsilon_{90} + \varepsilon_{00}}{4A} \pm \frac{\sqrt{2}}{4B}\sqrt{\left(\varepsilon_{90} - \varepsilon_{45}\right)^2 + \left(\varepsilon_{45} - \varepsilon_{00}\right)^2} \tag{6-22}$$

$$\tan 2\beta = \frac{\varepsilon_{90} - 2\varepsilon_{45} + \varepsilon_{00}}{\varepsilon_{00} - \varepsilon_{90}} \tag{6-23}$$

2. 焊接残余应力的非破坏性测量

对于焊接残余应力的非破坏性测量，可采用 X 射线衍射法进行测量。

晶体在应力作用下原子间的距离发生变化，其变化量与应力成正比。如果能够直接测量晶格尺寸，就可以不破坏物体而直接测量出内应力的数值。采用 X 射线照射晶体，射线被晶体的晶格衍射，并产生干涉现象，进而可求出晶格的面间距，根据晶格面间距的变化以及与无应力状态的比较，就可以确定加载应力或残余应力。

实际上应用的是反射法（图 6-19），X 射线碰到构件表面，反射后产生干涉并显现在回转膜上成为干涉环。现代设备采用闪烁计数器代替回转膜。由于干涉线满足布拉格定律（$n=1$），因而掠射角取决于晶格原子的面间距 d_A 和 X 射线的波长 λ，即

$$2d_A \sin\theta = n\lambda \tag{6-24}$$

由于干涉环的半径 r 和样品与回转膜的间距 a_f，可以非常精确地确定布拉格角 θ 为

$$\theta = \frac{1}{2}\arctan\left(-\frac{r}{a_f}\right) \tag{6-25}$$

根据干涉环半径在三个方位角 φ（如 φ，$\varphi+\frac{\pi}{4}$，$\varphi+\frac{\pi}{2}$）的变化和射线弹性常数，可以确定表面双轴应力状态。在不同情况下，X 射线束采用不同的倾角 ψ（相对于表面法向），晶格应变对 $\sin^2\psi$ 线性平均，主应力和各应力分量按 $\sin^2\psi$ 方法确定。同时，一阶残余应力可从高

阶残余应力中分离出来，也能区分各显微组织构成之间的应力。

　　X 射线衍射法测量残余应力的主要优点是可以无损测量，测量的范围是 $0.1\sim1mm^2$，测量深度约为 $10\mu m$。

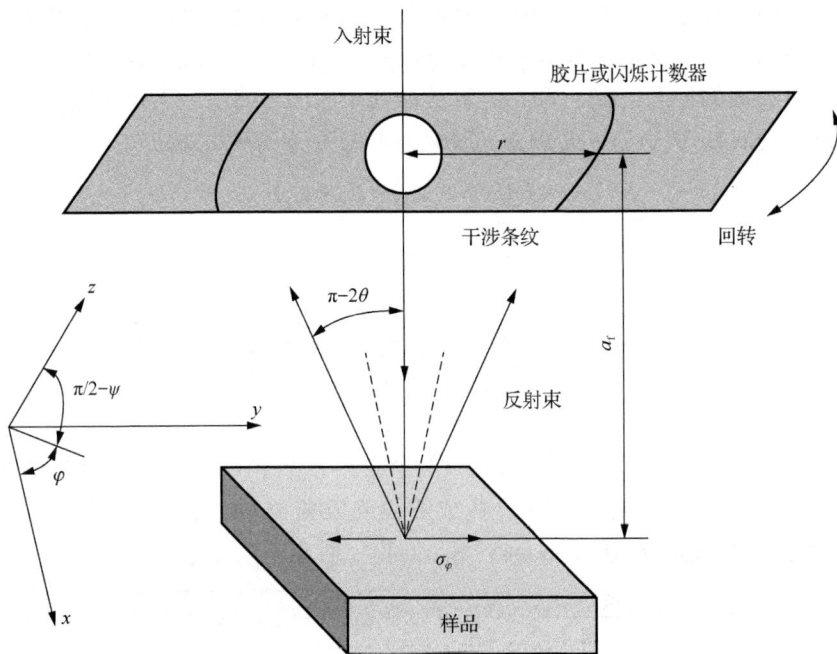

图 6-19　X 射线反射法残余应力测量

6.5.3　焊接残余应力与变形的调整与控制

　　焊接残余应力的存在会对焊件产生不同的影响。例如，三维残余拉应力会促进裂纹类缺陷处发生脆性断裂；单轴或双轴拉应力会降低材料的耐腐蚀性但会提高其稳定性极限；残余压应力能提高构件的疲劳强度等。焊接残余应力的存在还会引起构件的残余变形，影响构件的精度和质量。因此，在实际生产中需要有效地调整和控制残余应力和变形。

　　事实上，焊接残余应力与焊接变形在很大程度上具有相反的行为特征，这是在讨论如何减少焊接残余应力和焊接变形时遇到的基本问题：焊接时被固定夹紧的构件，在焊后具有较高的残余应力；相反，焊接时无任何约束，焊接变形较大而焊接残余应力较小。这说明要想获得焊接残余应力与变形都较小的构件，实际上是很困难的。因此，要区分构件的主要问题和次要问题，依据实际情况有针对性地采取措施，并综合考虑方方面面的情况，尽可能地兼顾焊接残余应力和变形。

　　通常，薄壁构件的焊接变形幅度大，因此控制变形是问题的关键所在；而厚壁构件中的残余应力比较大，因此降低残余应力成为主要需求。但在上述两种情况下，同时兼顾另一方面的问题也是非常重要的，这也是要对焊接残余应力和变形进行综合调控的根本原因。调控焊接残余应力和变形的措施可以分为焊前措施、焊时措施和焊后措施。也可以分为力学措施、加热措施及工艺措施。各种措施的采取需要根据具体情况来确定。

1. 调控焊接残余应力与变形的焊前措施

对于焊接残余应力与变形，在进行构件的设计时就应给予充分的考虑，这会大大降低构件后续的加工难度并有利于保证构件的质量。焊前措施包括以下几个方面。

(1)合理地选择焊缝的形状和尺寸。焊缝尺寸直接关系到焊接工作量、焊接残余应力和变形的大小。在保证结构承载能力的前提下，应遵循的原则是：尽可能使焊缝长度短；尽可能使板厚小；尽可能使焊脚尺寸小；断续焊缝和连续焊缝相比，优先采用断续焊缝；角焊缝与对接焊缝相比，优先采用角焊缝；复杂结构最好采用分部组合焊接。

(2)尽量避免焊缝的聚集与交叉。焊缝间相互平行且密集时，相同方向上的焊接残余应力和收缩变形区会出现一定程度的叠加；焊缝交叉时，两个方向上均会产生较高的残余应力。在这两种情况下，作用于结构上的双重温度-变形循环均可能会在局部区域(如缺口和缺陷处)超过材料的塑性。对此，可将横焊缝在连续的纵焊缝之间交错布置，并且应先焊错开的短焊缝，后焊直通的长焊缝。对于工字形梁接头，要使翼板焊缝和腹板焊缝错开，两交错焊缝间的距离至少应为板厚的 20 倍。此外，还可以采用切口来避免交错焊缝，但在需要考虑结构疲劳强度时，这类缺口应有条件地采用。

(3)合理地选择肋板的形状并适当地安排肋板的位置。该措施可以减少焊缝，提高肋板加固的效果。

(4)预变形法或反变形法。按照预先估计好的结构的变形大小和方向，在装配时对构件施加一个大小相等方向相反的变形与焊接变形相抵消，使构件焊后保持设计要求。

2. 焊后调控焊接残余应力与变形的措施

构件焊接完成后，如果出现较大的焊接变形和残余应力，则需要进行变形校正和消除应力处理。可采用的方法主要分为两类：机械方法和加热方法。

1)机械方法

焊接变形产生的主要原因是焊缝金属的收缩，收缩受到约束就会产生残余应力。因此，采取一定的措施使收缩的焊缝金属获得延展，就可以校正变形并调节内应力的分布。利用外力使构件产生与焊接变形方向相反的塑性变形，使两者相互抵消，这是减小和消除焊接应力与变形的基本思路之一。对于大型构件(如工字形梁)可以采用压力机来校正挠曲变形(图6-20)。

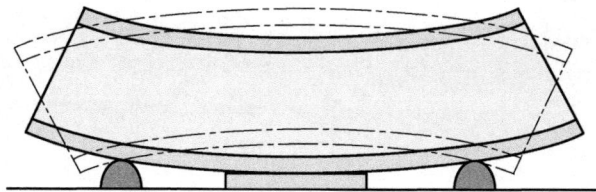

图 6-20　用压力机校正工字形梁的挠曲变形

对于不太厚的板结构可以采用锤击的方法来延展焊缝及其周围的收缩变形区金属，达到消除变形和调整残余应力的目的。对于厚板多层焊的工件，可以只锤击最后焊道的焊缝和熔合线，也可以在每层焊道完成后逐层锤击。锤击法的优点是节省能源、降低成本、提高效率，缺点是劳动强度大和工件表面质量差。如果是薄板并具有规则的焊缝，可采用碾压的方法，利用圆盘形滚轮来碾压焊缝及其两侧，使其伸长达到消除变形和调控残余应力的目的。

2）加热方法

加热与消除残余应力及材料的蠕变和应力松弛有密切的关系。其消除应力的原理包括两个方面。

一方面，材料的屈服强度会因温度的升高而降低，并且材料的弹性模量也会下降。加热时，如果材料的残余应力超过了该温度下材料的屈服强度，就会发生塑性变形，以此来缓和残余应力。但这种作用是有限的，不能使残余应力降低到所加热温度条件下的材料屈服强度以下。

另一方面，高温时材料的蠕变速度加快，蠕变会引起应力松弛。理论上，只要给予充分的时间，就能把残余应力完全消除，并且不受残余应力大小的限制。实际上，要完全消除残余应力，必须在较高的温度下保温较长的时间，但这也可能导致某些材料的软化。

复习思考题

6-1　说明焊接内应力的概念及其产生原因。

6-2　说明三种焊接内应力的种类及产生原因。

6-3　说明焊接变形及应力的产生机理。

6-4　说明焊接残余应力对焊接结构的影响。

6-5　说明焊接残余变形的种类及特点。

6-6　说明焊接结构的变形及应力的三种测量方式。

6-7　如何调控焊接过程中的残余应力及变形？并说出三种控制方法。

第7章 轻合金焊接结构的焊接缺陷及评价方法

7.1 常见焊接缺陷的类型及危害

焊接缺陷是随同焊接过程中产生的一种品质不连续性，可以认为是焊接冶金过程中由某些环节的失常引起的，也可定义为由于原有或积累的影响，部件或产品不能满足最低验收标准或规程的一种或多种不连续性。焊接缺陷的分类方法通常有下列7种：

(1) 按缺陷的有害性分为无害缺陷、有害缺陷；

(2) 按缺陷位置分为内部缺陷、表面缺陷或焊缝金属缺陷、热影响区缺陷；

(3) 按缺陷形状分为平面缺陷与三维缺陷；

(4) 按缺陷方向分为纵向缺陷、横向缺陷；

(5) 按缺陷特征分为夹渣、气孔、未焊透、未熔合、咬边、裂纹、表面缺陷等；

(6) 按缺陷部位属性分为表面缺陷、埋没缺陷和贯穿缺陷；

(7) 按缺陷形成期分为焊时缺陷与焊后缺陷。

根据国家标准 GB/T 6417.1—2005，焊接缺陷是超过规定限值的缺欠。缺欠可以分为6类：裂纹、孔穴、固体夹杂、未熔合及未焊透、形状和尺寸不良、其他缺欠。这6类缺欠的具体名称见表7-1。

表 7-1　金属熔化焊焊接缺欠分类及名称

分类	名称	分类	名称
裂纹	横向裂纹 纵向裂纹 枝状裂纹 放射状裂纹 间断裂纹 微观裂纹	形状和尺寸不良	咬边 焊瘤 下塌 烧穿 错边 焊角不对称 焊缝表面粗糙 焊缝表面不平滑
孔穴	球形气孔 均布气孔 表面气孔		
固体夹杂	夹渣 焊剂或熔剂夹渣 氧化物夹渣 皱褶 金属夹渣	其他缺欠	电弧擦伤 飞溅 钨飞溅 定位焊缺陷 表面撕裂 层间错位 打磨过量 凿痕 磨痕
未熔合及未焊透	未熔合 未焊透		

如前所述，已经概要地了解了焊接缺陷的分类，而且对焊接缺陷造成的危害有了较为明确的认识。然而，在详细探讨各种焊接缺陷的形成机理及其消除对策之前，必须确立这样的观点：焊接质量必须提高，焊接缺陷必须避免，而且可以避免；在一定范围内，焊接缺欠允许有一定的限度，即使是裂纹，在一定的场合，也不是绝对不允许存在的；在断裂力学的基础上确立的焊接结构缺陷判废准则是有现实意义的。

7.1.1　焊接裂纹

焊接裂纹是指在焊接应力及其他致脆因素共同作用下，焊接接头中局部金属原子结合力遭到破坏而形成的新界面所产生的缝隙。它具有尖锐的缺口，且具有长宽比大的特性，是各类缺陷中最危险的缺陷。根据焊接裂纹的形态及产生原因，可分为冷裂纹(包括延迟裂纹、淬硬脆化裂纹、低塑性裂纹)、热裂纹（包括结晶裂纹、液化裂纹和多边化裂纹)、再热裂纹、层状撕裂和应力腐蚀裂纹。根据焊接裂纹的分布形态划分，在裂纹产生的区域上有焊缝裂纹和热影响区裂纹；在相对于焊道的方向上有纵向裂纹和横向裂纹，纵向裂纹的走向与焊缝轴线平行，横向裂纹的走向与焊缝轴线基本垂直；在裂纹的尺寸大小上有宏观裂纹和微观裂纹；在裂纹的分布上有表面裂纹、内部裂纹和弧坑裂纹；相对于焊缝垂直面的位置上有焊趾裂纹、根部裂纹、焊道下裂纹和层状撕裂等。

按照裂纹的外观形态和产生部位分类，裂纹名称、特征和分布见表 7-2。

表 7-2　按照外观形态和产生部位分类的裂纹

名称	特征	分布
横向裂纹	裂纹的走向与焊缝轴线基本垂直	焊缝、热影响区和母材中
纵向裂纹	裂纹的走向与焊缝轴线平行	焊缝收弧弧坑处
弧坑裂纹	形态有横向、纵向或星状	焊缝收弧弧坑处
放射状裂纹	具有某一公共点向四周放射的裂纹	焊缝、热影响区和母材中
枝状裂纹	由某一公共裂纹派生的一组裂纹，外貌呈树枝状	焊缝、热影响区和母材中
间断裂纹	裂纹呈断续状态	焊缝、热影响区和母材中
微观裂纹	在显微镜下才可观察到	焊缝、热影响区和母材中

按裂纹的形成温度不同，焊接裂纹可分为热裂纹、冷裂纹和再热裂纹三种。

1. 热裂纹

热裂纹是在固相线附近的高温区形成的裂纹，主要分布在焊缝表面或内部的晶界处。由于热裂纹形成的温度较高，与空气接触的表面开口部位有强烈的氧化特征，呈蓝色或天蓝色，这是其与冷裂纹的主要区别。根据形成裂纹的机理不同，热裂纹可分为结晶裂纹、液化裂纹和多边化裂纹(高温低塑性裂纹或高温失塑裂纹)。

(1)结晶裂纹：结晶裂纹又称凝固裂纹，是在焊缝凝固过程的后期形成的，是焊接生产中最常见的热裂纹之一。结晶裂纹多产生在焊缝中，呈纵向分布在焊缝中心。也有呈弧形分布在焊缝中心线两侧，而且这些弧形裂纹与焊波呈垂直分布，纵向裂纹较长较深，而弧形裂纹较短、较浅。弧坑裂纹也属结晶裂纹，它产生于焊缝的收尾处。

结晶裂纹尽管形态、分布和走向有区别，但都有一个共同特点，即所有结晶裂纹都沿一次结晶的晶界分布，特别是沿柱状晶的晶界分布。焊缝中心线两侧的弧形裂纹是在平行生长的柱状晶晶界上形成的。在焊缝中心线上的纵向裂纹则恰好处在焊缝两侧生成的柱状晶的汇合面上。由于是在高温下产生的，多数结晶裂纹的断口上可以看到被氧化的颜色，扫描电子显微镜下观察结晶裂纹的断口具有典型的沿晶开裂特征，断口晶粒表面光滑。

(2)液化裂纹：在母材近缝区或多层焊的前一焊道因受热作用而在液化晶界上形成的焊接裂纹称为液化裂纹。液化裂纹是在高温下的沿晶断裂，如图 7-1 所示。近缝区上的液化裂纹多发生在母材向焊缝凸进去的部位，该处熔合线向焊缝侧凹进去而过热严重。液化裂纹多为微裂纹，尺寸很小，一般在 0.5mm 以下，个别达 1mm。主要出现在合金元素较多的高强钢、不锈钢和耐热合金焊件中。

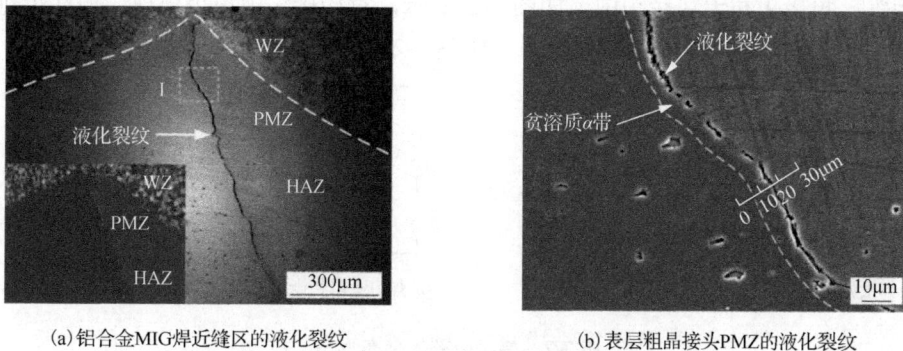

(a)铝合金MIG焊近缝区的液化裂纹　　　　　　(b)表层粗晶接头PMZ的液化裂纹

图 7-1　铝合金 MIG 焊接近缝区的液化裂纹形貌

WZ-焊缝区（weld zone）；PMZ-部分熔化区（partially melted zone）

(3)多边化裂纹：焊接时在金属多边化晶界上形成的热裂纹称为多边化裂纹。它是由于在高温时塑性很低而造成的，又称为高温低塑性裂纹或者高温失塑裂纹。这种裂纹多发生在纯金属或单相奥氏体焊缝中，个别也出现在热影响区中，其特点如下。

① 在焊缝金属中裂纹的走向与一次结晶方向并不一致，常以任意方向贯穿于树枝状结晶中。

② 裂纹多发生在重复受热的多层焊层间金属及热影响区中，其位置并不靠近熔合区。

③ 裂纹附近常伴随有再结晶的晶粒出现。

④ 断口无明显的塑性变形痕迹，呈现高温低塑性开裂特征。

2. 冷裂纹

冷裂纹是焊后冷至较低温度下产生的，一般在焊接完成一段时间后出现，其特点是表面光亮，无氧化特征。冷裂纹主要发生在低合金钢、中合金钢、中碳钢和高碳钢的焊接热影响区，个别情况下，如焊接某些钛合金时，冷裂纹也出现在焊缝金属上。常见的冷裂纹可分为氢致裂纹、淬火裂纹及层状撕裂。

冷裂纹的起源多发生在具有缺口效应的焊接热影响区或物理、化学不均匀的氢聚集的局部地带。冷裂纹有时沿晶界扩展，有时穿晶前进，这取决于焊接接头的金相组织应力状态和扩散氢的含量。较多的是以沿晶为主兼有穿晶的混合型断裂。裂纹的分布与最大应力的方向有关：纵向应力大，则出现横向冷裂纹；横向应力大，则出现纵向冷裂纹。

冷裂纹可以在焊后立即出现，有时却要经过一段时间，如几小时、几天甚至更长时间。开始时少量出现，随时间延长逐渐增多和扩展。这类不是在焊后立即出现的冷裂纹称为延迟裂纹，它是冷裂纹中较为常见的一种形态。

3. 再热裂纹

工件焊接后，再次被加热(如消除应力热处理、多层焊或使用过程中被加热)到一定的温度而产生的裂纹称为再热裂纹。再热裂纹多发生在含 Cr、Mo、V 的低合金结构钢中，其断口有被氧化的颜色。这种裂纹具有沿晶开裂的特点，但在本质上与结晶裂纹不同。

此外，当焊接大型厚壁结构时，如果在板材厚度方向受到较大的拉伸应力，就可能在板材内部出现沿轧制方向发展的具有阶梯状的裂纹，这种裂纹称为层状撕裂。层状撕裂常出现在 T 形接头、角接头和十字接头中，如图 7-2 所示，对接接头中很少出现。但在焊趾和焊根处，由于冷裂纹的诱导也会出现层状撕裂，如图 7-2(a) 和 (d) 所示。

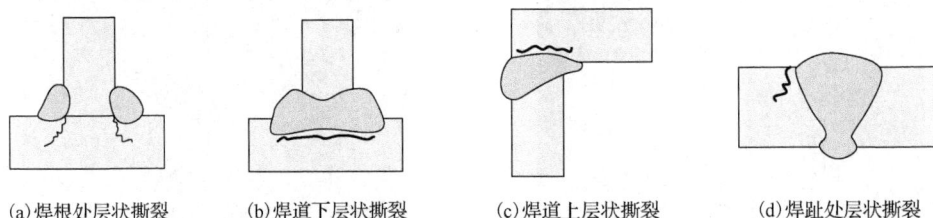

(a)焊根处层状撕裂　(b)焊道下层状撕裂　(c)焊道上层状撕裂　(d)焊趾处层状撕裂

图 7-2　层状撕裂的分布形态

层状撕裂不发生在焊缝上，只产生于热影响区或母材的内部，一般在板材表面上难以发现。由焊趾或焊根冷裂纹诱发的层状撕裂，有可能在这些部位暴露于金属表面，从焊接接头断面上可以看到，层状撕裂和其他裂纹明显的不同是呈阶梯状形态，裂纹是由基本平行轧制表面的平台和大体垂直于平台的剪切壁两部分组成的。层状撕裂与母材金属的强度级别无关，主要与母材中夹杂物的数量及其分布状态有关，在撕裂平台上常发现不同种类的非金属夹杂物。层状撕裂外观上没有任何迹象，存在隐蔽的危险性。现有的无损检测方法难以发现，即使发现，修复起来也相当困难，且成本很高。

焊接接头在一定温度下受腐蚀介质和拉伸应力共同作用而产生的裂纹称为应力腐蚀裂纹。在远洋舰载机服役过程中，许多焊接结构都是在腐蚀介质下长期工作，而这些结构焊后常存在较大的残余应力，工作过程中应力也较大，最容易产生应力腐蚀裂纹。从宏观形态来看，应力腐蚀裂纹只产生在与腐蚀介质接触的金属表面，然后由表面向内部延伸，表面多呈直线状、树枝状、龟裂状或放射状等，但都没有明显的塑性变形，裂纹走向与所受拉应力垂直。平焊缝上多为垂直焊缝的横向裂纹；管材焊缝多为平行于焊缝的纵向裂纹；U 形、蛇形或其他冷弯管部位，多为横向裂纹；管子与管板膨胀部位也多为横向裂纹。从微观形态来看，深入金属内部的应力腐蚀裂纹呈干枯的树枝状，"根须"细长而带有分支，如图 7-3 所示。

应力腐蚀裂纹断口为典型的脆性断口。一般情况下，铝合金多为沿晶断口，由应力腐蚀而引起的断裂是在没有明显宏观变形、无任何征兆的情况下发生的，其破坏具有突发性。裂纹往往深入到金属内部，一旦发生很难修复，有时只好整台设备报废。因此，焊接过程中必须高度重视。

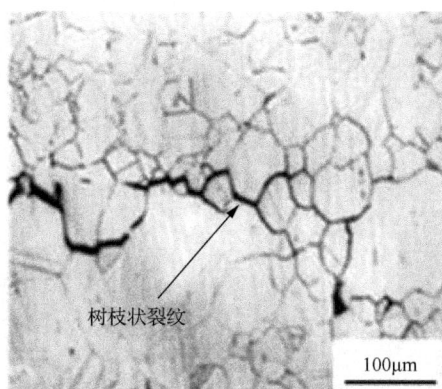

图 7-3　应力腐蚀裂纹的形态

　　避免铝合金金属焊接过程中出现裂纹的措施，需要结合铝合金金属的各项性能，根据其应用条件进行确定，选择合适的方式进行规避。预防措施主要包括：合理设置焊接工艺参数，降低焊接工艺速度，对材料进行清理，合理分布应力，有效地预防焊接变形，加工前预热，改变金属结构。通过以上措施可有效地减少铝合金焊接裂纹的出现。

7.1.2　焊接孔穴

　　焊接时，熔池在结晶过程中由于某些气体来不及逸出可能残存在于焊缝中形成孔穴。孔穴是焊接接头中常见的缺陷，孔穴分为气孔和缩孔。从外部形态上看，孔穴有表面气孔，也有焊缝内部气孔。有时单个分布，有时成堆密集分布，也有时贯穿整个焊缝断面，还有时弥散分布在焊缝内部。这些气孔产生的根本原因是高温时金属溶解了较多的气体(如氢、氮)；另外，冶金反应时又产生了相当多的气体(CO、H_2O)。这些气体在焊缝凝固过程中来不及逸出时就会产生气孔。根据形成气孔的气体来源，焊缝中的气孔主要有 H_2 气孔、N_2 气孔和 CO 气孔。由于产生气孔的气体不同，气孔的形态和特征也不同。气孔的特征及分布见表 7-3。

表 7-3　气孔的特征与分布

名称	特征	分布
H_2 气孔	断面形状多为螺丝形，从焊缝表面上看呈圆喇叭形，内壁光滑	出现在焊缝表面上
N_2 气孔	与蜂窝相似，常成堆出现	出现在焊缝表面上
CO 气孔	表面光滑，像条虫状	出现在焊缝内部，沿结晶向分布

1. 气孔的分类

　　气孔：熔池中的气泡在凝固时未能逸出而残留下来所形成的空穴称为气孔(图 7-4)。GB/T 6417.1—2005 将气孔分为以下 7 种。

　　(1)球形气孔：形状近似球形的单个气孔称为球形气孔。

　　(2)均布气孔：大量气孔比较均匀地分布在整个焊缝金属中。

　　(3)局部密集气孔：在焊缝金属局部区域存在的密集气孔群。

　　(4)链状气孔：与焊缝轴线平行的一串气孔。

　　(5)条形气孔：长度与焊缝轴线平行的非球形长气孔。

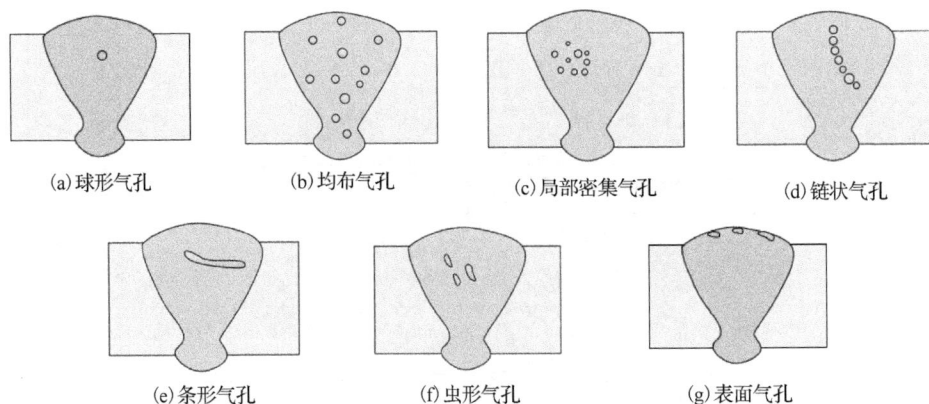

(a)球形气孔　　(b)均布气孔　　(c)局部密集气孔　　(d)链状气孔

(e)条形气孔　　　(f)虫形气孔　　　(g)表面气孔

图 7-4　气孔形态示意图

(6)虫形气孔：因气体逸出而在焊缝金属中产生的一种管状气孔穴，其形状和位置由凝固方式和气体的来源所决定。通常，这种气孔成串聚集并呈人字形。有些虫形气孔可能暴露在焊缝表面上。

(7)表面气孔：裸露在焊缝表面的气孔称为表面气孔。

2. 气体对焊接的影响

在所有的焊接方法中，气体对焊接过程的影响是不可避免的。而且，这些气体存在于焊缝金属中，常常是形成各种缺陷的根源，也是焊缝金属力学性能发生变化的重要原因。

氢是焊缝金属中最有害的杂质，它降低塑性，导致产生裂缝、气孔及白点。氢常常以原子状态、质子状态或氢化物等形式存在。在焊接过程中，氢的主要来源是焊接材料、母材、大气、保护介质等。它常常通过熔渣或其他形式渗入焊缝金属中。焊接热源均为高温，使氢呈原子状态，加之熔池一般与大气的接触表面较大，冷却速度极高，使氢在焊缝金属中的溶解速度大大增加。

当焊缝金属凝固时，氢的溶解度大大降低，因此随着金属熔池冷却，有大量的氢气逸出与扩散。当温度降低到一定程度时，氢的扩散速度赶不上金属的冷却速度，会出现残留氢。

通常将焊缝金属中的总氢含量按其逸出阶段的不同分为三种形式。

(1)结晶氢：在焊接熔池冷却与结晶过程中析出的氢。

(2)扩散氢：通过扩散从凝固金属中析出的氢。

(3)残余氢：残留于金属中的氢。

对在飞行器结构材料中有广泛应用的铝合金而言，氢是高温焊接产生气孔的重要原因，尤其是纯铝和防锈铝，氢是铝及其合金熔焊时产生气孔的主要原因，这已为实践所证明。焊接材料以及母材所吸附的水分，都是焊缝气孔中氢的重要来源。其中，焊丝及母材表面氧化膜的吸附水分，将引发较多的气孔，因此焊前的清理工作对于避免焊缝内气孔的形成有重要作用。氢之所以能使焊缝形成气孔，和它在铝及其合金中的溶解度变化特性有关，在平衡状态下，氢的溶解度在凝固点时可从 0.69 mL/100g 突降到 0.036mL/100g，相差约 20 倍(在钢中只相差不到 2 倍)，原来溶于液态铝中的氢大量析出，形成气泡。同时，铝及铝合金的密度小，气泡在熔池中的上升速度较慢。况且铝的导热性很强，在同样的工艺条件下，铝熔合区的冷却速度可为高强钢时的 4～7 倍，熔池冷凝快，不利于气泡浮出，更易于促使其形成气孔。

3. 防止焊缝气孔

为防止焊缝气孔应从两方面着手：

（1）限制氢溶入熔融金属，或者减少氢的来源，或者减少氢同熔融金属作用的时间，如减少熔池吸氢时间。

（2）尽量促使氢从熔池中逸出，即在熔池凝固之前使氢以气泡形式及时排出，这就要改善冷却条件以增加氢的逸出时间。

显然，熔池存在时间对氢的溶入和逸出的影响是有矛盾的。在这种情况下，尽量限制氢的来源有着现实的意义。所有使用的焊接材料（保护气、焊丝、钎料等）要严格限制含水量，使用前均需干燥处理。一般认为，保护气中的含水量小于 0.08% 时不易形成气孔。焊丝及母材的表面氧化膜应彻底清除，采用化学方法或机械方法均可，若能两者并用效果更好。

值得注意的是，清除后到焊前的间隔时间尽量要短，最好清除后能及时施焊。否则，焊丝或母材吸收的水分会增多，从而促使产生气孔。因此，一般希望在化学清洗后的 2～3h 内就能进行焊接，最多不要超过 24h。焊丝清洗后最好放在 150～200℃烘箱中，随用随取。对于大型构件，清洗后做不到立即焊接时，临焊前再用刮刀刮削坡口端面为宜。生产场地相对湿度大时，上述的清理要求尤其要认真对待。若能将坡口下（根部）刮去一个倒角（成为倒 V 小坡口），对防止根部氧化膜引起的气孔是比较有效的，焊接时铲根极有利于减少焊缝气孔的产生。

7.1.3　固体夹杂

在焊缝金属中残留的固体杂质称为固体夹杂，它包括以下几类。

（1）夹渣，焊后残留在焊缝中的熔渣称为夹渣。其形式比较复杂，可呈线状、长条状、颗粒状或其他形状，也可孤立存在或多个成片存在，如图 7-5 所示。主要发生在坡口边缘和每层焊道之间圆滑过渡的部位、焊道形状发生突变的部位或存在深沟的部位。在横焊、立焊或仰焊时产生的夹渣比平焊多。

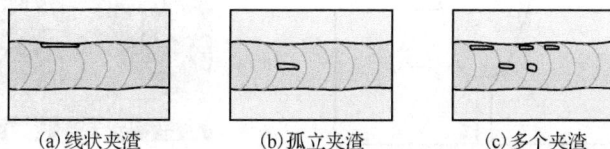

| (a)线状夹渣 | (b)孤立夹渣 | (c)多个夹渣 |

图 7-5　焊缝中的夹渣形式

（2）焊剂夹渣，残留在焊缝金属中的焊剂渣，一般呈长条状、线状、颗粒状或其他形式。

（3）氧化物夹杂，这类夹杂是由凝固时残留在焊缝金属中的金属氧化物产生的。

（4）皱褶，在某些情况下（如铝合金焊接时），由焊接熔池保护不善和紊流的双重影响而产生大量的氧化膜所引起。

（5）金属夹杂，来自外部的金属颗粒残留在焊缝金属中所引起的夹杂。这种金属颗粒可能是钨、铜或其他金属。

7.1.4　未熔合及未焊透

1）未熔合

未熔合是焊接时焊道与母材之间或焊道与焊道之间未能完全熔化结合的部分。熔池金属在热源作用下被排向尾部而形成沟槽，热源向前移动时，沟槽中又填进熔池金属，如果这时槽壁处的液态金属层已经凝固，填进的熔池金属的热量又不能使金属再度熔化，则形成未熔合。未熔合常出现在坡口侧壁、多层焊的层间及焊缝根部。这种缺陷有时间隙很大，与熔渣难以区别；有时虽然结合紧密但未焊合，往往从其末端产生裂纹。未熔合有以下三种形式：侧壁未熔合、层间未熔合和焊根未熔合，如图 7-6 所示。多层焊时底层焊道的焊接应使焊缝呈凹形或略凸。焊前预热对防止未熔合有一定的作用。

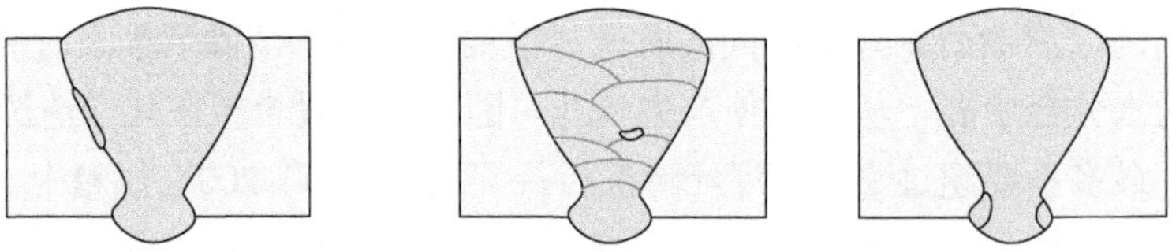

(a)侧壁未熔合　　　　(b)层间未熔合　　　　(c)焊根未熔合

图 7-6　未熔合示意图

2）未焊透

未焊透是焊接接头根部未完全熔透的现象，出现在单面焊的坡口根部、双面焊的坡口钝边之间，如图 7-7 所示。形成未焊透的主要原因是热输入太小、焊接速度过快、坡口尺寸不合适或焊丝未对准焊缝中心等。单面焊和双面焊都可能产生未焊透缺陷。未焊透易导致焊缝的断面面积减小，降低接头力学性能，而且还会引起焊缝根部出现应力集中，甚至扩展成裂纹，引起焊缝整体开裂、破坏焊接结构。尤其在动载荷工作条件下，未焊透对高温疲劳强度有很大的影响。

(a)示意图　　　　　　(b)实物图

图 7-7　未焊透

7.2　焊接缺陷的检测与评价方法

焊接结构广泛应用于核工业、航空航天、汽车、船舶、桥梁等各个领域，由于焊接结构使用的环境及条件不同，对其质量的要求也不相同，根据焊缝射线探伤所需达到的质量等级，将焊接结构分为四级，见表 7-4。可以看到，航空航天属于对焊缝等级要求最高的类型。

表 7-4 不同轻合金焊接的典型缺陷的类型及质量等级

焊缝质量等级	焊接结构(件)类型	检验方法
Ⅰ级	核工业、国防工业、航空航天工业、化工设备重要结构件	(1)外观检验 (2)射线探伤 (3)压力试验
Ⅱ级	锅炉、压力容器、球罐、潜水器、起重机械等	(1)外观检验 (2)射线或超声波探伤压力试验 (3)磁粉或渗透探伤 (4)压力试验
Ⅲ级	船体、公路钢桥、游艺机、液化气钢瓶等	(1)外观检查 (2)射线或超声波探伤 (3)一致性试验
Ⅳ级	一般民用构件	外观检查

7.2.1 射线探伤

射线探伤是利用射线可以穿透物质和在物质中有衰减这一特性来发现其中缺陷的一种无损探伤方法。它可以检查金属材料和非金属材料及其制品的内部缺陷，如焊缝中的气孔、夹渣、未焊透等体积性缺陷。这种无损探伤方法有独特的优越性，即检验缺陷的直观性、准确性和可靠性，而且得到的射线底片可用于缺陷的分析和作为质量凭证存档。但此法也存在设备较复杂、成本较高的缺点，并需要对射线进行防护。

射线探伤常用的设备主要有 X 射线机、γ 射线机等，它们的结构区别较大。X 射线机即 X 射线探伤机，按其结构形式分为携带式、移动式和固定式三种。携带式 X 射线机多采用组合式 X 射线发生器，体积小，质量轻，适用于施工现场和野外作业的工件探伤；移动式 X 射线机能在车间或实验室移动，适用于中、厚焊件的探伤；固定式 X 射线机则固定在确定的工作环境中，靠移动焊件来完成探伤工作。X 射线机也可按射线束的辐射方向分为定向辐射和周向辐射两种。其中，周向 X 射线机特别适用于管道、锅炉和压力容器的环形焊缝探伤，一次曝光可以检查整个焊缝，显著提高了工作效率。

γ 射线机按其结构形式分为携带式、移动式和爬行式三种。携带式 γ 射线机多采用 ^{60}Co 作为射线源，用于较厚工件的探伤。移动式 γ 射线机能在实验室或厂区内移动。爬行式 γ 射线机主要用于野外焊接管线的探伤。γ 射线机具有以下优点：穿透力强，最厚可透照 300mm 钢材；透照过程中不用水和电，因此可在野外、带电高压电器设备、高空、高温及水下等多种场合工作，可在 X 射线机和加速器无法达到的狭小部位工作。γ 射线机的主要缺点是：半衰期短的 γ 源需频繁更换；探伤灵敏度略低于 X 射线机；要求有严格的射线防护措施。

射线照相法具有灵敏度较高、射线底片能长期保存等优点，目前在国内外射线探伤中应用最为广泛。射线照相法探伤是通过底片上缺陷影像，对照有关标准来评定工件内部质量的。对焊接射线探伤而言，我国已经制定了国家标准。以下介绍射线照相探伤技术。

对于射线底片上影像所代表的缺陷性质的识别，通常可从以下三个方面来进行综合分析与判断。

(1)缺陷影像的形状：影像的形状是用来判断缺陷性质最重要的依据。

分析缺陷影像几何形状时应注意：①分析单个或局部影像的基本形状；②分析多个或整体影像的分布形状；③分析影像轮廓线的特点。

不同性质的缺陷具有不同的几何形状和空间分布特点。

(2)缺陷影像的黑度分布：影像的黑度分布是用来判断影像性质的另一个重要依据。在缺陷具有相同或相近的几何形状时，影像的黑度分布特点往往成为判断影像缺陷性质的主要依据。分析影像黑度特点时，需要考虑影像黑度相对于工件本体黑度的高低；考虑影像自身部分黑度的分布。不同性质的缺陷，其内在性质往往是不同的。一般认为气孔内部不存在物质，夹渣是不同于本体材料的物质等。不同性质的缺陷对射线的吸收程度也不同，从而形成的缺陷影像的黑度分布也就不同。

(3)缺陷影像的位置：缺陷影像在底片的位置是缺陷在工件中位置的反映，在射线底片上的位置是判断影像缺陷性质的又一重要依据。缺陷在工件中出现的位置常具有一定的规律性，某些性质的缺陷只能出现在工件特定位置上。例如，对接焊缝的未焊透缺陷，其影像往往出现在焊缝影像中心线上；而未熔合缺陷的影像会偏离焊缝影像中心。

按照焊接缺陷的性质、数量和大小将焊缝质量分为Ⅰ、Ⅱ、Ⅲ、Ⅳ共4级，质量等级依次降低。Ⅰ级焊缝内不允许存在任何裂纹、未熔合、未焊透以及条状夹渣，允许有一定数量和一定尺寸的圆形缺陷存在。Ⅱ级焊缝内不允许存在任何裂纹、未熔合、未焊透等3种缺陷，允许有一定数量、一定尺寸的条状夹渣和圆形缺陷存在。Ⅲ级焊缝内不允许存在任何裂纹、未熔合以及双面焊和加垫板的单面焊中的未焊透，允许有一定数量、一定尺寸的条状夹渣和圆形缺陷存在。Ⅳ级焊缝缺陷为质量不如Ⅲ级的焊缝。

射线照相检验后，应对检验结果及有关事项进行详细记录并写出检验报告。其主要内容包括产品名称、检测部位、检测方法、透照规范、缺陷名称、评定等级、返修情况和透照日期等。底片及有关人员签字的原始记录、检验报告必须妥善保存，一般保存5年以上。

此外，还可以采用北京同步辐射装置(Beijing synchrotron radiation facility, BSRF)对焊接接头原位拉伸过程进行原位监测，如图7-8所示，在两个加载阶段获得的三维图可以确定优先损伤成核位置和损伤演化。

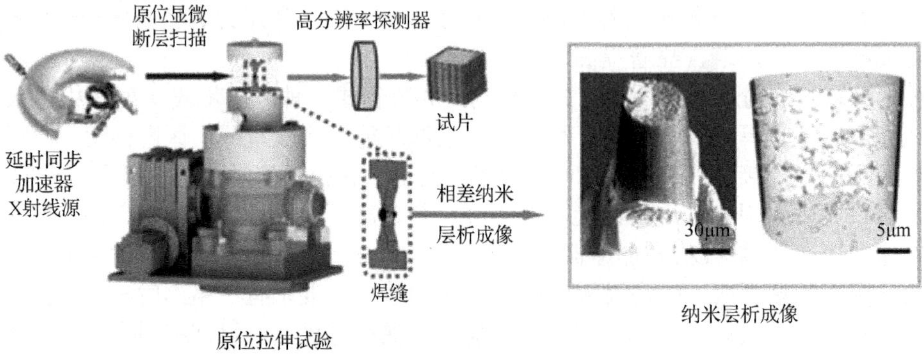

图7-8　采用BSRF的原位拉伸同步辐射X射线显微计算机断层扫描
(micro computed tomography, microCT)示意图

7.2.2　超声波探伤

超声波探伤是目前应用最广泛的无损探伤方法之一。超声波是一种机械波，机械振动与波动是超声波探伤的物理基础。物体沿着直线或曲线在某一平衡位置附近做往复周期性运动，

称为机械振动。振动的传播过程称为波动，波动分为机械波和电磁波两大类。超声波是声波的一种，是机械振动在弹性介质中传播而形成的波动，通常以其波动频率和人的可闻频率区分超声波与其他声波种类。

次声波：频率 $f \leqslant 20Hz$，人耳不可闻。

声波：$20Hz < f \leqslant 20kHz$，人耳可闻。

超声波：$20kHz < f \leqslant 10^3 MHz$，人耳不可闻。

特超声波：$f > 10^3 MHz$，人耳不可闻。

超声波探伤用的频率为 $0.25 \sim 15MHz$，金属材料超声波探伤常用频率为 $0.5 \sim 10MHz$，波长为 $0.5 \sim 10mm$。超声波频率比可闻声波高得多，因此其波长短，加上它在固体中传播时传递能量较大，这样使得超声波传播时具有某些与光波类似的特性，为此也常常借用光学原理来研究和解释超声波的物理现象。利用超声波的束射特性、反射特性、传播特性和波形转换特性，人们开发了超声波探伤技术。

当弹性介质受到交替变化的拉伸、压缩应力作用时，受力质点间距就会相应产生交替的疏密变形，此时质点振动方向与波动传播方向相同，这种波形称为纵波，用符号 L 表示。凡是能发生拉伸或压缩变形的介质都能够传播纵波。固体能够产生拉伸和压缩变形，所以纵波能够在固体中传播。液体和气体在压力作用下能产生相应的体积变化，因此纵波也能在液体和气体中传播。

当固体弹性介质受到交变的剪切应力作用时，介质质点就会产生相应的横向振动，介质发生剪切变形，此时质点的振动方向与波动的传播方向垂直，这种波形称为横波，也可称为剪切波，用符号 S 表示。在横波传播过程中，介质的层与层之间发生相应的位移，即剪切变形，因此能传播横波的介质应是能产生剪切弹性变形的介质。自然界中，只有固体弹性介质具有剪切弹性力，而液体和气体介质各相邻层间可以自由滑动，不具有剪切弹性力，因此横波只能在固体中传播，气体和液体中不能传播横波及具有横向振动分量的其他波。

当固体介质表面受到交替变化的表面张力作用时，质点做相应的纵横向复合振动，此时质点振动所引起的波动传播只在固体介质表面进行，故称表面波，表面波是横波的一个特例。

在板厚与波长相当的薄板中传播的波，称为板波。

根据质点的振动方向不同可将板波分为 SH 波和兰姆波。

（1）SH 波，是水平偏振的横波在薄板中传播的波。薄板中各质点的振动方向平行于板面而垂直于波的传播方向，相当于固体介质表面中的横波。

（2）兰姆波，又分为对称型（S 型）和非对称型（A 型）。

板波主要用于探测薄板，如薄壁管内的分层、裂纹等缺陷，以及检测复合材料的结合状况等，见表 7-5。

表 7-5　超声检测中常用的波形

波的类型		质点振动特点	传播介质
纵波		质点振动方向平行于波的传播方向	固体、液体、气体
横波	普通横波	质点振动方向垂直于波的传播方向	固体、特别黏的薄液层
	表面波	质点做椭圆运动，椭圆的长轴垂直于波的传播方向，短轴平行于波的传播方向	固体表面，且固体的厚度远大于波长
板波	对称型（S 型）	上下表面：椭圆运动中心，纵向振动	固体介质（厚度为几个波长的薄板）
	非对称型（A 型）	上下表面：椭圆运动中心，横向振动	

波动在单位时间内的传播距离就是波动传播的速度，声学中又可将波速称为声速。在超声波探伤中，声速是缺陷定位的基础。从波动的定义可知：相位相同的相邻振动质点之间的距离称为波长，用字母 λ 表示；质点在其平衡位置附近来回振动一次，超声波就向前传播了 f 的距离（f 表示频率），该距离就是每秒传播的距离，也就是波速（声速），用符号 c 表示。

影响超声波声速的主要因素是波形、传播介质的弹性性能、工件的尺寸和温度等，而与频率无关。充满超声波的空间或超声振动所波及的部分介质，称为超声场。超声场具有一定的空间大小和形状，只有当缺陷位于超声场内时，才有可能被发现。

描述超声场的特征值（即物理量）主要有声压、声强和声阻抗，声压是声波传播过程中介质质点交变振动的某一瞬时所受的附加压强，用符号 P 表示，声压的单位是帕斯卡（Pa）。声压与 A 型脉冲反射式探伤仪示波屏上的回波高度存在线性关系，在垂直于声波的传播方向上，单位面积上在单位时间内所通过的声能量称为声强度，简称声强，声强级即声强的等级，用来衡量声强的大小等级，如噪声声强级、声响度级、超声声强级等。一般来说，人耳可闻的最弱声强为 $I=10^{-16}\text{W/cm}^2$，称为标准声强，而人耳可忍受的最大声强可达 10^{-4}W/cm^2，两者相差 10^{12} 倍，因此常用对数来表示声强级。

$$L_I = \lg\frac{I}{I_0} \tag{7-1}$$

声强级的单位为贝尔（Bel），因为贝尔的单位比较大，工程上应用时将其缩小至原本的十分之一后以分贝为单位，用符号 dB 表示。如果采用声压级表示，则声压级 L_p 为

$$L_p = 10\lg\left(\frac{P_1}{P_0}\right)^2 = 20\lg\frac{P_1}{P_0}\text{(dB)} \tag{7-2}$$

超声场中任一点的声压 P 与该处质点振动速度 u 之比称为声阻抗，常用 Z 表示。

$$Z = \frac{P}{u} = \rho c \tag{7-3}$$

式中，ρ 为材料密度；c 为某波形的声速。由式（7-3）可知，声阻抗的大小等于介质的密度与波速的乘积。在同一声压下，Z 增加，质点的振动速度下降。因此，声阻抗 Z 可以理解为介质对质点振动的阻碍作用。超声波在两种介质组成的界面上的反射和透射情况与两种介质的声阻抗密切相关。

超声波探伤的实质是：将工件被检部位置于一个超声场中，工件若无不连续分布，则超声场在连续介质中的分布是正常的。若工件中存在不连续分布，则超声波将在异质界面产生反射、折射和透射，使超声场的正常分布受到影响。使用一种方法测出这种异常分布相对于正常分布的变化，并找出它们之间的变化规律，这就是超声波探伤的任务。

探伤仪应按有关标准和规程要求选用，需要考虑的情况如下：

(1)定位要求高，应选择水平线性误差小的仪器；

(2)定量要求高，应选择垂直线性好、衰减器精度高的仪器；

(3)大型工件的探伤，应选择灵敏度余量高、信噪比高、功率大的仪器；

(4)为有效地发现近表面缺陷和区分相邻缺陷，应选择盲区小、分辨力好的仪器；

(5)室外现场探伤，应选择质量轻、示波屏亮度好、抗干扰能力强的携带式仪器；此外，探伤仪还应具有性能稳定、重复性好和可靠性高的特点。

焊缝中缺陷的性质与其产生的部位、大小和分布情况有关。因此，可根据缺陷波的大小位置、探头运动时波幅的变化特点，结合焊接工艺情况进行综合判断。这要依靠检验人员的实际经验和操作技能，较难掌握。可以从以下几方面来观察。

(1)气孔：单个点状气孔回波高度低，波形为单峰，较稳定。从各个方向探测，反射波的高度大致相同，但稍一移动探头就会消失；密集气孔会出现一簇反射波，波高随气孔大小而不同，当探头做定点转动时，会出现此起彼落的现象。

(2)夹渣：点状夹渣回波信号与点状气孔相似；条状夹渣回波信号多呈锯齿状，其反射率低，波幅不高且形状多呈树枝状，主峰边上有小峰。探头平移时，波幅有变动，从各个方向探测时，反射波幅不相同。

(3)未焊透：由于反射率高(厚板焊缝中该缺陷表面类似镜面反射)，波幅均较高。探头平移时，波形较稳定。在焊缝两侧探伤时，均能得到大致相同的反射波幅。

(4)未熔合：当声波垂直入射该缺陷表面时，回波高度大。探头平移时，波形稳定。两侧探伤时，反射波幅不同，有时只能从一侧探到。

(5)裂纹：该缺陷回波高度较大，波幅宽，会出现多峰。探头平移时，反射波连续出现，波幅有变动；探头转动时，波峰有上下错动现象。

7.3　焊接质量控制与检验

焊接生产的整个过程包括原材料、焊接材料、坡口准备、装配、焊接和焊后热处理等工序。因此，焊接质量的保证不仅是焊接施工的自身质量管理，还与焊接之前的各道工序的质量控制有密切的联系。因此，焊接施工的质量控制应该是一项全过程的质量管理。它应该包括焊接前质量控制、焊接过程质量控制和焊后质量控制三个阶段。做好焊前准备工作是为了减少或避免产生焊接缺陷；焊接过程中的质量控制是保证产品质量、防止产生废品和返工的重要措施；焊后检验是最后验证产品质量能否达到设计要求，满足航空航天装备的需要。焊接前质量控制和焊接过程质量控制是保证最终的焊接质量，预防废品和返工的保证条件，是整个焊接质量控制不可忽视的重要组成部分。

7.3.1　焊接前质量控制

焊接前质量控制是贯彻以预防为主的方针，做好焊前施工各项准备工作，最大限度地避免或减少焊接缺陷的产生，是保证焊接质量的前提。

1) 金属材料的质量确认

金属材料是制造焊接结构的基础材料，是焊接的对象，也是选用焊接材料和制定焊接工艺的依据。用于焊接结构的金属材料也称为基本金属或母材，为保证金属材料使用的正确性，投料时应检查下列项目。

(1)检查投料单据。投料单据是材料发放出库的凭证，要检查材质单(出厂质量证明书)，有些材料经验收后，还需进行复验。检查领料单、拨料单。在材料发放进入车间的同时，投料单应同材料一起转送到车间和检查站，检查人员应该检查该材料投料生产批号是否与所焊产品生产计划批号一致，材料牌号、规格是否符合图样规定。并且应有材料检验人员的确认，即材料验收人员的签字或盖章。当投料单据提供的材质和规格与图样不符时，应办理材料代用或更改手续。对材料的代用必须有严格的手续，并由有关部门审批，对重大的材料代用需经有关驻厂监制确认，并报相关级别质量技术监督部门审批。

(2)检查实物标记。金属材料的实物标记应清楚、齐全，有入厂检验编号，金属材料的牌号、规格应与投料单据相符，与图样要求一致。

(3)检查实物表面质量。金属材料表面不应有裂纹、分层及超过标准规定的坑、划伤等缺陷。

(4)检查投料画线、标记移植。按图样或工艺要求，在投料画线的同时，必须进行标记移植，以便在生产过程中区别各部分材料的用处和避免用错或混用。检验人员应检查画线的正确性和标记移植的齐全性，并及时做好检验记录，然后转入焊前备料，进行下料和坡口加工等工序。

2)对焊接材料的质量确认

对焊接时所消耗的焊条、焊丝、焊剂、气体等通称为焊接材料。正确地选用焊接材料是保证焊接质量的基础和先决条件，焊接生产应依据产品的质量要求，按以下一定的原则选配合适的焊接材料。

(1)等同性能原则：焊缝的力学性能与母材等强度或抗腐蚀性能与母材相同。实际上选用的焊接材料，由于受化学成分、冶金反应等因素的影响，焊缝性能不可能与母材性能完全相同。但是，应该保证焊缝的理化性能与母材接近，并略高于母材的强度。

(2)改善性能原则：焊件金属不能满足使用要求时，必须堆焊一定厚度、具有特殊性能的焊层，以改善和提高焊接件的使用性能。为了满足某些特殊性能，设计时应具体规定焊缝的质量要求，作为选择焊接材料的依据。

3)对焊接坡口的装配质量确认

根据设计和工艺需要，将焊件的待焊部位加工成一定的几何形状，经装配后形成的沟槽称为坡口。坡口的选择基本原则是在保证焊接质量的前提下，坡口截面尺寸越小越好。这样可以减少填充金属和提高焊接效率。坡口的形状和尺寸首先应满足焊接工艺要求，使焊条、焊丝或焊炬能直接伸到坡口底部。

选择坡口还应考虑焊接方法、焊接材料、加工能力及焊接操作等条件。通常，薄板焊接采用直边对接，用于单面焊或双面焊；略厚板采用 V 形坡口(图 7-9)，用于单面焊或背面清根的双面焊；中厚板采用 X 形坡口，用于双面手工焊或埋弧自动焊；厚板采用 U 形坡口或双 U 形坡口。

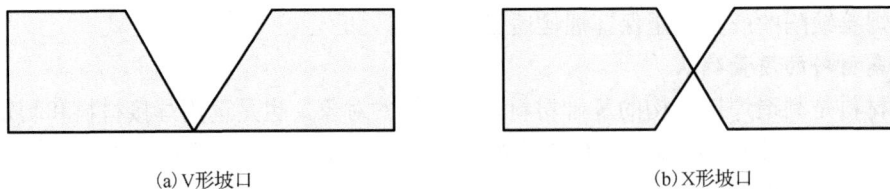

(a) V形坡口　　　　　　　　　　　　(b) X形坡口

图 7-9　不同的坡口形式

4)焊接接头装配的质量控制检验

焊接接头装配的质量控制检验，是关系到焊接质量的重要环节之一。例如，装配的间隙、对接的错边量和装配工艺等对焊接的质量都有很大的影响。因此，在施焊前对装配的质量控制检验是十分必要的，检验主要包括对装配结构、装配工艺质量以及装配件材质的检验。

5) 对焊接工艺评定和焊接工艺规程的检查

焊接工艺评定是用拟定的焊接工艺，按标准的规定来焊接试件、检验试样，测定焊接接头是否具有所规定的使用性能。焊接工艺评定是按所拟定的《焊接工艺规程》（也称为《焊接工艺指导书》）焊接试件，进行接头性能的测定，并提出《焊接工艺评定报告》。最终，结合实践经验制定正式的《焊接工艺规程》，将其作为焊接生产的可行依据。

7.3.2　焊接过程质量控制

从施焊开始到焊接结束形成优良的焊接接头和焊后热处理的整个过程称为焊接过程。在这个过程中，焊接检查人员应随时巡视现场，以防止焊接过程中的缺陷形成并及早发现缺陷。焊工对产品质量具有高度责任心并认真执行工艺，在焊接过程中起着决定作用。

1) 执行焊接规范的质量控制

焊接规范是指焊接过程中的工艺参数，如焊接电流、焊接电压、焊接速度、焊条（焊丝）直径、焊接的道数、层数、焊接顺序等。正确的焊接规范及执行规范对焊缝和接头质量起着决定作用。正确的规范是在焊接前进行焊接工艺评定试验的基础上制定的。有了正确的规范，还要在焊接过程中严格执行，才能保证接头质量的优良和稳定。对焊接工艺规程的检查，不同的焊接方法有不同的内容和要求。当焊接方法发生变化时，应办理焊接材料、焊接坡口及焊接工艺等更改手续。

2) 焊接材料的质量控制

正确使用焊接材料，加强焊材库的管理，严格遵循烘干、领用、回收制度，能保证焊接接头的性能达到设计要求或达到母材要求；错用或不按要求烘干的焊接材料，将造成点缝报废或造成重大经济损失。因此，在施焊过程中，应根据焊接材料的固有特征和焊缝外观特征复查使用的焊接材料是否正确，同时要检查烘干记录、领用手续，焊材是否随用随取，现场是否使用焊条保温筒。

3) 对焊接环境的控制

焊接环境是否合适，主要取决于温度、湿度、刮风、下雨、下雪等因素。当焊接环境出现下列情况时，需有防护措施才能进行焊接。

(1) 下雨、下雪。

(2) 相对湿度大于 90%。

(3) 当焊件温度低于 0℃时，应在开始焊接处 100mm 的范围内预热到 15℃左右。

4) 对预热、后热温度的控制

在焊接开始前，对焊件进行加热的工艺措施称为预热。氢的聚集、淬硬组织的产生和应力的存在是冷裂纹产生的主要原因，而焊接预热则可避免或减缓上述不利因素的影响。一般情况下，要求焊件的实际预热温度略高于规定的预热温度，使之有足够的散热余量，以保证焊接过程中，工件不会冷到小于规定的预热温度。在焊接过程中应根据工件的温度变化情况，随时测量检查预热温度。当工件温度低于最低预热温度时，应重新加热达到预热温度后再继续焊接。但是，过高的预热温度会改变熔池金属的结晶过程，并使焊接工作环境恶化，影响焊接质量。

焊接后立即对焊件全部或局部进行加热或保温，使其缓冷的工艺措施称为后热。后热可减缓焊接接头的冷却速度和加速氢的逸出，防止产生延迟裂纹。加热温度在 300~400℃，保温时间在 3~4h 最佳，在此规范内进行的后热称为消氢处理。如果焊后能及时进行消除应力热处理，则可免去消氢处理。

预热、后热温度可用测温笔或测温计测量。温度测点应根据焊缝的形状和大小选择，当焊缝部位的结构比较简单、工件较薄、焊接工作量较小时，测点可距焊缝远些；当焊缝部位的结构比较复杂、工件较厚、焊接工作量较大时，测点可距焊缝近些。通常，预热、后热温度的测点应距焊缝边缘 100~300mm。

5) 对焊道表面质量的控制

每一次熔敷所形成的一条单道焊缝称为焊道，对于单道焊，焊缝质量就是焊道质量。对于多道焊或多层焊，焊道质量决定焊缝质量。焊道缺陷的累积或重叠，造成焊缝产生较多缺陷。因此，检查焊道质量，发现缺陷及时消除，可以预防缺陷的增加和扩大。根据焊道质量可初步预测和控制成品焊缝的质量。

在焊接过程中，应注意观察焊道成形过程和检验焊道表面质量、焊道宽度、焊道波纹及焊道在焊层的分布是否处于理想状态。焊道表面不应有裂纹、夹渣等焊接缺陷，以便在多道焊或多层焊中，有利于焊道的搭接，不产生缺陷叠加，从而保证产品的焊缝质量。

6) 对焊接试板质量的控制

焊接试板是模拟产品或构件的制造技术条件或在焊制产品时，随产品的纵焊缝连续焊制而成的试验板、管接头或管板。从试板上切取样坯，经过机械加工，制成一定形状、尺寸及表面粗糙度的试样，为理化、金相等破坏性检验提供试验样品。因此，试板的质量代表产品质量，试板的检验结果反映产品的焊接质量，生产过程中采用的检验试板有以下两种。

(1) 工序试板。有的产品在焊接工艺进行到某一工序时，需对试板进行检验。在制造工序比较复杂时，应焊制工序试板，避免因生产过程中出现的质量问题而造成重大经济损失并影响生产周期，应焊制工序试板。

(2) 产品试板。在产品制造完工后，需对其试板进行检验。因为焊接接头的制造工艺比较复杂，要经过预热、焊接、调质或消除应力热处理等工艺过程，其质量受多种因素影响。为了检验焊接接头的性能指标是否达到设计要求，应在焊制产品的同时，在纵焊缝上连续不停地焊制下去。需要热处理的容器，试板还需随产品一起同炉进行热处理。对产品试板进行检验，可以评定成品焊缝的质量和控制不合格焊缝不出厂。

7) 对夹具夹紧情况的确认控制

夹具是产品装配焊制过程中用来固定、夹紧工件的工艺装备。它通常承受较大的载荷，同时还会受到由于热的作用而引起的附加应力作用。故夹具应有足够的刚度强度和精确度。在使用中应对其进行定期的检修和校核。检查它是否妨碍工件进行焊接，焊接后工件由于热的作用而发生的变形是否会妨碍夹具取出。当夹具不可避免地要放在焊接处附近时，是否有防护措施，防止因焊接时的飞溅而破坏夹具的活动部分，造成取出夹具困难。还应检查夹具所放的位置是否正确，会不会因位置放置不当而引起工件尺寸的偏差和因夹具重量而造成工件歪斜。此外，还要检查夹紧是否可靠，不应因零件受热或外来的振动而使夹具松动失去夹紧能力，进而造成焊缝成形尺寸不符合设计要求，以致焊接质量降低。

8) 对焊后热处理质量的控制

焊后热处理是为改善焊接接头的组织和性能或消除残余应力而进行的热处理。通过焊后热处理，有利于消除残余应力。但是，如果加热温度过高，会导致焊接接头强度下降。工件的升温速度、加热范围及冷却速度不均匀时，会产生温差应力。因此，为了达到消除应力的目的，同时控制不利因素的影响，应严格按热处理工艺要求检查。

(1)根据热处理工件的形状、重量及重心分布，在装炉时应适当支撑，随炉的焊接试板应摆放在相应位置，尽量避免工件产生弯曲变形。

(2)热电偶丝尽量采用焊接方法安装。当焊件进行局部热处理时，安装热电偶丝应包含工件的加热范围。一般情况下，在需要控制的加热范围内选择最高温度测点、最低温度测点及正常温度测点安装热电偶丝。

(3)检查和控制工件的装炉温度和升温速度，当工件要求保持预热温度时，装炉温度不得低于工件的最低预热温度。

(4)检查和控制工件的加热温度和保温时间，使之符合热处理工艺文件的规定。保温结束后，应检查和控制工件的降温速度和出炉温度。

7.3.3　焊后质量控制的检验

焊接产品虽然在焊接前和焊接过程中进行了检验，但由于制造过程中外界因素的变化、规范的不稳定、能源的波动等都有可能引起缺陷的产生。同时，在产品焊制的两个阶段，由于条件限制，有些检验项目还不能进行。为了保证产品的质量，对产品必须进行质量检验。这是在全部焊接工作完毕后，将焊缝清理干净，对产品进行检验。对于具有延迟裂纹倾向的高强钢焊接结构，焊接接头的无损检测和产品检验应在焊后延迟一段时间进行或进行复查。检验的方法主要为破坏性检验和非破坏性检验。焊缝外观检验是一种常用的简单的检验方法，是利用肉眼、样板、量具或低倍放大镜等对焊缝外观尺寸和焊缝成形情况进行检验。

复习思考题

7-1　说明四种常见的焊接缺陷类型。

7-2　说明焊接气孔的分类方式及种类。

7-3　说明固态夹杂的种类及特征。

7-4　说明焊接缺陷检测及评价方式的种类。

7-5　说明激光全息无损检测的检测原理。

7-6　说明焊接过程质量检验的内容。

第8章 轻合金焊接结构的疲劳强度

机毁人亡，是航空业毁灭性的顶级事故。自1903年人类成功实现有动力飞行以来，类似的灾难不胜枚举，原因也多种多样。正是一次次血淋淋的教训，令科学家和航空工程师们深刻反思，不断推动航空及相关领域科学技术发展，提升飞机的性能，确保飞行安全。随着相关基础科学和材料技术、制造技术、设计计算技术、缺陷探测、结构健康监测技术、强度试验技术的发展进步，业界对金属材料疲劳的管理措施也日益完善。当今，航空工业设计制造、试验试飞方法日益先进，加之民航部门严苛的适航认证把关，飞机特别是民用运输机的安全性已达到非常高的水平，然而疲劳失效也导致了很多空难事故。

1954年1月10日，一架执飞罗马至伦敦的781号航班在空中爆炸解体，机上35名乘客和机组人员全部丧生。事后分析，该飞机大部分事故的原因皆出于结构设计问题，飞机蒙皮所用的金属材料的性能和厚度不能承受高速、高压飞行的环境，在复杂、交变应力的反复作用下发生了疲劳断裂或破裂，如图8-1所示。

图8-1 781号班机(箭头所指的位置正是飞机失效的位置)

2007年11月，美国空军的一架F-15战机，在训练中做大过载机动动作时，机头突然脱落，这次事故造成F-15战机全部停飞。经事后分析，是因为断裂处的一根纵梁发生了疲劳断裂，导致机头脱落，如图8-2所示。

(a)F-15战机机头与机身分离照片   (b)事故中F-15纵梁的疲劳断裂示意图

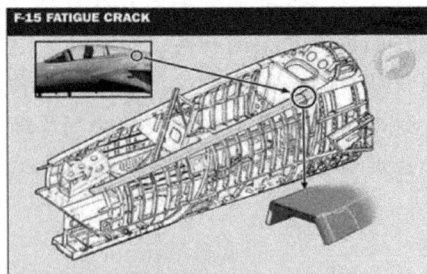

图8-2 疲劳断裂导致的 F-15 战机事故图

　　由以上事故可见，材料失效引发的后果轻则危及飞行安全，迫使机群停飞，大批飞机或发动机要返厂修理换件，重则酿成机毁人亡的灾难性飞行事故。因此，深入开展失效分析和失效预研究，对及时准确地查明事故的性质与原因，采取有效措施防止同类事故的重复出现，及对推动新技术、新材料和新工艺的应用，改进设计、改善维修性和提高飞行安全性、可靠性等，都具有十分重要的意义。早期的金属材料强度评价方法，已不能解决在复杂受力条件下装备应用的可靠性问题，尤其是航空航天领域的产品。机身结构在高空飞行中发生疲劳断裂是飞行事故的一大诱因。因此，新的飞机设计规范要求飞机要进行整机疲劳试验，并规定各型飞机应给出疲劳寿命。对于飞行器等高速运动的装备，其受力情况较为复杂，环境更为恶劣，因此结构材料在特定工作条件下(机械力、气压、温度、湿度等的交替变化)的疲劳强度至关重要。

8.1　材料及结构疲劳失效的特征

　　疲劳是机械结构最普遍的失效模式之一。自1854年第一次提出fatigue(疲劳)的概念以来，相关研究已有 160 余年的历史，人们已在疲劳试验技术发展、理论模型构建、分析计算方法开发等方面积累了大量的知识，提出了诸多理论与方法，逐步形成了以疲劳研究为基础的机械结构强度理论与技术，推动机械结构从经验设计走向安全设计，为工业装备和重大基础设施的安全与可靠性保障奠定了重要的科学基础，如图 8-3 所示。有时是先有疲劳裂纹，而后在一定情况下发生脆断。有资料介绍，由疲劳裂纹引起的断裂失效达 70%~80%，甚至达到90%。

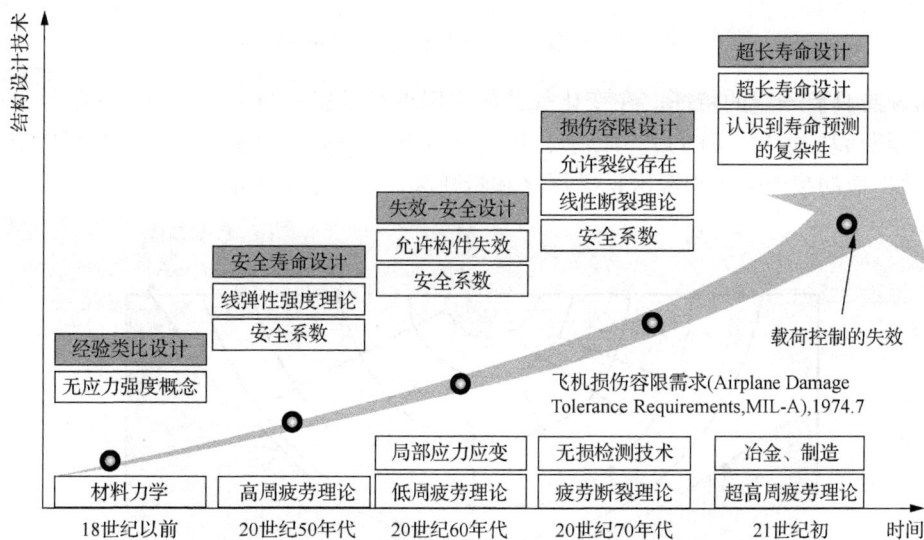

图 8-3　结构设计技术随疲劳基础研究的演化

失效的形式有很多，最常见的有：静态失效、疲劳。静态失效是指材料承受的载荷超过了极限强度。极限强度本质是一个应力，因此微观地讲，当材料中某一点处的主应力大于极限强度时，该点处的材料就已经开始静态失效了。疲劳失效中，极有可能受到的应力都"远小于极限强度"，应力为"循环应力"，图 8-4 为静态破坏与循环载荷失效的差异。在多次循环作用下，材料损伤在微观层面不断发展，直到形成宏观裂纹。在每次循环中，宏观裂纹都会不断增长，直至达到临界长度。当出现裂纹的组件无法继续承受峰值载荷时，就会发生断裂。

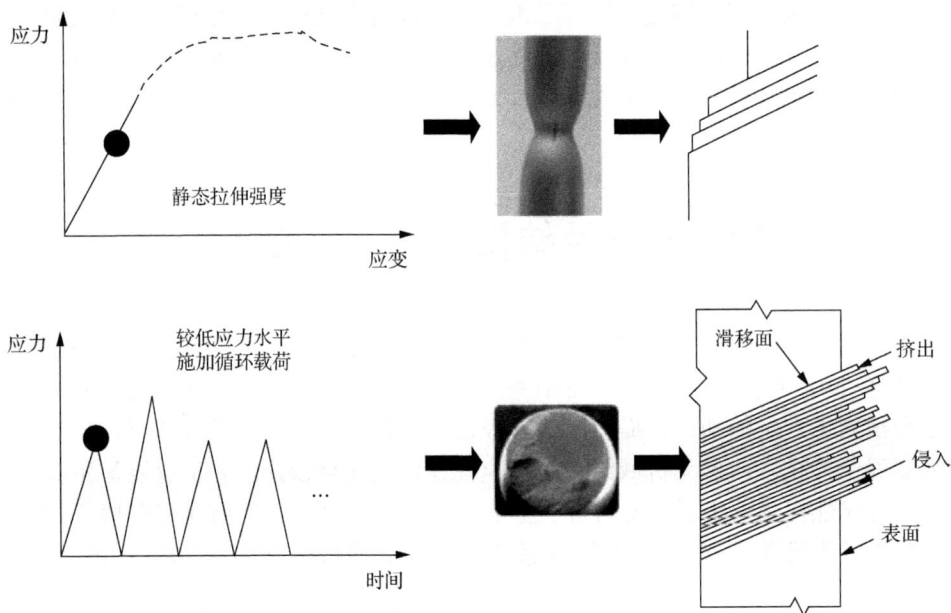

图 8-4　静态破坏与循环载荷失效的差异

疲劳断裂具有一定的特征，在变化载荷的作用下经过裂纹萌生，启裂、亚临界扩展到失稳扩展以至断裂的现象，称为疲劳断裂。因此疲劳是一个损伤积累的过程，在断口上可以由"年轮弧线"似的痕迹分出裂源区、扩展区和瞬断区，如图 8-5 所示。

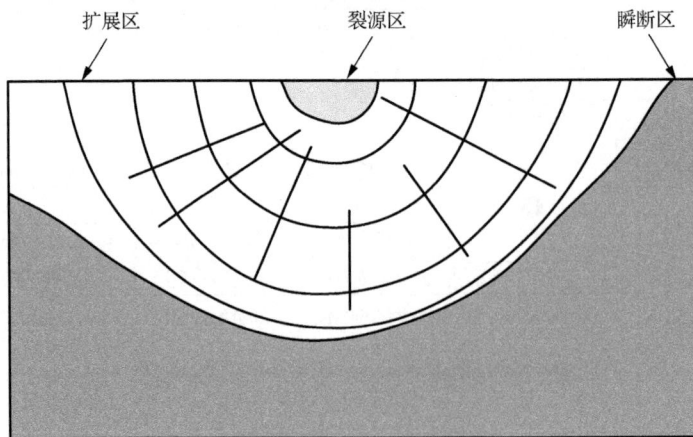

图 8-5　疲劳断口示意图

疲劳载荷控制分类。疲劳分低周应变疲劳和高周应力疲劳。高周应力疲劳作用应力远低于屈服强度，它的启裂和扩展主要受应力控制，裂纹扩展慢，到达断裂的周期很长，因此称为高周应力疲劳。低周应变疲劳在启裂部位已达到屈服强度，受应变循环所控制，断裂的循环周次比较低，因此称为低周应变疲劳。

　　一般焊接结构的疲劳载荷大多是一个随机载荷，但长期以来做试验多用正弦波加载，最近试验设备和技术已发展到用三角波、矩形波，甚至用计算机控制按实际结构的载荷谱加载。

　　现以常用的正弦波加载来说明几个载荷的特征值。正弦应力波形举例如图 8-6 所示。按循环特性，载荷可分为：对称交变载荷，这时循环特性系数 $R=1$（R 为 $\sigma_{max}/\sigma_{min}$），平均应力 $\sigma_m=0$，应力幅值 $\Delta\alpha=2\sigma_{max}$，应力振幅 $\sigma_\alpha=2\sigma_{max}$，这时得出的疲劳强度称为 σ_{-1}。脉动载荷的循环特性 $R=0$，平均应力 $\sigma_m=\sigma_{max}$，应力幅值 $\Delta\alpha=2\sigma_{max}$，应力振幅 $\sigma_\alpha=\sigma_{max}$，这时得出的疲劳强度称为 σ_0。非对称交变载荷的 R 值为一个负分数，其疲劳强度的下标为一个负分数。部分脉动载荷的 R 值为一个正分数，其疲劳强度的下标为一个正分数。各种载荷特性得出的疲劳强度是很不相同的，不同载荷特性的结构应选用相应载荷循环特性的疲劳强度。另外，载荷性质不同所得出的疲劳强度也不同，如拉压加载、弯曲加载、扭转加载和冲击加载等得出的疲劳强度数值也不同，在比较时一定要注意载荷特性和循环特性相同。另外，尺寸因素和环境因素也有影响。

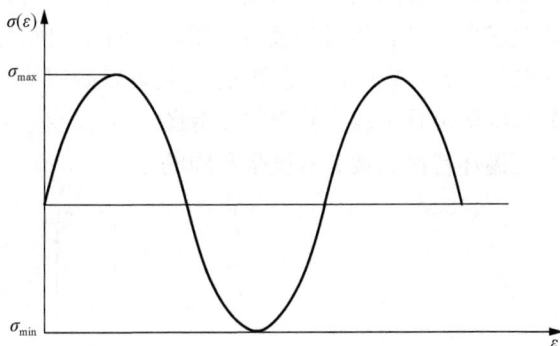
图 8-6　正弦波加载特性

8.2　疲劳试验及疲劳图

1. 疲劳极限

　　当循环周次增加时，断裂强度降低，当应力低于某一应力时，经过相当长的应力循环周次也不会断裂（虚线），这个应力称为疲劳极限。但有时并不能得到这个应力，所以经常以结构或零件的使用寿命为参数，转化为对数坐标并回归线性化后，定出循环多少次不断裂的最高应力为疲劳极限。对一般钢结构常取 $N=2\times10^6$ 次，而对一般机器零件常取 $N=1\times10^7$ 次，同时取这个周次的应力为疲劳极限。但对低周应变疲劳，一般断裂寿命只有 $10^3\sim10^4$ 次，最多不超过 10^5 次，一般 $N>10^5$ 次就属于高周应力疲劳。最科学的分法应以 σ-N 线和 σ-N 线的交点的循环次数为分界线。

2. 疲劳曲线的表达式

　　应力疲劳曲线表达式可写为

$$N\sigma^m=C$$
$$\lg N+m\lg\sigma=\lg C \tag{8-1}$$
$$\lg\sigma=-\frac{1}{m}\lg N+B$$

式中，C 为材料疲劳极限；$1/m$ 主要受应力集中程度控制，在焊接结构中主要受焊缝形状、焊接接头形式、表面加工及处理等情况决定；B 实际上主要受接头或材料的静载强度水平所控制。这样就可以将疲劳曲线在双对数坐标纸上画为直线，直线的斜率和截距由 $1/m$ 和 B 值决定。另外，材料的应力集中敏感性对 $1/m$ 的值也有相当大的影响，也就是说同样静载强度和应力集中程度的试件和接头，其 $1/m$ 也有所不同，但是一般不如应力集中影响大。如果用试验求出不同材料不同接头的 $1/m$ 和 B 值，就可以求出一定周次的疲劳强度。

试验方法和试件尺寸对 $1/m$ 和 B 值也有一定影响，试验温度和试验介质也对 $1/m$ 和 B 值有影响，因此在比较和使用各种资料时要注意。

3. 疲劳图

上述方程中的 $1/m$ 和 B 是在一定 R 值、一定材料、一定接头形式和一定载荷类型情况下作出的。具体结构的载荷循环特性是随结构的自重和使用工作载荷的变化而变化的，因此经常要求出一定 R 值时的疲劳极限，这时就要利用疲劳图。疲劳图一般有多种表示方法，其实只要作出 σ_{-1} 或 σ_0，又已知 σ_b，就可以画出简化的疲劳图。当然，如果能作出两三种 R 的疲劳强度就可画出较为精确的疲劳图，实际上疲劳简化图（图 8-7）是偏于安全的。由图也可看出不同循环特性的疲劳强度是不同的。

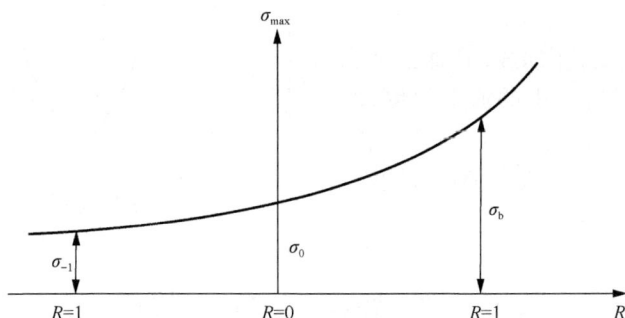

图 8-7　疲劳简化图

8.3　焊接接头的疲劳强度计算标准

1. 许用应力法

目前国内通用的是许用应力法，钢结构设计规范规定许用应力按以下公式计算。

绝对值最大应力为拉时：

$$\left[\sigma^p\right] = \frac{\left[\sigma_0^p\right]}{1-kR} \tag{8-2}$$

绝对值最大应力为压时：

$$\left[\sigma^p\right] = \frac{\left[\sigma_0^p\right]}{1-kR} \tag{8-3}$$

式中，$\left[\sigma_0^p\right]$ — $R=0$ 时，$\left[\sigma_0^p\right]$ 是主体金属和连接的容许拉应力；k 为系数；R 为应力循环特

性系数。

根据不同设计规范可查到 σ_0^p 和 k，各规范中根据要求不同，两者数据有差异。

2. 应力折减系数法

此法是用静载的许用应力 $[\sigma]$ 乘以折减系数 γ，即成为疲劳许用应力 $[\sigma^p]$，计算式为

$$[\sigma^p] = \gamma [\sigma]$$

$$\gamma = \frac{1}{(0.6\beta + 0.2) - (0.6\beta - 0.2)R} \tag{8-4}$$

式中，β 为有效应力集中系数（1.0～3.4），可查表 8-1；R 为应力循环特性系数（亦可用 η 表示）。

表 8-1　上列计算式中的 β 值

计算 β 值的不同计算截面		β 值
按远离焊缝的母材	轧制表面和边缘加工的母材	1.0
	轧制表面和边缘加工的母材，边缘为气割	1.1
	横向角焊缝	手工焊 3.0，自动焊 1.7
	纵向角焊缝	1.7
按向焊接接头过渡处的母材	在对接焊缝过渡的母材	机加工 1.0，不加工 1.4
	在不加工的搭接横向角焊缝过渡的母材	3.0
	在不加工的搭接纵向角焊缝过渡的母材	3.4
	隔板或筋板近邻处的母材	手工焊 1.6，自动焊 1.0
	用自动焊纵向焊缝的组合截面	1.0
按向其他元件过渡处的母材	与梁栏板对接板，向盖板缓和过渡，过渡处焊透并加工	12
	与梁腹板对接板，向腹板缓和过渡，过渡处焊透并加工	1.2
	与梁盖板对接板	15
	盖板中断处需缓和过渡，过渡处焊透并加工，工形盖板全中断	1.2

有的国家将疲劳图稍加变化制成求 γ 的疲劳图，只要知道 R，就可确定 γ。例如，未加工的侧面焊缝搭接在 $R = 0.2$ 时，可查出：按 ASTM E2789-10 标准 $\gamma = 0.5$，而按 ASTM D7615-7 标准受拉时 $\gamma = 0.58$，受压时 $\gamma = 0.64$，这样由 ASTM E2789-10 标准得出的 $[\sigma^p]$ 就偏于保守。这个疲劳图可用典型的焊接接头疲劳试验求得，按上述公式计算 $\gamma = 0.535$，介于 ASTM E2789-10 标准和 ASTM D7615-7 标准之间。

3. 按累积损伤理论计算

前面讨论的都是恒幅疲劳，对于变幅疲劳问题，近年来发展用累积损伤理论计算：

$$n_1 (\Delta\sigma_1)^m + n_2 (\Delta\sigma_2)^m + \cdots = C$$

$$\frac{n_1}{N_1} + \frac{n_2}{N_2} + \cdots + \frac{n_i}{N_i} = \sum_{i=1}^{n} \frac{n_i}{N_i} = 1 \tag{8-5}$$

式中，n_i 为相应于 $\Delta\sigma_i$ 的循环次数；N_i 为相应于 $\Delta\sigma_i$ 的疲劳寿命。

在英国规范中用累积损伤理论来求当量应力幅值，即

$$N\left(\Delta\sigma_{is}\right)^{m} = \sum n_i\left(\Delta\sigma_i\right)^{m}$$

$$\Delta\sigma_{is} = \left[\frac{\sum n_i\left(\Delta\sigma_i\right)^{m}}{N}\right]^{1/m} \tag{8-6}$$

式中，$\Delta\sigma_{is}$ 为相应于 $\Delta\sigma_i$ 的循环次数；$\Delta\sigma$ 相当于 $N=10^6$ 时的疲劳容许应力幅值；$m=3$ 时为焊态，$m=4$ 时为去应力。

8.4　影响焊接结构疲劳强度的因素

(1)焊缝及接头形式和焊缝形状的影响。接头形式对疲劳强度有很大影响。其中，以对接为最好。改变搭接的焊脚尺寸，同时加工焊趾以圆滑过渡，能提高搭接的疲劳强度。十字接头焊透可提高疲劳强度；如果焊透而且又加工焊趾，可得到相当满意的疲劳强度。增高量过高会大大降低疲劳强度，如焊成凹入的角焊缝(如埋弧自动焊可做到)可大大提高疲劳强度。

(2)焊接缺陷的影响。焊接接头往往有可能产生裂纹、夹渣、气孔、咬边和未焊透等缺陷，这些缺陷都会产生不同程度的应力集中，降低疲劳强度，其中以裂纹类平面缺陷最为严重，即使是气孔、夹渣类非平面缺陷也有相当大的影响，但比未焊透降低得小一些。

(3)残余应力的影响。残余应力是一个不均匀分布的自平衡内应力，焊缝及主作用区甚至可达到 σ_s，而工作应力与残余应力叠加时，同向相加，反向相减。相加区会提高总应力，相减区会降低总应力，因而就改变了平均应力 σ_m 和应力循环特性 R，从这点来说对疲劳强度是有影响的。另外，当残余应力与工作应力叠加达到 σ_s 后会产生强化，降低塑性和韧性，同时也会降低残余应力的数量。如果材料塑性储备足够，就可以不启裂并由局部塑性变形来减少甚至消除残余应力的影响，但若材料的塑性韧性储备不足，特别是焊接接头中往往是应力集中和高残余应力的叠加，会产生相当高的应变循环，这时就有可能启裂而降低疲劳寿命。特别是存在三向残余应力时会大大降低其塑性变形能力，材料呈脆性状态，因而有可能在低的循环周次就启裂。同时，这个区域由于组织性能的变化，可能提高裂纹扩展速率，这就会降低疲劳寿命或降低疲劳强度。

8.5　焊接结构疲劳设计及提高疲劳强度的措施

8.5.1　提高疲劳强度的措施

(1)合理设计焊缝、焊接接头和结构形式。设计的原则就是尽量减少应力集中，如尽可能采用低加强高的对接接头，重要结构甚至要用加工去掉加强高。对承受疲劳的十字接头希望

开坡口焊透并使焊缝凹入最好。在不可避免要用搭接接头时，可用调整 K 值和加工焊趾过渡以减少应力集中。在结构上要尽量避免盖板接头。搭接接头和 T 形接头要避免单边角焊缝。另外，尽量避免三条焊缝相交和在转角处布置焊缝，连接刚性也不能过大。图 8-8 为各种接头设计方案的比较。

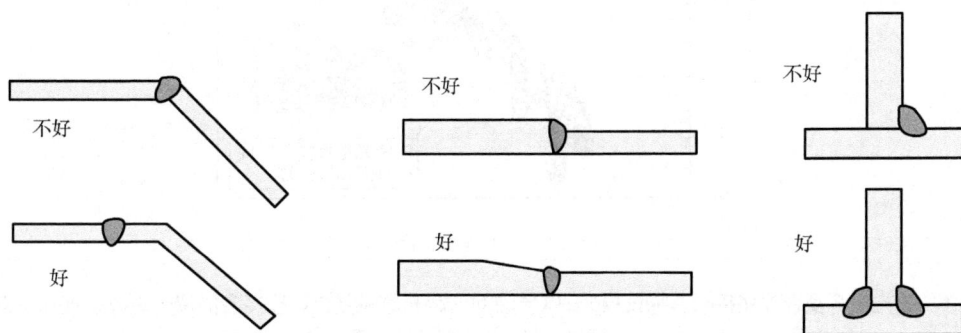

图 8-8　各种接头设计方案的比较

(2)合理设计结构细节。对节点或梁柱连接的细部，尽量采用圆滑过渡的结构形式。例如，在起重机设计中，小车支承结构形式设计方案的比较如图 8-9 所示，其原则是减少应力集中，保证圆滑过渡。其他结构设计亦是如此。

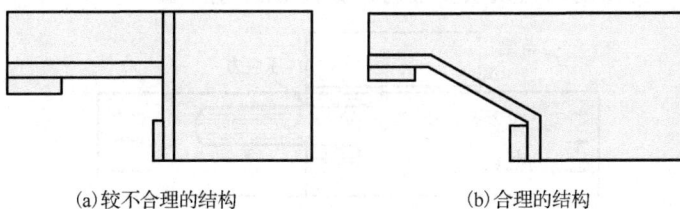

(a)较不合理的结构　　　(b)合理的结构

图 8-9　结构细节设计对比举例

(3)合理选择结构材料和焊接材料。合理选择主要是要选择切口敏感性小的结构材料和焊接材料。一般来说，选择韧性好和屈强比(屈服强度/抗拉强度)小的材料和焊接材料对提高疲劳强度有利。

(4)合理的焊接方法和工艺。合理的焊接方法和工艺主要是尽可能减少冶金和工艺缺陷，保证良好的焊缝成形，以减小应力集中。另外就是尽可能减少焊接过程中的变形和应力，以及焊后的残余变形和残余应力。把出现的缺陷、残余变形和残余应力消灭在出厂之前。合理的焊接方法和工艺也可提高焊接接头性能和接头内在质量，提高生产率，节约能源和材料，达到优质、高效、节能和环保。

(5)采用外场调节的方法。有研究表明，采用振荡模式+磁场辅助可以使得激光电弧复合焊接接头疲劳强度有一定的提升。图 8-10 给出了传统激光电弧复合焊接接头与振荡模式+磁场辅助的激光电弧复合焊接接头的疲劳裂纹扩展对比。可以看出，与 HLAW 接头相比，外场调节下的焊接接头裂纹具有相对较慢的裂纹增长率，这可能是因为外场调节下的焊接接头熔合边界附近的梯度结构具有更高抗裂性。

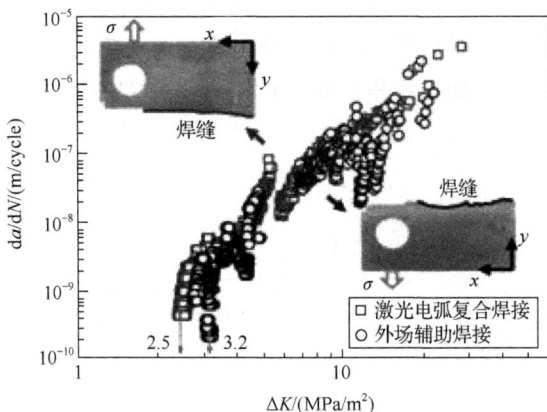

图 8-10　激光电弧复合焊接接头和振荡模式+磁场辅助的激光电弧复合焊接接头的疲劳裂纹扩展速率曲线
da/dN 是疲劳裂纹扩展率；a 是裂纹长度；N 是加载循环次数；ΔK 是应力强度因子范围

8.5.2　提高焊接接头及结构疲劳强度的后处理方法

(1)焊接后去应力热处理。一般大型结构很难甚至不可能进行整体消除残余应力热处理，但可以用局部加热焊接接头做局部消除残余应力热处理。最简单的方法是在残余拉应力区圆点加热产生压应力以降低初始的残余拉应力，如图 8-11 所示。

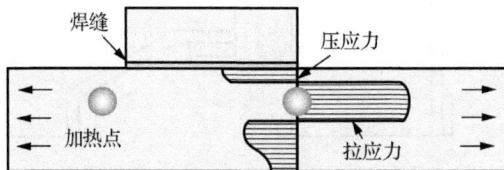

图 8-11　在高应力区局部处理焊接接头

(2)机械法去应力。现在有一些简单易行的方法就是在原拉应力峰值区加压，在此区造成局部压应力，其效果与加压区直径大小有关。机械法中还可采用风锤击法或超声锤击法。

(3)机械加工及打磨。机械加工及打磨主要是减少应力集中，如磨光焊缝加强高、加工焊趾使圆滑过渡。

(4)各种提高焊接接头及结构疲劳强度方法的效果比较。同样的方法对不同结构形式和不同材料的效果也不尽相同，特别是局部加热和加压方法的区域位置和大小对提高疲劳强度的效果有明显差异。因此，不同处理方法的工艺规范选择很重要。

8.6　疲劳裂纹扩展的定量描述及寿命计算

8.6.1　疲劳裂纹的形成

光滑试件疲劳裂纹的形成与扩展如图 8-12 所示。由于材料本身有不均匀处(如微小夹杂、气孔或局部软点或在自身循环应变过程中产生的不均匀性),这些部位由于局部应力集中产生局部滑移而形成挤出峰和挤入谷,形成高度集中的密集滑移带而形成裂源。假定在疲劳中产生了高位错密度的表面层并得到强化,形成大量位错塞积形成裂纹核心,扩展、聚合而形成可见裂纹源,这样一个过程就是裂纹萌生阶段,由 N_1 到 N_2,一直到达 N_2 启裂,这时的寿命称为寿命 N_3,然后一直扩展到断裂,这时的寿命称为断裂阶段直到寿命 N_4。

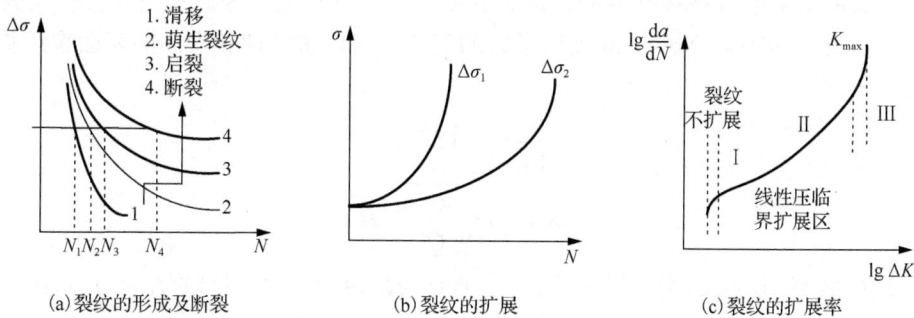

图 8-12　疲劳裂纹的形成及扩展

对于焊接接头,可能存在各种焊接缺陷,而且焊接接头本身就有不同的应力集中,这种应力集中和焊接缺陷,极易形成甚至本身就是一个初始裂源,因此焊接接头的启裂寿命是十分短的,甚至达到可以忽略的程度。

8.6.2　裂纹扩展率

每一次循环扩展的裂纹长度称为裂纹扩展率 da/dN,应力强度因子 K 既然能够表示裂纹尖端的应力场强度,那么就可以认为 K 是控制裂纹扩展的重要参量,于是提出了目前仍在广泛使用的裂纹扩展率的经验公式:

$$\frac{da}{dN} = c(\Delta K)^n \tag{8-7}$$

式中,ΔK 为应力强度因子幅值,$\Delta K = \Delta \sigma \sqrt{\pi a}$;$c$、$n$ 为材料常数。

裂纹扩展率有 I、II、III 三个阶段,如图 8-12(c)所示。当 ΔK 小于 ΔK_{Th} 时,裂纹不发生扩展,这个位置就叫门槛值,当 ΔK 大于 ΔK_{Th} 时,裂纹快速扩展,此区为 I 阶段;然后进入裂纹亚临界稳定扩展,此区为 II 阶段;经过一段时期的亚临界扩展后,ΔK 接近 ΔK_e 时,又进入快速扩展,此区为 III 阶段,即失稳扩展,直至全断。以上是一般未考虑疲劳循环特性的通用表达式,在 I、II、III 阶段的 c、n 值是不同的,一般采用第 II 阶段的裂纹扩展率。

与母材不同,焊接接头是一个不均匀的组织,并有残余应力和受应力集中的影响,这些影响会使裂纹扩展率的表达式中 a、n、ΔK 有所不同,a、n 可以用试验方法求出,ΔK 可用应力叠加原理求得。

1)焊接接头裂纹扩展率

焊接接头裂纹扩展率用下列表达式计算:

$$\frac{da}{dN} = S = C_2 (\Delta K)^{m_2} \tag{8-8}$$

$$\frac{\mathrm{d}a}{\mathrm{d}N} = C_1 \left(\Delta K \right)^{m_1} \tag{8-9}$$

式中，S 等于 $\mathrm{d}a/\mathrm{d}N$，具体数据由扫描电子显微镜测疲劳裂纹间距得出，其系数为 C_2 和 m_2。式 (8-9) 为断裂力学试验得出的 $\mathrm{d}a/\mathrm{d}N$，其系数为 C_1 和 m_1。

2) 焊接接头的表面裂纹扩展率

焊接接头的疲劳裂纹往往从表面的应力集中处开裂并扩展，因此求出焊接接头表面裂纹扩展率甚为重要。1979 年 Newman 提出了新的表达式可以求拉伸和弯曲的表面裂纹扩展率，即

$$\frac{\mathrm{d}a}{\mathrm{d}N} = C_2 \left(\Delta K \right)^{m_1} \tag{8-10}$$

$$\Delta K = \Delta\sigma \sqrt{\frac{\pi\alpha}{Q}} F \cdot H \tag{8-11}$$

式中，Q 为裂纹形状的修正因子；拉伸时 H 为 1，弯曲时 $H = f(a/b, a/t, \phi)$；$F = f(a/t, b/t, a/b, \phi)$，$b$ 为裂纹半长，a 为裂纹深度，t 为板厚，ϕ 为裂纹轮廓上某点位置的角度。

一些研究表明，$\mathrm{d}a/\mathrm{d}b$ 的关系可用式 (8-12) 表示：

$$\frac{\mathrm{d}a}{\mathrm{d}b} = \frac{1}{\left(1.1 + 0.35\frac{a}{t}\right)\left(\frac{a}{b}\right)^{n/2}} \tag{8-12}$$

3) 残余应力影响下的裂纹扩展率

残余应力影响下的裂纹扩展率为

$$\frac{\mathrm{d}a}{\mathrm{d}N} = A\left(\Delta K_1\right)^M \left(1 + \frac{K_r}{\Delta K_1}\right)^s \tag{8-13}$$

式中，s 为指数，$s = 0.25$；K_r 为残余应力引起的应力强度因子；ΔK_1 为 I 型应力强度因子幅值，则 $\Delta K_1 = \Delta\sigma\sqrt{\pi a}f$，$f$ 为由残余应力引起的修正系数。

研究证明，裂纹在拉应力区扩展，$\mathrm{d}a/\mathrm{d}N$ 上升，在压应力区扩展，$\mathrm{d}a/\mathrm{d}N$ 下降。

4) 层状撕裂的裂纹扩展率

研究表明，层状撕裂的裂纹扩展率有较大增加，表达式为

$$\frac{\mathrm{d}a}{\mathrm{d}N} = 1.5\times10^{-10}\left(\Delta K\right)^3 \tag{8-14}$$

8.6.3　疲劳循环特性 R 对 $\mathrm{d}a/\mathrm{d}N$ 与 ΔK 的关系的影响

一些研究表明，疲劳循环特性 R 对 $\mathrm{d}a/\mathrm{d}N$ 与 ΔK_1 的关系影响很大，不同的 R 值有自己的曲线，而且 R 越大曲线越向左移。为了考虑循环特性的影响，可用式 (8-15) 表示：

$$\frac{\mathrm{d}a}{\mathrm{d}N} = \frac{C\left(\Delta K_1\right)^n}{(1-R)K_{1c} - \Delta K_1}$$

或

$$\frac{\mathrm{d}a}{\mathrm{d}N} = C\left[K_{max}\left(1-R\right)^m\right]^n \tag{8-15}$$

如考虑门槛值 ΔK_{Th} 的影响，则用式(8-16)表示：

$$\frac{\mathrm{d}a}{\mathrm{d}N} = A\left[K_{\max}^2 - \Delta K_n^2\right] \tag{8-16}$$

若为应变疲劳，则

$$\frac{\mathrm{d}a}{\mathrm{d}N} = A\left(\Delta\delta\right)^m$$

或

$$\frac{\mathrm{d}a}{\mathrm{d}N} = B\left(\Delta J\right)^M \tag{8-17}$$

8.6.4　焊接接头的应变疲劳

1. 应变疲劳的一般概念

在循环加载试验中，当外载作用下只有弹性变形时，材料的应力-应变曲线是完全按原路折回的，即弹性应变是可逆的。如果产生了塑性流动，一个完整的载荷历程以后，就形成了一个滞后回线，如图 8-13(a)所示，表现出既有弹性又有塑性，滞后回线所包的面积代表材料塑性变形功。图中所示的弹性应变范围 $\Delta\varepsilon_e$ 和塑性应变范围 $\Delta\varepsilon_p$ 分别为

$$\Delta\varepsilon_e = \frac{\Delta\sigma}{E}$$
$$\Delta\varepsilon_p = \Delta\varepsilon_T - \frac{\Delta\sigma}{E} \tag{8-18}$$

式中，$\Delta\varepsilon_T$ 为总应变幅值。

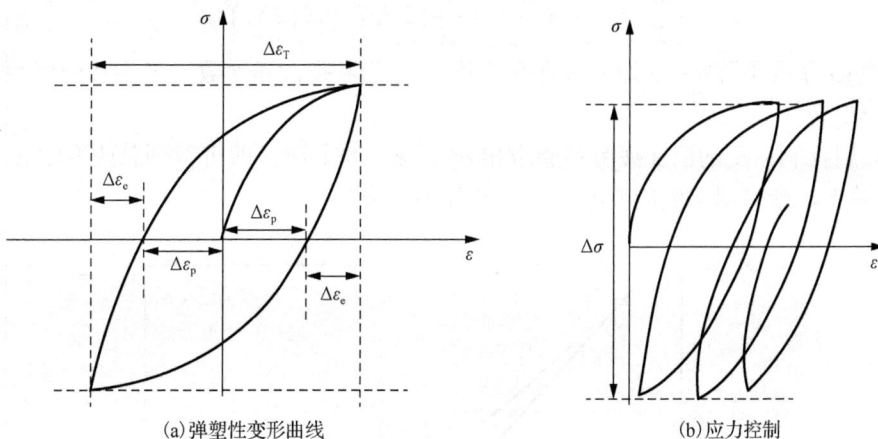

(a)弹塑性变形曲线　　　　　　　　(b)应力控制

图 8-13　应变疲劳

2. 材料的循环特性

(1)应力控制和应变控制。应力控制是等应力幅值 $\Delta\sigma$ 控制，其材料的循环特性如图 8-13(b)所示。由图 8-14 可以看出，在两种情况下，材料特性均将随循环增加而变化，经过一定的循环后(通常不超过 100 次)才能达到稳定状态。

(2)循环硬化与循环软化。有些材料会发生循环硬化，而有些材料可能发生循环软化，如图 8-14 所示。循环软化材料将降低图 8-14(b)中应力幅值，而增加 $\Delta\varepsilon_p$ 可能会引起过早断裂。

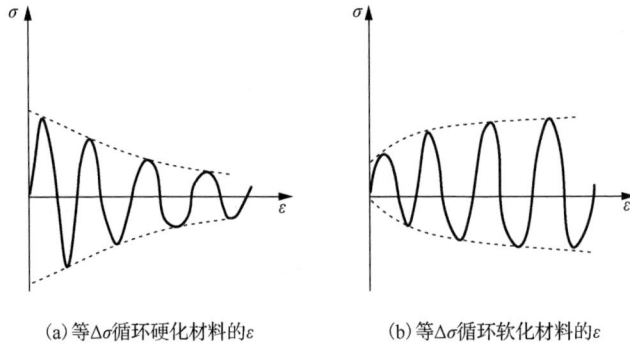

(a) 等 $\Delta\sigma$ 循环硬化材料的 ε 　　　　(b) 等 $\Delta\sigma$ 循环软化材料的 ε

图 8-14　恒幅应力-应变控制下的应力-应变变化

3. 应变寿命曲线

应变寿命曲线可用图 8-15 表示。

弹性应变幅：

$$\frac{\Delta\varepsilon_e}{2} = \frac{\sigma_f'}{E}\left(2N_f\right)^b \tag{8-19}$$

塑性应变幅：

$$\frac{\Delta\varepsilon_p}{2} = \varepsilon_f'\left(2N_f\right)^c \tag{8-20}$$

总应变幅：

$$\frac{\Delta\varepsilon_T}{2} = \frac{\Delta\varepsilon_e}{2} + \frac{\Delta\varepsilon_p}{2} = \frac{\sigma_f'}{E}\left(2N_f\right)^b + \varepsilon_f'\left(2N_f\right)^c \tag{8-21}$$

式中，σ_f' 为疲劳强度系数；b 为疲劳强度指数；N_f 为断裂循环次数；ε_f' 为疲劳延性系数；c 为疲劳延性指数。

如果能用控制应变的应变疲劳试验求出 σ_f'、ε_f'、b、c，即可得到总应变幅 $\Delta\varepsilon_T$ 与断裂寿命 N_f 的关系，就可用实测应变幅值来估计使用寿命。

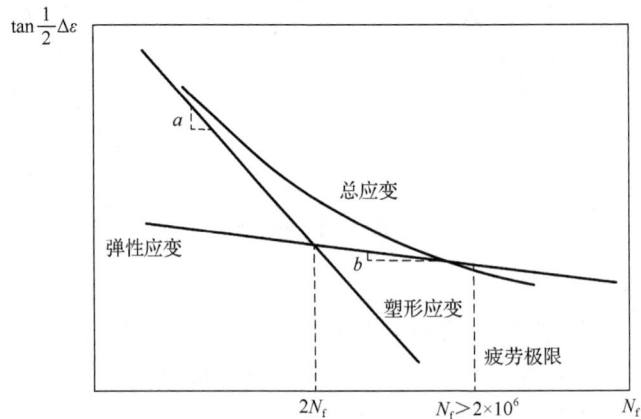

图 8-15　应变寿命曲线

复习思考题

8-1　说明脆性断裂事故的共同特点。

8-2　什么是疲劳断裂？疲劳断裂的分类包括哪几种？

8-3　疲劳曲线的表达式是什么？

8-4　说明影响焊接接头疲劳强度的因素。

8-5　说明提高疲劳强度的措施。

8-6　说明疲劳裂纹的形成机理。

第三篇　飞行器结构件精密焊接的案例分析

第9章　客机机身壁板及火箭贮箱铝合金激光焊接应用

大型客机机身铝合金壁板结构由蒙皮与桁条组成，其轻量化加工制造是飞机制造领域的发展热点，空客公司以激光焊接技术代替原有铆接工艺，实现了减轻机身重量和降低成本的目标。现阶段，我国也在发展自己的大型客机，围绕铝合金机身壁板结构轻质、高效、低成本加工制造的发展需求，针对国产大型客机采用双激光束双侧同步焊接（DLBSW）技术，突破其加工制造所面临的关键技术瓶颈。

9.1　大型客机机身壁板制造工艺应用现状

在飞机制造行业中有一句名言："为减轻每一克重量而奋斗"。减轻结构重量已经成为现代航空制造中的迫切任务，因为其能显著降低飞机的油耗、提升飞机的运力，从而带来一系列的绿色经济效益。使用高性能的轻质材料和先进的制造工艺是实现节能减排、提升飞机运载能力、提高产品竞争能力的重要手段。

9.1.1　大型客机机身壁板制造背景

大型客机机身壁板结构的轻量化加工制造一直是飞机制造领域的发展热点，针对这一特定的发展需求，飞机制造商将减轻金属机身重量、降低燃油消耗及提升有效载荷作为提高其产品竞争力的关键手段。经济的快速发展带动了全球运输业的迅猛发展，相关资料统计认为未来20年内全球客机的需求量可能超过5万架。

国产C919大型客机于2022年9月完成全部适航审定工作后获中国民用航空局颁发的型号合格证，于2022年底交付首架飞机。但是，美国波音公司和欧洲空中客车公司以绝对实力把持着民机制造行业绝大部分市场。当前面临日趋扩大的民用客机市场和利润，大力发展飞机制造业既可提升我国整体的制造业水平，还可提高我国的综合实力、经济实力。全球市场上大型客机主要型号如图9-1所示。

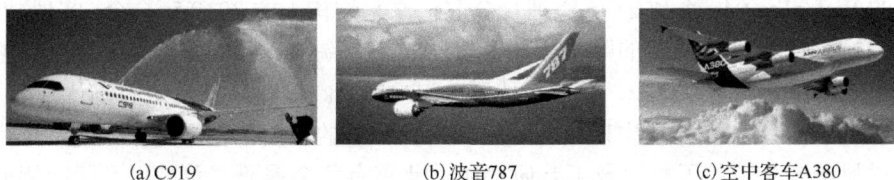

(a) C919　　　　　　　　(b) 波音787　　　　　　　(c) 空中客车A380

图 9-1　全球市场上大型客机主要型号

目前国内民用客机机身铝合金壁板蒙皮桁条、蒙皮加强筋等结构依然采用传统的铆接技术。虽然铆接是目前航空蒙皮桁条结构主要且成熟的连接技术，但其具有明显的缺点，如效率低、成本高、接头笨重且难以进一步改进等。DLBSW 技术连接蒙皮桁条 T 形结构是一种有效且极具潜力的全新焊接方式。空中客车公司最早在 A318 机型上成功运用了该技术，使单块机身壁板的质量减轻 5%，成本降低 10%。如今，空中客车公司在 A340、A350、A380 等机型上继续沿用蒙皮桁条机身壁板双激光束双侧同步焊接结构，在相同的结构刚度下，该结构相对于铆接结构，质量最多可减轻约 20%，成本最多降低近 25%。空中客车公司的成功应用证明了该技术具有良好的灵活性与广阔的发展前景。

针对大型客机焊接整体壁板制造技术，国外已经开展了大量的系统性研究工作。以波音 787 与空中客车 A380、A350 为代表的新型客机由于大量采用轻质高强整体壁板结构，在减轻结构质量、延长使用寿命、降低维修成本方面取得了显著的进步。典型代表之一就是结合新材料、新工艺的新型高强铝合金焊接壁板等机身结构。空中客车公司采用激光焊接技术将 A318 机身两块下壁板的蒙皮与桁条焊接成整体机身壁板，焊缝长度达 110m，使 DLBSW 技术在飞机整体壁板制造上有了突破性的应用。在后续的 A380、A340 等机型上，机体焊接结构用量不断增加，在 A350 机型上，焊缝总长度更是达到 1000m。

大型飞机项目作为我国重大专项之一的确立标志着国产大型客机研制的正式开始，在机身壁板结构的制造过程中也同样面临着轻量化的问题。迄今为止，这一革新技术作为重点技术保护对象，仅有空中客车公司掌握并实际应用。因此，针对后续大型客机铝合金壁板的制造，DLBSW 技术的应用已被确立为我国重点攻关项目，基于大型复杂结构多机器人协同的智能激光焊接技术亟待攻克，从而在机身制造上缩短与国际大型航空制造商的技术差距。

9.1.2　高性能铝合金在飞机结构中的使用

铝合金作为飞机壁板材料的发展大致经过三个阶段，从第一代的铝镁合金 5086、АМГ6 和第二代的铝铜合金 2014、铝合金 2219 发展到现在第三代的铝锂合金。20 世纪 80 年代末到 90 年代末，美、俄等国已在航天领域实现了超大型铝锂合金焊接结构的应用。例如，1988 年 11 月，由苏联研制并成功运载"暴风雪号"航天飞机的"能源号"火箭，其芯级液氢和液氧贮箱材料用的就是比 1420 铝锂合金强度高、可焊性好的 1460 铝锂合金。1998 年 6 月 3 日，由美国国家航空航天局(national aeronautics and space administration，NASA)发射的 STS-91 "发现者号"航天飞机，第一次采用美国洛克希德·马丁公司生产的超轻燃油贮箱(super light weight tank，SLWT)成功飞向"和平号"空间站；1998 年 12 月 4 日发射的"奋进者号"同样采用 SLWT。SLWT 采用整体焊接结构，全长 46.88m，直径 8.38m，用洛克希德·马丁公司自主研制的 Weldalite 049 系列 2195 铝锂合金取代原来结构上的 2219 铝合金，实现减重增强。与原来以 2219 作为结构材料的贮箱相比，SLWT 整体减重 3405kg，其中液氢箱整体减重 1907kg，液氧箱整体减重 736kg，中间壳段整体减重 341kg，热防护系统等整体减重 422kg。

　　我国直到 20 世纪 80 年代中期才正式启动铝锂合金的研发工作，起步较晚。中南大学、北京航空材料研究院、航天材料及工艺研究所、北京有色金属研究总院以及西南铝业公司等高校和单位依托国家相关课题项目，围绕铝锂合金的成分设计、组织调控以及性能优化等方面进行了系统研究，已经能够产业化制备多种铝锂合金。根据航空航天领域铝合金的应用背景和性能要求，开发出了综合性能良好的铝锂合金，建立了具有自主知识产权的合金牌号，如 2A97、X2A66。

　　铝锂合金是 21 世纪制造航空航天轻质结构件的理想材料，特别是在军用及民用飞机的机身框架、襟翼翼肋、整流罩、进气道唇口、舱门、燃油箱等上大量使用，在机身结构件上开发使用已有数十年的历史。随着更加优质的铝锂合金的不断研发，飞机结构上采用该类合金的比例将会越来越大，许多重要结构均可采用铝锂合金，例如，在空中客车 A350 型号中蒙皮结构，铝锂合金用量占总用量的 23%，并且在其他型号，如 A380 中的比重还在不断加大。我国在这方面起步较晚，对于如何大规模开发与应用综合性能很好的铝锂合金的问题，还需要进行更深层次的探究。

9.1.3　机身壁板连接工艺的变革

　　飞机制造领域中，由于铆接工艺开发较早，发展较为完善，机身壁板 T 形接头一直采用传统的铆接工艺进行连接，图 9-2 所示为航空飞机常用的铆接方式。如伊尔-86 机体主要连接形式是铆接，全机共采用 148 万个铆钉，其中普通铆钉占 58.8%，特种铆钉占 41.2%。虽然铆接是目前航空蒙皮-桁条结构主要且成熟的连接技术，但其具有明显的缺点，如在结构上既削弱了强度又增加了重量。除此之外，铆缝的疲劳性能较低，铆接变形较大，蒙皮表面不够光滑，铆缝的密封性较差。

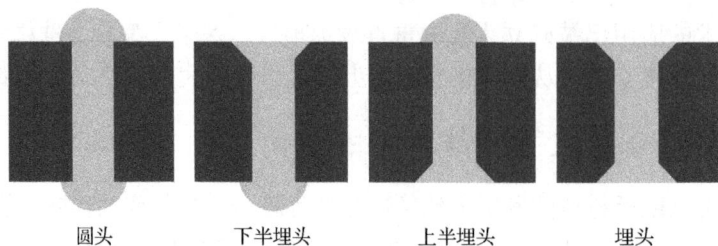

圆头　　　　　下半埋头　　　　　上半埋头　　　　　埋头

图 9-2　铆接不同类型

　　为了减轻自重与提高生产效率，焊接逐渐成为替代铆接的新工艺。采用对称的高能束流从两侧将壁板与桁条焊接到一起，能有效减轻结构件的质量、改善气密性且显著提高生产效率。近年来，随着航空制造行业的需求驱动与激光加工技术的发展，壁板-桁条 T 形结构焊接的 DLBSW 技术逐渐兴起并得到广泛的应用。壁板-桁条结构的铆接与 DLBSW 焊接对比如图 9-3 所示。

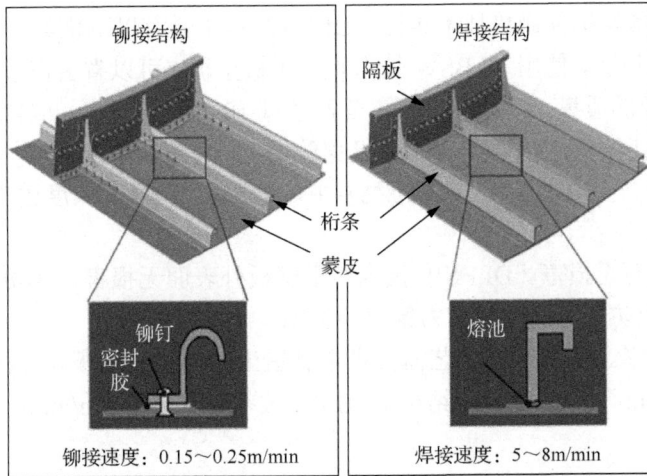

图 9-3　壁板-桁条结构的铆接与 DLBSW 焊接对比

　　DLBSW 技术是将两束激光对称布置于 T 形接头的两侧，并以相同的入射角度作用于壁板与桁条之间，同时填入焊丝，最终形成对称美观的角焊缝，如图 9-4(a)所示。送焊丝嘴和保护气喷嘴与桁条的夹角均为 20°，桁条一侧的送焊丝嘴、保护气喷嘴、激光束均处于同一平面内，该平面与壁板的夹角为 α，该夹角称为激光的入射角，如图 9-4(b)所示。两束激光形成的熔池相互贯通，如图 9-4(c)所示。

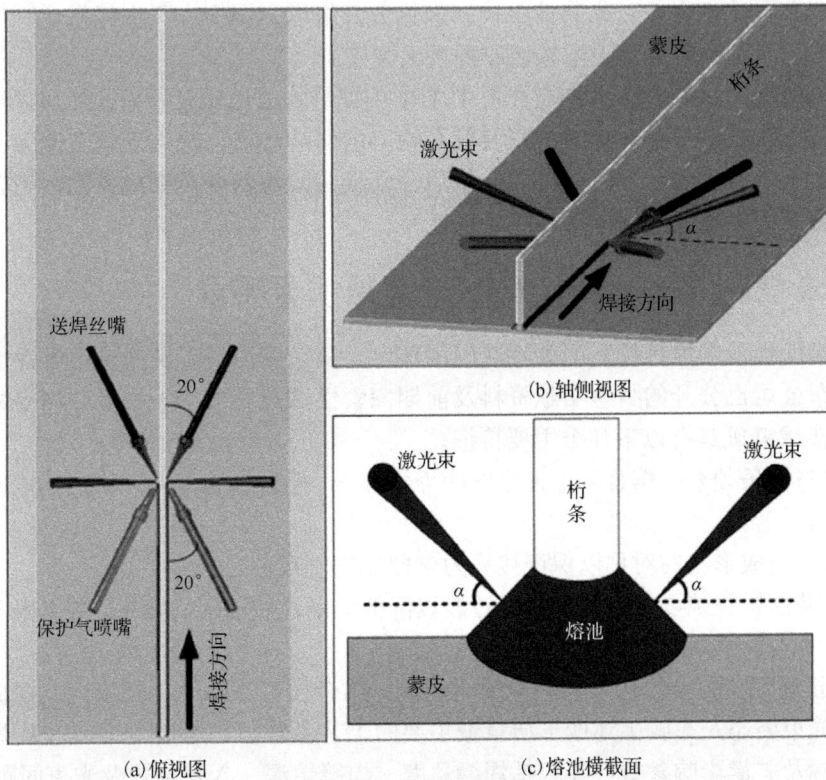

图 9-4　DLBSW 示意图

与传统壁板-桁条结构件铆接技术相比，DLBSW 技术具有以下优势。

(1) 实现轻量化制造。使用 DLBSW 技术制造飞机壁板，可以省去桁条与壁板中的搭接部分，大幅度减轻壁板的质量。欧洲空中客车公司经过 10 多年的研究，成功地将 DLBSW 技术代替铆接技术，最早应用于空中客车 A318 机身壁板上，为激光焊接技术在航空工业中的应用做出了开创性贡献。在空中客车 A380 标准型号中，激光焊接焊缝总长度达 798m，飞机壁板-桁条结构件减重 20%。

(2) 对壁板外表面无损害。DLBSW 技术对于壁板外表面无损害，成功保持了壁板外表面的完整性，能有效地防止壁板产生应力集中和腐蚀。

(3) 提升生产效率。传统铆接工艺需要多个制造工序，飞机壁板-桁条结构的铆接效率通常是 0.15～0.25m/min，而壁板-桁条结构 DLBSW 效率可以超过 5m/min，极大地提高了生产效率。

9.2　机身壁板 T 形接头 DLBSW 特征

利用 DLBSW 技术替代铆接技术，成功地实现了机身壁板结构轻质、高效、低成本的加工制造。但是，鉴于其应用位置特殊及受力环境复杂的特点，对焊缝的成形质量、内部缺陷及力学性能要求极为苛刻，且焊接工艺极为复杂，接头质量的影响因素众多。同时，该技术作为空中客车公司重点保护对象其核心技术未见公开报道，国产大飞机轻量化制造亟须在焊缝成形及内部质量控制等关键技术领域取得重大突破。

本节首先结合 DLBSW 技术特点分析 T 形接头焊缝的成形质量要求；然后通过基础的工艺试验研究，分析工艺参数对焊缝成形及气孔缺陷的影响规律，深入理解双侧激光焊接的工艺特征，探索工艺参数的合理匹配方式；最后分析接头组织特征及形成原因，结合接头实际受力状态评估其力学性能，解释接头的断裂行为。

9.2.1　机身壁板 T 形接头 DLBSW 焊缝质量要求

鉴于机身壁板双侧焊接接头所处特殊应用部位、复杂受力情况及严格力学性能的要求，结合空中客车公司已公开的少量文献资料及前期探索性试验结果分析来看，满足成形质量要求的 T 形接头焊缝须具有以下几个主要特征。

(1) 蒙皮与桁条须充分熔合以保证足够的力学性能，但焊缝熔深应严格控制以避免蒙皮背部出现焊接热变形。

(2) 双侧焊缝成形左右对称以保证接头力学性能的一致性。

(3) 焊缝外部轮廓须以一定角度平滑过渡以降低焊趾位置的应力集中，避免内凹或者外凸的过渡形式。

从上述分析可以看出：T 形接头对焊缝熔深、结合面、对称性、同步性及焊缝角度等要求苛刻，而光束姿态是影响上述成形质量最主要的工艺参数。T 形接头 DLBSW 焊缝成形主要的成形指标及关键影响参数主要包括焊缝角度、焊缝熔深、入射位置及光束间距等。

9.2.2　机身壁板 T 形接头 DLBSW 工艺特征

对连续激光焊接而言，常见的焊接工艺参数主要有激光功率、焊接速度、光束入射角度、离焦量、保护气流量等。焊接工艺参数对焊缝成形具有重要的影响，在 DLBSW 过程中，由于涉及的工艺参数较为复杂，通常采用控制单一变量的方法来研究不同焊接工艺参数对焊缝成形的影响。

1. 激光功率

激光功率是指激光器的输出功率，不考虑导光和聚焦系统所引起的损失。激光深熔焊与激光输出功率密度密切相关，是功率和光斑直径的函数。激光功率太小则无法形成贯通的熔池，功率太大则容易出现焊穿的现象，因此合理控制激光功率至关重要。

图 9-5 为不同激光功率情况下得到的焊缝外观成形及横截面熔池形态。T 形接头两侧焊缝外部轮廓大体相同，两侧的成形都比较理想，两侧熔池相互贯通，形成一个过渡均匀的焊缝，两侧均未出现明显的咬边。随着激光功率增加，焊缝的熔宽基本保持不变，而熔深均小于蒙皮板厚，并且当激光功率为 4300W、焊接速度为 2.5m/min 时，焊缝成形较为良好。

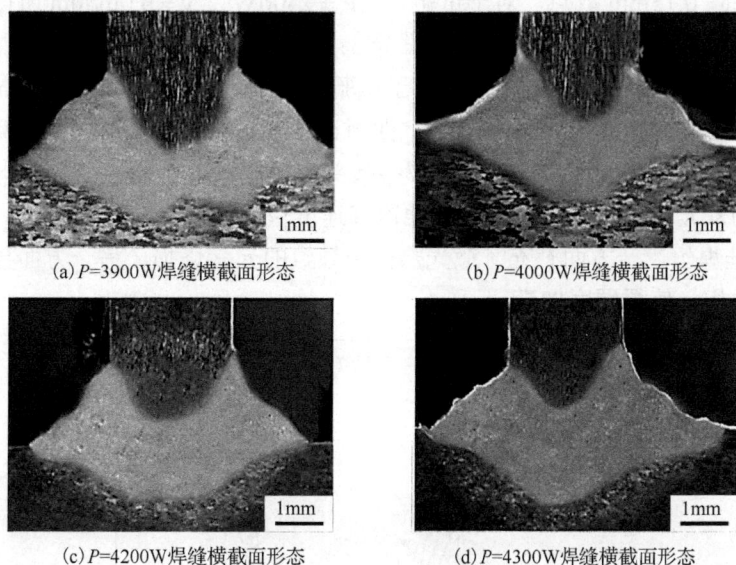

(a) P=3900W 焊缝横截面形态

(b) P=4000W 焊缝横截面形态

(c) P=4200W 焊缝横截面形态

(d) P=4300W 焊缝横截面形态

图 9-5　不同激光功率下焊缝横截面形态

2. 焊接速度

焊接速度与焊接热输入密切相关，若想要得到理想的焊缝，则焊接速度的选择至关重要。提高焊接速度将引起线能量下降，适当降低焊接速度可有效增加焊缝熔深。但是由于激光深熔焊中维持匙孔存在的主要动力是金属蒸气的反冲压力，当焊接速度降低到一定程度时，热输入增加，熔化金属数量增加，金属蒸气产生的反冲压力不足以维持匙孔的存在，匙孔不仅不再加深，甚至会崩塌，导致熔深不再增加。

3. 光束入射角度

在 DLBSW 过程中，光束入射角度是指光束与蒙皮平面之间的夹角。一方面，激光入射角度的增加导致激光在蒙皮上的作用位置下移；另一方面，激光入射角度影响材料对激光的吸收率，材料对激光的吸收率(A_v)与激光入射角度的关系为

$$A_v = \frac{4n\cos\theta}{(n^2 + k^2) + 2n\cos\theta + \cos^2\theta} \tag{9-1}$$

因此，随着光束入射角度的增大，到达桁条的能量降低而到达蒙皮的能量增加，即降低了两者的熔合能力而增加了激光的熔透能力。

9.2.3 机身壁板 T 形接头 DLBSW 力学性能

1. 显微硬度

图 9-6 为四组试验工艺参数下 2060-2099 铝锂合金 T 形接头横截面不同区域的硬度分布。由于不同焊接热输入造成了焊缝熔深的差异，为了更清晰地了解焊接接头的硬度变化趋势，对不同的接头采取不同间距取点测量的措施，保证在焊接接头中心线位置沿着"2060 母材-2060 母材侧热影响区-焊缝-2099 母材侧热影响区-2099 母材"方向，于每个区域所取点的数量相同。即对于试验 1：激光功率 $P = 2000\text{W}$、焊接速度 $v = 5.5\text{m/min}$ 所得焊接接头，沿着接头中心线方向每隔 0.15mm 取点。对于试验 2：$P = 2300\text{W}$、$v = 6.0\text{m/min}$ 所得焊接接头，沿着接头中心线方向每隔 0.2mm 取点。对于试验 3：$P = 2500\text{W}$、$v = 6.5\text{m/min}$ 所得焊接接头，沿着接头中心线方向每隔 0.25mm 取点。对于试验 4：$P = 2800\text{W}$、$v = 7.0\text{m/min}$ 所得焊接接头，沿着接头中心线方向每隔 0.3mm 取点。四组试样接头横截面硬度变化趋势均相近。母材硬度最高，其次为热影响区和焊缝。对比焊接接头焊缝区域，T 形接头焊缝区域具有更高的硬度，这是因为双光束焊接速度较快，熔池冷却速度快，焊缝晶粒更为细小；且焊缝中填充了 ER4047 铝硅焊丝，一方面补充了激光热作用导致的元素烧损，另一方面导致焊缝中析出了大量富硅硬质相，使得硬度增高。

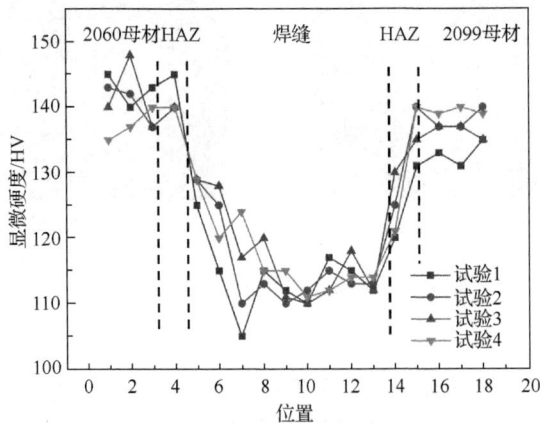

图 9-6 T 形接头横截面不同区域硬度分布

2. 环向拉伸性能

本节主要研究蒙皮-桁条 T 形接头环向拉伸性能，图 9-7 为环向拉伸示意图。针对两组不同焊接参数下的焊接件，在其不同位置处截取拉伸试样，进行环向拉伸试验得到其抗拉强度，

如图 9-8 所示。试验 1：$P = 2000\text{W}$、$v = 5.5\text{m/min}$ 所得到的焊接件其平均抗拉强度为 379.4MPa，约为 2060 母材强度的 77.6%。试验 3：$P = 2500\text{W}$、$v = 6.5\text{m/min}$ 所得到的焊接件其平均抗拉强度为 403.5MPa，约为 2060 母材强度的 82.5%。在高能激光束的热作用下，焊后接头性能均弱于母材性能。由于焊接过程中填充了焊丝，焊缝成形良好，其拉伸性能较不填丝焊接更优。为了明确 T 形焊接接头环向拉伸断裂机理，首先对其断裂形式进行分析。

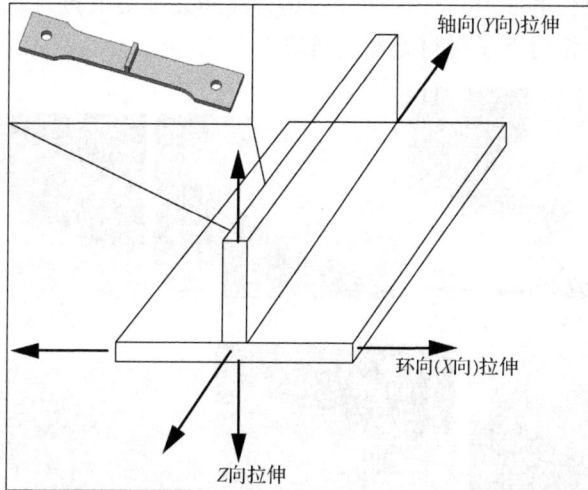

图 9-7　2060-2099 铝锂合金 T 形接头环向拉伸示意图

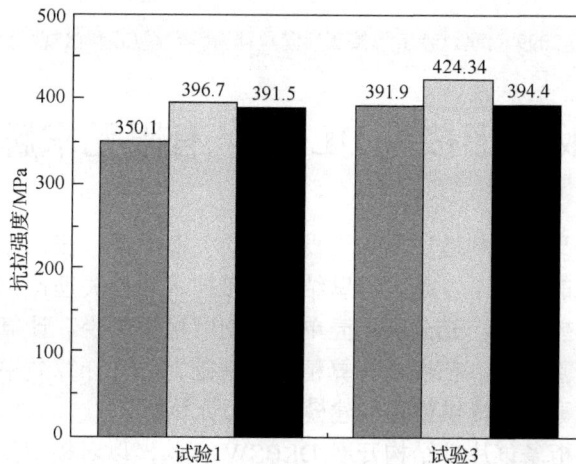

图 9-8　2060-2099 铝锂合金 T 形接头环向拉伸试验抗拉强度

　　本节选取一组典型环向拉伸试验断裂试样进行横截面微观组织分析，图 9-9 为在激光功率为 2000W、焊接速度为 5.5m/min、激光入射角度为 23° 的条件下，接头环向拉伸断裂形貌。图 9-9(a) 为拉伸断口横截面宏观形貌，对断裂区域局部进行分析，见图 9-9(b)～(f)，拉伸断裂多位于热影响区，局部断裂位于等轴细晶区。其中，图 9-9(b) 和 (c) 为拉伸断裂起始区域，焊趾处结构存在突变，因此应力最为集中。在横向拉力的作用下，裂纹在应力集中的薄弱区域开始萌生并扩展。在下熔合线附近等轴晶区域，晶间存在大量低熔点共晶相，晶间析出相多为富铜及富硅的脆性相，这些相塑性较差，在拉力作用下极容易断裂造成晶间结合失效。而在焊接热影响区的近缝区，由于合金元素的影响，粗化晶粒的边界在焊接热循环的作用下发生共晶反应形成液态薄膜。这种液态薄膜多在粗大晶粒的边界处呈长条状分布，在拉力的作用下极容易导致晶界撕裂，如图 9-9(d)～(f) 所示。此外，在图 9-9(b) 中还观察到了试样断裂于下熔合线附近气孔处的现象。气孔的存在减小了焊接件的有效受力面积，导致应力集中，一定程度上会加速焊接件的断裂。当焊接件沿熔合线断裂至最低点时，横截面上母材结合区域减小，在横向拉力的作用下于母材处发生断裂。

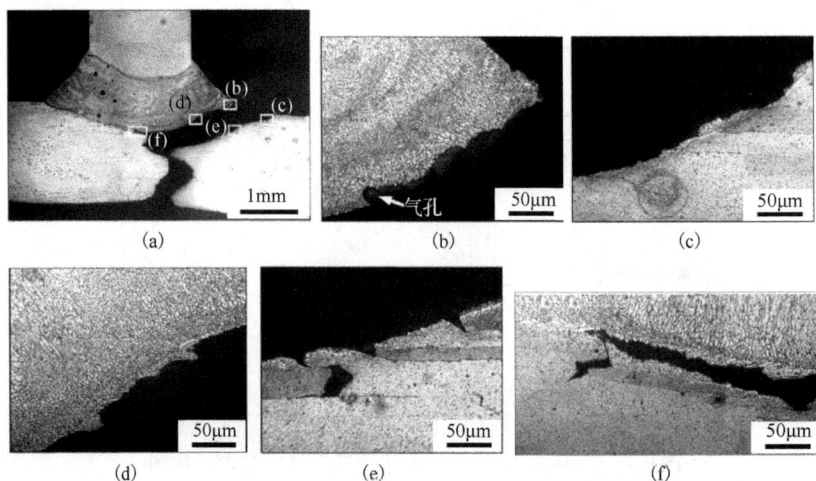

图 9-9　2060-2099 铝锂合金 T 形接头环向拉伸断裂宏观 (a) 和微观 (b)～(f) 形貌

9.3　机身壁板 T 形接头 DLBSW 有限元求解与应力控制

焊接变形是影响机身壁板制造质量和服役性能的关键因素。在几何尺寸不断增大和贮箱制造精度要求不断提高的背景下，超大薄壁结构焊接技术和相关理论都面临着新的挑战。本节面向飞机机身大型薄壁结构，充分利用壳单元模型网格数量少、计算量小等优点进行高效激光焊接应力与变形仿真研究。在保证计算精度的基础上提升计算效率，为蒙皮桁条典型件结构与模拟段结构的仿真求解提供最优的建模方案与计算参数。

采用铝锂合金蒙皮桁条试片件结构开展 DLBSW 试验，以对模拟结果进行校核与验证。首先，在此基础上开展全实体单元法与壳单元法有限元模型的各项优化仿真并进行对比分析，在保证计算精度的基础上提升计算效率。然后，对典型件结构运用壳单元模型与全实体单元模型开展激光焊接仿真求解，进一步验证优化后各项建模参数的适用性。同时，开展焊接方向优化，为后续模拟段结构激光焊接仿真求解提供合理的优化工艺方案。在此基础上开展大型飞机壁板模拟段结构在不同焊接顺序与焊接方向下的有限元仿真，对残余应力与变形结果进行对比分析，为飞机壁板结构的实际生产过程提供更加可靠的焊接方案。特别分析残余应力和变形的演化过程，对调整工艺、改善焊接质量、提升装配与服役性能具有重大意义，并最终能够在较少的资源和较短的时间里对大型飞机壁板的实际生产过程提供重要指导。

9.3.1　蒙皮桁条模拟段求解模型及网格模型

蒙皮沿宽度方向是半径尺寸为 1928.4mm 的一段圆弧，蒙皮上有 10 根桁条，间距均为 141mm（弧长），如图 9-10 所示，模拟段整体尺寸为 1600mm×1609mm（弧长）×30mm，接头截面形状与试片件相同。

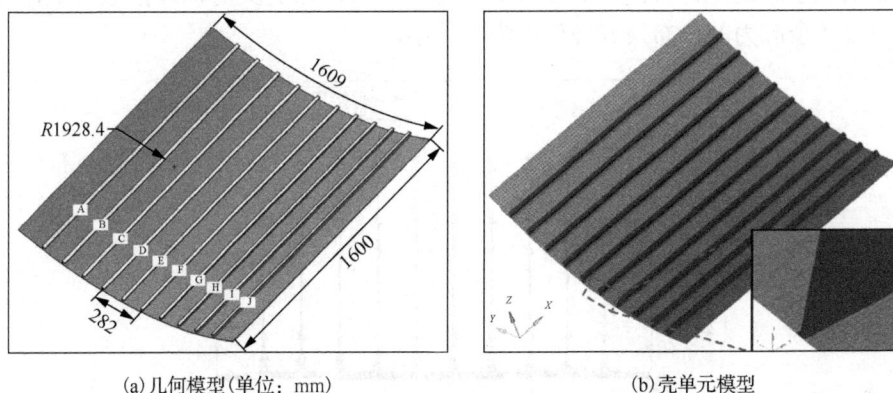

(a) 几何模型(单位：mm)　　　　　(b) 壳单元模型

图 9-10　蒙皮桁条模拟段结构壳单元模型

模拟段结构包括 10 根桁条，相对于三桁条典型件焊接顺序与方向的确定，十桁条结构焊接顺序与焊接方向的选择更加复杂，焊接方案的确定更加困难。在典型件焊接顺序与方向优化的基础上，获得了更为合理的焊接顺序策略，即"交叉对称"焊接顺序。针对十桁条模拟段设计了三种"交叉对称"焊接顺序，如图 9-11(a)～(c) 所示，并在交叉对称焊接顺序Ⅱ（焊接方向Ⅰ）的基础上进一步设计了三种焊接方向方案，如图 9-11(d)～(f) 所示。

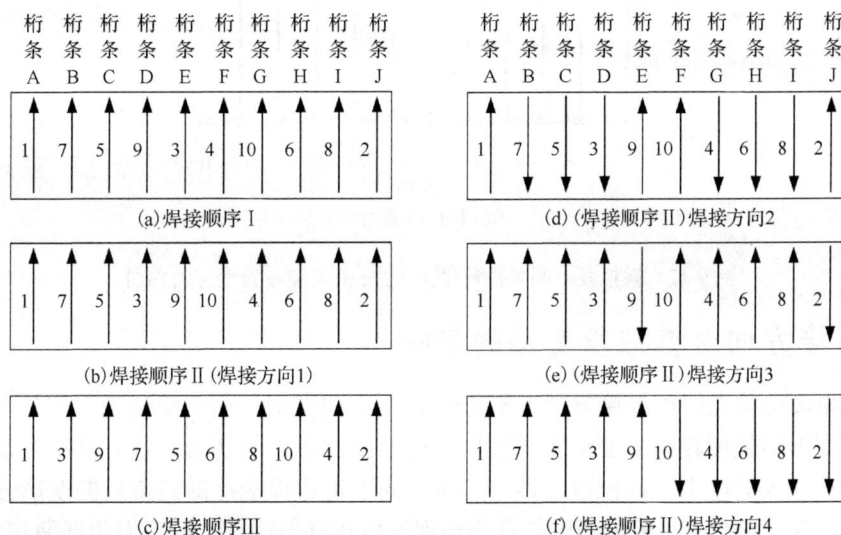

(a) 焊接顺序Ⅰ　　　　　(d) (焊接顺序Ⅱ)焊接方向2

(b) 焊接顺序Ⅱ(焊接方向1)　　　　　(e) (焊接顺序Ⅱ)焊接方向3

(c) 焊接顺序Ⅲ　　　　　(f) (焊接顺序Ⅱ)焊接方向4

图 9-11　模拟段结构焊接顺序与焊接方向

9.3.2　焊接顺序对模拟段残余应力和变形的影响

图 9-12(a)和(b)分别为 X=800mm 处蒙皮背面等效 Mises 应力与纵向残余应力分布曲线。由于模拟段结构尺寸大，且激光焊接高温区小，散热速度快，桁条之间的热影响作用较小，使得各焊道之间的残余应力场相互影响甚微。因此，不同交叉对称焊接顺序对模拟段残余应力分布的影响较小。同理，并综合典型件分析结果可得，在交叉对称焊接顺序下，不同焊接方向对模拟段残余应力的分布及其峰值的影响较小。

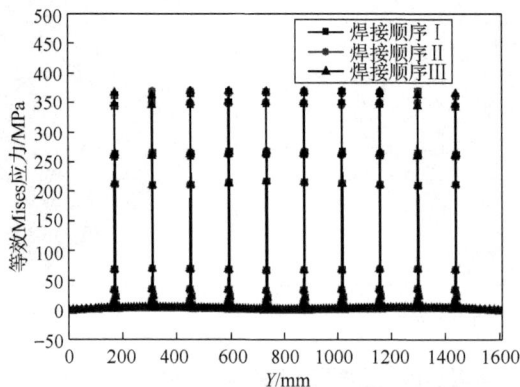

(a)等效Mises应力

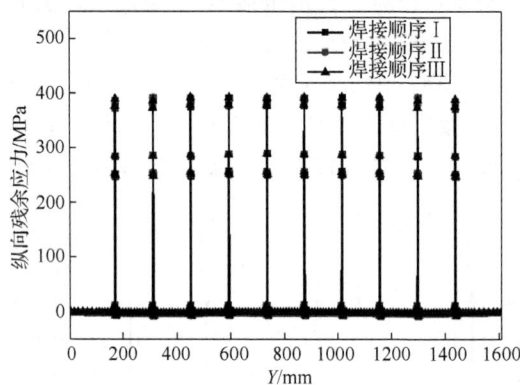

(b)纵向残余应力

图 9-12　模拟段不同焊接顺序 X=800mm 处蒙皮背面应力曲线

9.3.3　焊接方向对模拟段变形的影响

对于模拟段结构在四种焊接方向下不同时刻的 Z 向变形，由于受到较多桁条面内刚度的支撑，挠曲变形的幅度较小，变形主要来自结构外围的径向角变形，这与试片件及典型件的变形分布存在较大的区别。模拟段在四种焊接方向下每道焊缝冷却结束后的变形分布基本保持一致。在前六道焊缝中，最大变形位置均出现在蒙皮外侧中部，随后发生在蒙皮的边角处，并在最终冷却结束后转移至蒙皮外侧偏中部位置，是挠曲变形与角变形的叠加。结构中部的变形在整个焊接过程中始终较小，最后约为 0.61mm，且与外围变形方向相反的径向角变形，与试片件及典型件的角变形量基本保持一致。模拟段结构在各个时刻都只存在挠曲变形与角变形，这是 DLBSW 的优点，桁条两侧相同的热源同步前进，避免了其他焊接工艺可能产生的纵向弯曲变形，甚至波浪式变形。另外，可发现在每次对称焊接完后，变形分布关于模拟段中线对称，这说明了对称焊接可平衡结构的变形分布。

为了进一步对比分析焊接方向对模拟段激光焊接变形的影响，提取了最大 Z 向变形量，如表 9-1 所示。可以发现，若对同组交叉对称焊缝进行相同的焊接方向改变，对其各个时刻的最大变形量影响较小。例如，对于焊接方向 2，改变了交叉对称焊缝 3 与 4、焊缝 5 与 6、焊缝 7 与 8 的焊接方向，其在每条焊缝焊接完成后的最大变形量与没改变前（焊接方向 1）相差较小，最大差别发生在焊缝 9 冷却完成的 176.31s 时，最大差值为 0.39mm，最终焊缝 10 变形仅相差 0.07mm。观察焊接方向 3 与焊接方向 4 可得，当对同组交叉对称焊缝采用相反的焊接方向时，其对模拟段各个时刻的最大变形量产生了较为显著的影响，并且发现改变同组交叉对称焊缝焊接方向的数量越多，各个时刻的最大变形量下降越多。例如，只对焊缝 1 与 2、焊缝 9 与 10 采用相反的焊接方向时，焊接方向 3 与焊接方向 1 相比，Z 向变形最大差别发生在焊缝 9 冷却完成的 176.31s 时，最大差值为 4.18mm，最终焊缝 10 变形相差 2.1mm。而对每组交叉对称焊缝的焊接方向进行改变后，即焊接方向 4 与焊接方向 1 相比，Z 向变形最大差别同样发生在焊缝 9 冷却完成的 176.31s 时，最大差值为 6.02mm，最终焊缝 10 变形相差了 4.27mm。

表 9-1　模拟段不同焊接方向最大 Z 向变形统计　　　　（单位：mm）

焊缝次序 (时间)	焊接方向 1	焊接方向 2	焊接方向 3	焊接方向 4
焊缝 1 (19.59s)	2.89	2.89	2.89	2.89
焊缝 2 (39.18s)	2.24	2.24	2.20	2.20
焊缝 3 (58.77s)	7.46	7.45	7.11	6.35
焊缝 4 (78.36s)	7.02	7.01	7.45	6.60
焊缝 5 (97.95s)	8.15	8.13	8.34	9.69
焊缝 6 (117.54s)	8.07	8.34	8.69	9.25
焊缝 7 (137.13s)	11.61	11.32	11.20	11.24
焊缝 8 (156.72s)	10.98	10.69	10.13	10.29
焊缝 9 (176.31s)	16.20	15.81	12.02	10.18
焊缝 10 (3185.97s)	12.32	12.25	10.22	8.05

图 9-13 (a)、(b) 分别为模拟段在不同焊接方向两条路径上的焊后挠曲变形分布曲线。从图 9-13 中可发现，模拟段焊接方向改变后，外围挠曲变形的幅度有所减小，而不同的焊接方向对挠曲幅度影响较小。如焊接方向 1 的挠曲幅度为 1.5mm 左右，而焊接方向 2 与 4 的挠曲幅度相似，为 0.9～1.1mm。在前述分析中可知，模拟段的变形主要包括纵向的挠曲变形与横向的角变形。模拟段焊接方向改变后对角变形量的影响较大，如 4 种焊接方向在长度为 1600mm 的路径 1 上最大角变形量分别为 11.1mm、11.7mm、9.1mm、6.9mm。综上可得，针对蒙皮桁条模拟段结构，在采用交叉对称焊接顺序的基础上，对每组交叉对称焊缝采用相反的焊接方向，可显著减小结构的角变形，从而减小整体变形。这对于实际大型飞机壁板的焊接变形控制具有重大意义。

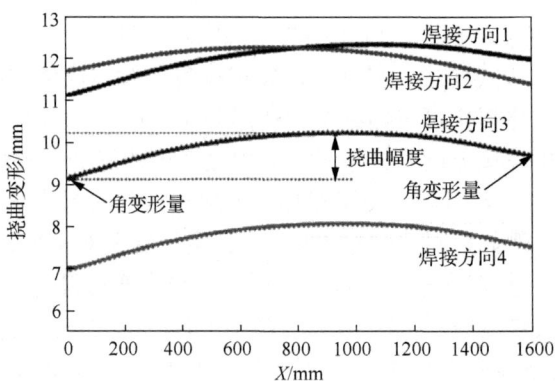

(a) 路径1

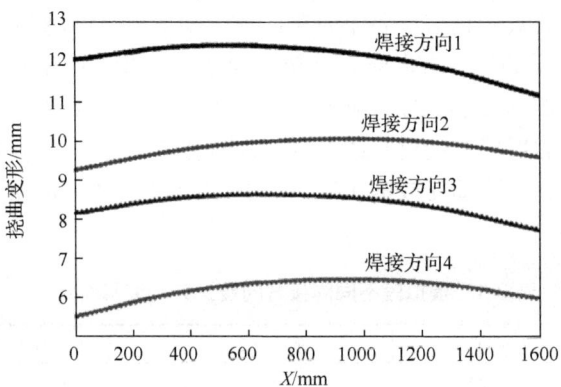

(b) 路径2

图 9-13 模拟不同焊接方向下不同路径上的挠曲变形

第10章　航空发动机典型零件电子束焊接应用

电子束焊接技术自 20 世纪 50 年代诞生以来，以其功率密度高、焊接热输入量小、零件变形小、焊缝深宽比大、焊接接头无氧化、焊后残余应力小和焊缝质量好等特点，广泛应用于航空、航天及原子能等工业领域中。在航空制造业中，由于电子束焊接技术的应用，提高了飞机发动机的制造水平，使发动机中的许多减重设计及异种材料的焊接成为现实，大大提高了发动机的性能，同时为许多整体加工难以实现的零件制造提供了一种加工途径。

航空发动机中，典型的焊接结构可以分为盘轴、叶片、机匣三大类。盘轴类组件为高速旋转件，工作转速通常为 10000～20000r/min，工作温度可高达 800℃。目前，风扇盘、压气机盘毂组件、高压涡轮盘轴组件等均有使用焊接工艺。焊接式盘轴类组件的使用，可以很大程度上简化结构、减轻质量，从而提高整体结构性能。但此类组件具有尺寸精度高、焊接质量要求高、焊接接头性能要求高等特点。机匣尺寸较大且一般厚度较小，是航空发动机的主要承力结构件，主要起连接、承载、支撑的作用。图 10-1(a) 和 (b) 为两种典型的焊接式机匣，分别为带轮辐条和壳体式机匣。

(a)带轮辐条机匣　　　　　　(b)壳体式机匣

(c)压气机静子组件

图 10-1　航空发动机典型结构

叶片是航空发动机的重要零件，其在高温、高压和高速的工作环境下运转，因此对性能和可靠性要求较高。叶片类焊接结构包含种类较多，主要包括风扇叶片、压气机静子叶片组件、涡轮工作叶片、涡轮导向叶片组件等。图 10-1 (c)为某航空发动机压气机静子组件。其中，电子束焊接主要应用于盘毂/盘轴类、风扇机匣、高压涡轮机匣、燃烧室机匣、压气机静子叶片组件、压气机转子等多种零部件，主要涉及超高强度钢、高温合金和钛合金等多种材料。电子束焊接技术在航空发动机制造业中已经得到广泛的应用，并且在不同厚度、不同形式接头以及异种材料接头上都取得了可喜的成果。

10.1　TC4 钛合金压气机静子组件电子束焊接工艺研究

航空发动机增压级静子组件，又称整流叶片，为高压压气机转子叶片提供确定方向和流量的稳定压缩空气，是涡扇航空发动机的重要部件。它主要承受高压气流通过时所产生的弯曲力矩和振动载荷，其工作温度为 450~650℃。

增压级静子组件一般由增压级静子内环、增压级静子外环及约 100 片(以下均记为 100 片叶片)增压级静子叶片焊接组成，其中增压级静子外环为 TC4 钛合金锻造毛坯机械加工件，增压级静子内环是钛合金板料成形件，增压级静子叶片为锻造加工件，增压级静子叶片与增压级外环之间通过对接电子束焊焊接在一起，100 片增压级静子叶片插入增压级静子内环后由灌胶连接。每级增压级静子组件都装配于两级增压级转子之间，与相邻转子配合，对进入下一级转子的气流进行精确整流，因此要求增压级静子组件应具有非常高的加工制造精度和精度稳定性。每级增压级静子组件精度要求非常高，并且能够直接影响性能。

10.1.1　电子束焊接试验

电子束焊接试验需要综合考虑试验材料、试验设备、焊接参数、电子束摆动以及焊接接头力学性能等多种因素，为后续焊接工艺方法改进打下坚实基础。

试验所用材料为 Ti-6Al-4V 钛合金，其在室温的抗拉强度不小于 925MPa，屈服强度不小于 870MPa，伸长率不小于 10%。试验焊机为 K110 电子束焊接机，由波宾电子束技术有限公司生产。

线能量 q 和焊接规范参数之间的关系可以用式(10-1)来表示，熔融金属质量、焊道尺寸以及焊接热影响区性能等均与线能量 q 有关。

$$q = \frac{UI}{v} \tag{10-1}$$

式中，U 为加速电压(kV)；I 为电子束流(mA)；v 为焊接速度(mm/s)。

在保持最优聚焦条件下，电子束焊接的基本规范参数包括加速电压、电子束流、焊接速度、聚焦电流、工作距离和电子束偏摆动等。首先要确定工作距离、加速电压和聚焦电流，因为工装以及待焊工件位置不变，所以工作间距不变，焦点位置由零件焊接处材料的厚度来确定，加速电压和聚焦电流要经多次试验来确定。余下的两个核心参数电子束流 I 以及焊接速度 v 可以参照线能量公式，以焊透为目的，兼顾熔宽，选择 I、v 值的组合。此外，电子束焦点形状、位置以及真空度等参数均会对焊缝成形产生一定的影响。

研究得出，焊缝熔深与电子束功率密度之间成正比关系，而电子束功率密度与加速电压的 7/4 次方以及电子束流的 1/4 次方成正比，另外，熔深还与焊接速度、材料传热系数以及熔点有关系。由单一变量法得出，单一因素与熔深间的关系曲线如图 10-2 所示。

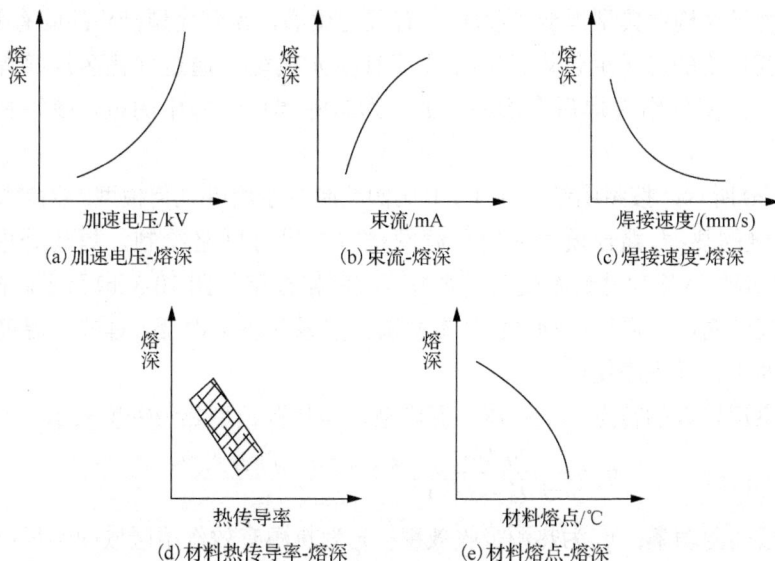

图 10-2　电子束焊接主要规范参数对焊缝深熔影响的示意图

从图 10-2 中可以看出，当加速电压升高时，熔深变化显著；当束流增加时，因为空间电荷效应以及热扰动现象，电子束焦点功率密度增加速度变慢，所以熔深加深斜率有所减小；焊接速度越快，输入的线能量越小，熔深变浅；材料传热系数越大，散热越快，熔池温度要保持原本状态所需热量越多；材料熔点越高，使得材料熔化蒸发所需的热量也越多。

电子束的摆动是通过函数发生器控制偏转线圈来控制的。偏转线圈安装在聚焦线圈下面，其作用是把聚焦线圈汇聚之后的电子束焦点无偏差地对准焊件的接缝(静偏转)或在接缝区进行规律性的周期运动(动偏转)。另外，在相同的函数中，通过改变扫描方向以及调整扫描途中的偏摆点密度，可以控制电子束能量的输入，将束孔中的能量重新分布，降低束孔中心区域的能量输入，并且搅动熔池中熔化态的金属，改变焊缝成形，控制和改善焊缝几何状态，从而得到比较好的焊接接头。

K110 电子束焊接机的波形有 16 种，摆动频率范围为 0.1～10kHz，本试验选择了 8 种波形，其中包含三角波、圆波、椭圆波、矩形波以及抛物线波等，幅值也是多样化的。试验后分析焊缝横截面，研究不同偏摆参数对焊缝形状(熔深、焊缝表面宽度和焊缝根部大小)和内部缺陷(根部钉尖和气孔)的作用。在对钛合金进行焊接时，为了抑制表面晶粒长大，需要选择高压、小束流以及低热输入量电子束，以避免熔池过大和焊接变形，防止气孔产生。

10.1.2　静子组件电子束焊接模拟

利用焊接模拟来提前预测、预判出增压级静子组件电子束焊接后的变形情况，从而为组件的变形控制提供理论依据。基于热弹塑性理论的有限元模拟方法在模拟大型复杂结构件时，易出现收敛相对困难和计算时间较长的问题，而基于固有应变理论的弹性有限元法为大型复杂结构件焊后变形的预测和控制提供了可能。

通过研究静子结构件典型焊缝热-力耦合有限元模型，得到典型接头的固有变形数据，建立基于固有应变理论的静子组件焊接变形计算有限元模型。通过优化多焊缝焊接顺序及焊缝路径，可以达到降低组件焊后变形的目的，为实际焊接过程中的组件变形控制提供技术支撑。

如图 10-3(a)所示，按照图纸尺寸 1∶1 比例绘制静子组件几何模型。为兼顾计算精度和效率，典型焊缝的热-力耦合模型采用过渡网格方式进行网格绘制，焊缝处单元尺寸小于0.5mm，远离焊缝处网格尺寸逐渐变大，典型接头网格模型如图 10-3(b)所示。在焊接热源作用下，局部温度升高，使得材料物理特性参数随温度发生很大改变，建立"温度-物理特性参数"对应表，便于计算程序使用。

针对电子束深熔焊的特点，采用体热源模型，该热源模型热流密度表示为

$$q_{\text{v}} = \frac{3\eta_{\text{v}} Qa}{\pi r_{\text{e}}^2 (1 - \text{e}^{-aT})} \text{e}^{-3[(x-x_0)^2 + (y-y_0)^2]/r_{\text{e}}^2 \text{e}^{-a(z-z_0)}} \tag{10-2}$$

式中，Q 为焊接热源功率；η_{v} 为热源吸收效率；r_{e} 为热源有效作用区域的半径；x，y，z 为节点的坐标；x_0，y_0，z_0 为热源中心点的坐标；a 为热源在深度方向上的衰减系数。

后在焊缝区域网格模型进行温度场分布的提取和热源模型的校核(图 10-3(c))，使热源模型与实际情况基本保持一致，以提高计算结果的准确性。

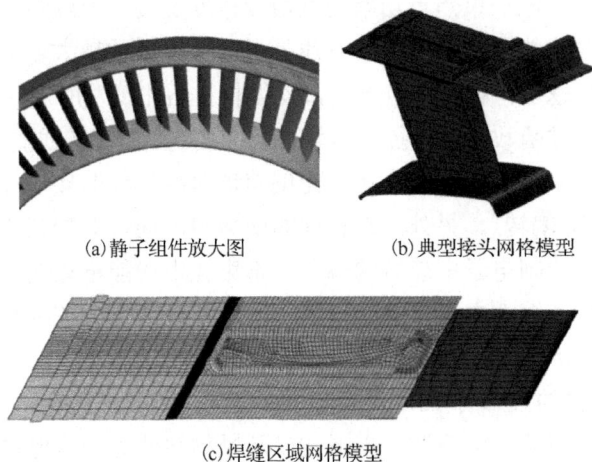

(a)静子组件放大图   (b)典型接头网格模型

(c)焊缝区域网格模型

图 10-3   几何与网格模型

图 10-4(a)～(f)分别为采用整段连续焊和分段对称焊时的焊接路径、等效残余应力分布和沿焊接方向的塑性应变情况。残余应力最大值均分布在接头左侧台阶处，两者的最大残余应力分别为 414.9MPa 和 444.6MPa 左右。接头塑性应变集中在焊缝及其附近区域，采用分段对称焊时，接头 X 向塑性应变值最大为 0.056，比采用整段连续焊时的 0.067 减小约 16.4%。试验也证明，分段对称焊接 X 向和 Z 向的塑性变形均小于整段连续焊接。

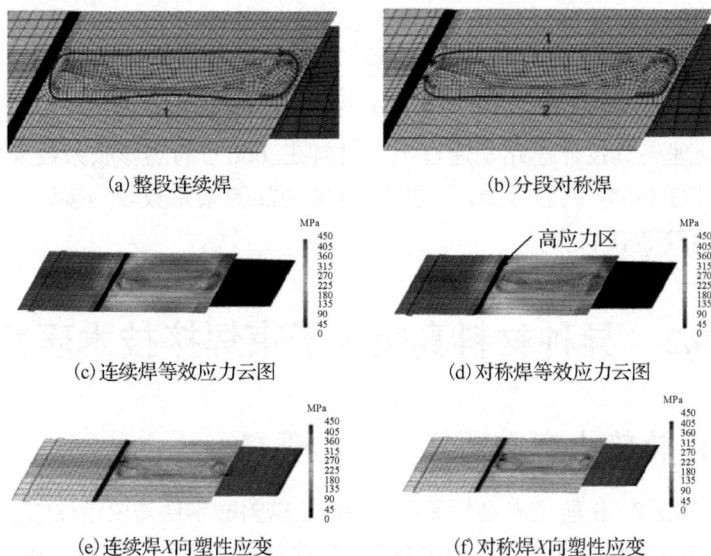

(a) 整段连续焊

(b) 分段对称焊

(c) 连续焊等效应力云图

(d) 对称焊等效应力云图

(e) 连续焊XI向塑性应变

(f) 对称焊XI向塑性应变

图 10-4　焊接路径与应力应变云图

10.1.3　静子组件电子束焊接工艺设计与变形控制

根据前期钛合金零件焊接工艺探索及国家军用标准、行业标准、企业标准，制定的增压级静子组件典型工艺路线如下。

(1) 焊前清理：待焊处装配尺寸精确，选用化学方式对零件待焊表面进行酸洗，去除零件表面的油污，避免因处理不当导致焊接气孔和夹渣等缺陷。

(2) 装配、选配叶片：使用装配焊接工装将增压级静子外环、增压级静子内环装配到工装上，压紧夹具。依次装入增压级静子叶片，同时使用测量工装测量叶片的弦切角，对叶片进行选配。高精度焊接工装极为关键，它要保证电子束焊接时能将外环和叶片缘板整环胀紧，胀紧力可起到预变形作用。叶片进排气边软膜压紧装置可以实现叶片在限位状态下焊接。增加的电子束焊接整体防护板能够大大节省焊前安装防护板的工作量。为控制零件外机匣焊后的收缩，将外机匣内流道压环尺寸由 $\phi 990.4_{-0.1}^{\ 0}$ 调整为 $\phi 991.3_{\ 0}^{+0.2}$。在零级静子组件中应用了外机匣内流道压环，对零件外机匣内流道的焊接收缩起到了明显的限制作用。

(3) 氩弧定位焊：对装配完成的叶片依次进行氩弧定位焊，根据增压级静子外环与静子叶片的装配对接间隙，一般公差在 0.1mm 以内，采用 4 点定位法对零件进行定位，如间隙在 0.06mm 以内可不添加焊丝进行定位焊，0.06~0.1mm 选用主体材料焊丝 TC4 钛合金焊丝进行定位焊。由于只起到定位焊的作用，结合力不用太高，选用 30mA 电流进行施焊，焊点宽度不能超过 3mm，焊点长度定位 4mm。

(4) 电子束焊接：零件定位焊后不拆下夹具，在装配焊接挡板后，装配在电子束焊接机的底盘上。用试片对设备参数进行参数验证，后开始施焊。参数待试验完成、评审后确认。焊后对零件进行焊缝内部及焊缝表面检查。

(5) 焊缝清理：焊缝正面根据试验标准已符合要求，焊缝背面不高于主体，且粗糙度达到 $Ra1.6\mu m$。根据试验结果，焊缝如果达到焊接指标，背面一定会突出主体，背面需要进行打磨去除。先对零件主体及叶片进行保护，使用砂轮对焊缝背面进行去除，当达到与主体高度齐平后，使用胶轮进行抛光处理，达到标准要求。

(6)焊后热处理：在热处理前对零件表面整体进行抛光处理，使表面无氧化色，选用真空热处理实施。热处理夹具设计思路是通过不同材料在 600℃的热膨胀系数来确认。根据材料特性最初选择采用 GH3044 高温合金，与主体 TC4 的热膨胀系数较为接近，但考虑到成本问题，最后选用 1Cr18Ni9Ti 材料。

10.2　异种材料真空电子束焊接技术研究

10.2.1　高压涡轮静止密封圈焊接工艺研究

GE 航空航天 LEAP 1B 航空发动机高压涡轮静止密封圈零件需要经过电子束焊接、钎焊、镀镍、无损检测、擦拭腐蚀、热处理、电火花打孔等多种特种工艺，其零件结构复杂，加工难度大。焊接部位为异种高温合金，分别为镍基合金(GTD222)和钴基合金(INCO783)，其中 GTD222 为新型镍基合金。零件第一步需要进行真空电子束焊接，零件焊接前有以下问题需要解决。

(1)焊接变形问题。焊接是局部熔合凝固的复杂冶金过程，变形无法避免，焊接变形主要产生在焊前装配、焊接过程变形和焊后应力释放。焊接过程变形和焊后应力释放产生的变形可以通过夹具和热处理进行控制。其中，焊前装配导致零件的形位偏差，在焊后是无法消除的，因此焊前的准确装配尤为关键。

(2)焊缝金相尺寸控制。零件电子束焊接后有去应力热处理、钎焊、时效热处理。产生零件变形的因素较多，故零件内外径均有 1mm 余量。零件余量的增加会使零件焊缝厚度增加，加上工艺锁底，焊缝厚度达到 4.52mm，如图 10-5(a)所示。由于标准要求最小焊缝宽度为 1.6～2.5mm，标准最小焊缝宽度建议在 2.0mm 左右，根据零件厚度及最小焊缝宽度的要求，焊接时需要较大能量来穿透母材，以保证焊缝截面宽度满足要求。

(3)二次焊缝控制。图 10-5(b)为零件结构件示意图，由于零件需要穿透型焊接，并保证完全焊透，因此需要电子束焊接挡板防止电子束穿透后剩余能量击伤零件主体，产生二次焊缝。但零件焊缝背面空间只有 9.3mm，能放置挡板的空间只有 5.8mm，考虑到挡板接收到电子束剩余能量后，挡板受热变形，为方便挡板能够顺利装配和拆卸，这就要求挡板厚度不能超过 5mm。

对于以上零件焊接问题，需要设计焊接接头、焊接夹具和挡板，并优化工艺参数，下面为解决方案。

1. 焊接变形控制

焊接结构设计为止口配合结构，通过增加锁底来防止零件在装配过程中产生径向位置偏移。为方便零件在常温下顺利装配，使零件装配后径向偏移小，调整零件内外圆直径尺寸并控制径向配合间隙为 0.05～0.15mm。零件尺寸示意图如图 10-6(a)所示。其中，锁底结构有两个作用：一是作为装配限位用；二是作为最小焊缝宽度的目视特性。锁底的宽度尺寸(1.6mm)是根据最小焊缝宽度的最小值要求计算得来的，如果锁底全部熔掉，则证明最小焊缝宽度满足标准要求。

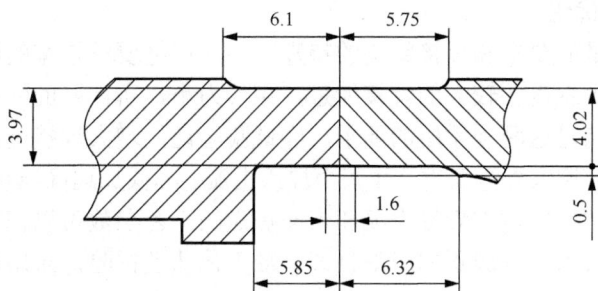

(a) 零件焊缝示意图

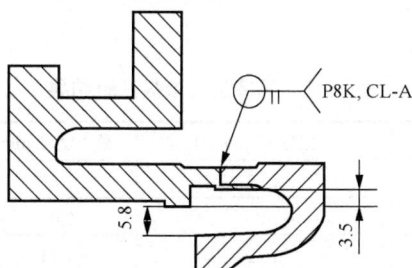

P8K, CL-A

(b) 零件结构件示意图

图 10-5　高压涡轮静止密封圈零件剖面图(单位：mm)

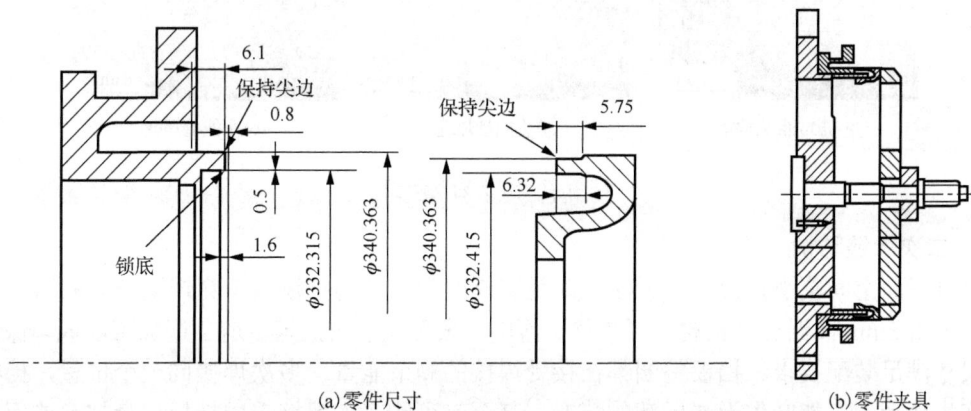

(a) 零件尺寸

(b) 零件夹具

图 10-6　零件尺寸与夹具示意图(单位：mm)

焊接过程中产生的轴向变形通过焊接夹具来控制，图 10-6(b)为焊接夹具示意图。焊缝结构为环形焊缝，焊接区域分为引弧区、正常焊接区、重叠区、熄弧区。在焊接过程中焊缝处产生轴向收缩，不同区域会产生不同程度的轴向收缩。在此过程中，由于零件在整个圆周上焊缝收缩不均匀会影响零件在轴向和径向位置尺寸。位置尺寸的偏差会导致超出后续机加工余量，零件厚度尺寸会产生超差现象。焊接工装以其中一个零件为定位，通过焊接止口对另一个零件进行装配固定，径向限位，夹具压板对零件端面进行固定压紧。通过焊缝接头尺寸设计，有效控制在焊前装配产生的径向偏移，装配完成后，通过测量，焊缝位置跳动范围为0.1~0.2mm，焊接变形量最大为 0.2mm，达到预期要求。

2. 焊接工艺参数优化

由于零件焊缝质量的要求和焊接结构的特殊性,对焊缝要求较宽的同时要求穿透力要尽量小,而焊缝宽度增大就需要较大的焊接能量,穿透力小,所需要的焊接能量就较小,需要通过大量试验来确保满足这两项矛盾的要求。经试验验证,增大焊接电流和散焦电子束、增大电子束摆动幅值均可增大焊缝宽度,而减小焊接电流、降低加速高压可减小电子束穿透力,因此采用中压、大摆动幅值、大焊接电流和表面焦点的工艺参数可以使电子束穿透力小,焊缝最小宽度达到标准要求,焊缝正面成形良好。经工艺认证试验,采用正常能量、大能量、小能量焊接后焊缝尺寸均达到标准要求,工作距离 351mm、加速电压 120kV、聚焦电流 2055A、摆动幅度 2.7mm 保持不变,其余焊接工艺参数和宏观形貌见表 10-1,焊缝宏观形貌如图 10-7所示。

表 10-1 焊接工艺参数试验结果

能量级别	焊接束流/mA	焊接速度/(mm/s)	最小宽度/mm	背面宽度/mm	背面余高/mm
正常能量	30	15.5	1.87	2.1	0.4
大能量	31.5	14.7	2.02	2.44	0.45
小能量	28.5	16.2	1.74	2.21	0.35

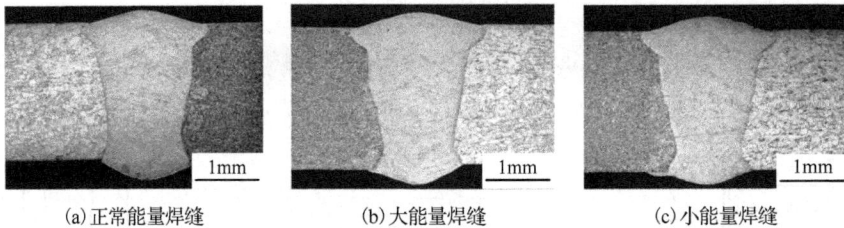

(a)正常能量焊缝   (b)大能量焊缝   (c)小能量焊缝

图 10-7 焊缝宏观形貌

3. 二次焊缝防护

焊缝背面空间狭小直接导致无法装配足够厚度和刚性的挡板用于穿透电子束的防护,所以挡板采用 3mm 高温合金板材,经焊接、滚圆、胀形、车加工等多道工序加工而成,保证了挡板尺寸满足装配要求。挡板整圈都在接受焊接的剩余能量,多次焊接同一个位置,挡板自身会产生变形,可能产生无法拆卸的情况,甚至有可能多次焊接造成挡板自身被穿透而烧伤零件,因此设计多套挡板方便更换,并要求挡板不能连续使用。

10.2.2 轴类零件焊接接头微观组织与力学性能

航空发动机上的某些构件(如高压涡轮机闸、高压承力环等)可通过异种材料组合,使发动机在高速运转时,利用材料热膨胀系数不同,达到提高发动机性能、增加发动机推重比、节省材料、延长使用寿命等目的。

GH3044 合金是一种含有较多钨和铬元素的固溶强化型镍基高温合金,其具有较高的强度及较好的塑性,并具有良好的抗氧化性能、冲压和焊接工艺性能,在 900℃以下具有中等的持久强度和蠕变强度,冷成形性能和焊接工艺性能良好,主要用于制作航空发动机中的主燃烧室、导向叶片和燃油导管等零部件。GH2747 合金是一种含有较多镍和铬元素的高温合金，其具有优良的高温抗氧化性能，是一种适用于 900～1300℃的材料，其主要用于航空、航天兵器等领域的发动机耐热零部件，两者的材料化学成分如表 10-2 所示。目前，GH3044 与 GH2747 采用 HGH3044 焊丝进行手工填丝氩弧焊，焊缝热影响区存在晶粒严重长大的现象，如图 10-8 所示，导致焊缝强度仅能达到母材强度的 70％左右。

表 10-2　GH3044 与 GH2747 合金化学成分（质量分数）　（单位：%）

合金	C	Cr	Ni	W	Mo	Al	Ti	Fe	Mn	Si	S	P
GH3044	≤0.1	23.5～26.5	余量	13～16	≤1.5	≤0.5	0.3～0.7	≤4	≤0.5	≤0.8	≤0.013	≤0.013
GH2747	≤0.1	15～17	43～48	—	—	2.9～4.5	—	余量	≤1	≤1	≤0.02	≤0.025

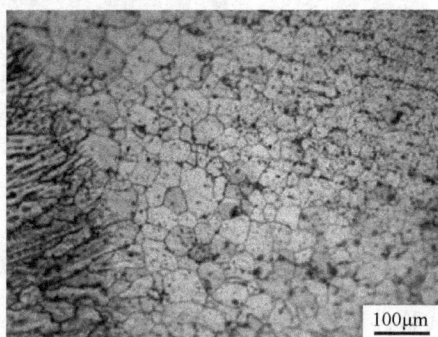

图 10-8　高温合金手工填丝氩弧焊热影响区显微组织

针对传统氩弧焊导致的热影响区微观组织粗大的问题，开展航空发动机系统用高温合金 GH3044 与 GH2747 电子束焊接试验，进行宏微观形貌观察、射线检测及力学性能分析。

本试验所用材料 GH3044 板材，技术条件采用 GJB 3165A—2008，未经热处理；GH2747 板材，技术条件采用 Q/GYB 512—2011，经固溶处理；焊接试验件焊接接头示意图如图 10-9 所示，焊接前进行酸洗处理。

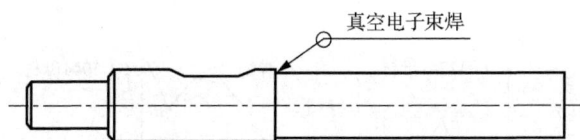

图 10-9　焊接试验件焊接接头示意图

试验采用的真空电子束焊接设备型号为 THDW-33KW，最高加速电压为 60kV，最大焊接电流为 50mA。焊接时，将试件置于焊接夹具中，未施加外部约束，焊接工艺为非穿透焊工艺。

从图 10-10 焊接试验件、焊缝宏观及微观形貌中可以看出，真空电子束焊接异种高温合金焊缝表面光洁、焊缝处圆滑过渡到母材，不存在表面裂纹、烧伤、未熔合、塌陷、凹坑、缩沟、咬边缺陷。焊缝经 100％表面着色探伤和 X 射线探伤，未发现裂纹及气孔等缺陷，焊缝达到航空标准 HB 7608—1998I 中级接头标准。

由图 10-10（c）可以看出，GH2747 合金固溶处理组织呈现明显的等轴晶形态。由图 10-10（d）可以看出，焊缝头部存在二次焊接（修饰焊），导致柱状晶较焊缝中下区更为粗大；在焊接过程中，焊缝区的柱状晶从两侧同时向熔池内部生长，并在中心线处汇合，中心线附近区域为等轴粒。

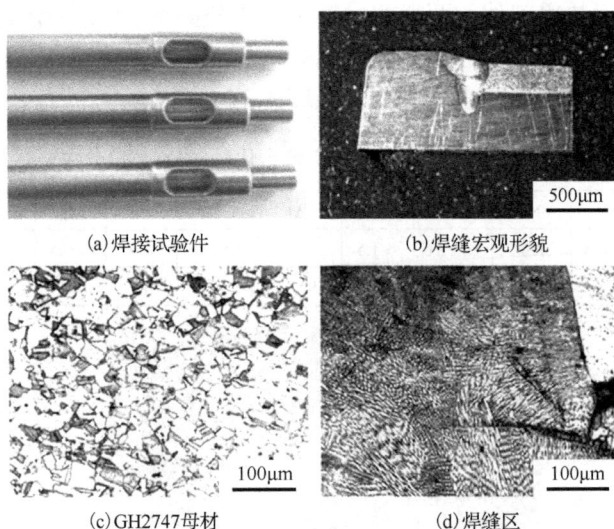

(a)焊接试验件　　　(b)焊缝宏观形貌

(c)GH2747母材　　　(d)焊缝区

图 10-10　焊缝上表面形貌及焊接接头不同区域微观形貌

采用万能拉伸机对焊接试验件进行拉伸性能测试发现，拉伸均断裂于 GH2747 母材位置，并呈现明显塑性拉伸断裂特征，断口呈现 45°过载断裂特征，焊缝强度均大于母材强度。进一步测量焊接接头不同区域的显微硬度，如图 10-11 所示。焊缝中心显微硬度最高达到 285HV，硬度分布在 271～285HV，GH2747 母材显微硬度在 250HV 左右，GH3044 母材显微硬度在 315HV 左右，焊缝区域的显微硬度明显高于 GH2747 母材显微硬度。产生这种现象的主要原因是经电子束加热局部熔化重结晶，在冷却凝固过程中不同区域所产生的组织不一样，焊缝组织明显细化，导致焊缝区硬度较母材显著升高。

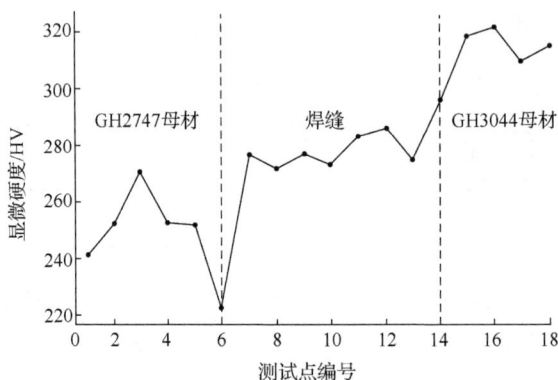

图 10-11　焊接接头显微硬度

10.2.3　Ti2AlNb 合金与 TC4 合金异种金属电子束焊接

Ti2AlNb 合金作为一种新型的耐高温结构材料，具有低密度、高比强度和比模量，以及良好的抗氧化和蠕变等综合性能，有望替代高温镍基合金应用于工作温度在 600～700℃范围内的发动机压气机部件。TC4(Ti-6Al-4V)合金作为最早研制出来、应用最广的一种 $\alpha+\beta$ 型钛合金，由于其具有良好的断裂韧性、高比强度、长疲劳寿命和优良的耐蚀性等，广泛应用于航空航天领域，如航空发动机和飞行器结构件等，其通常作为主结构材料用于工作温度在 500～600℃范围内的发动机部件。

工业生产中，在满足使用要求的前提下，有时采用异种金属构件能充分发挥不同金属的优异性能，同时降低产品的生产成本。在实际应用中，经常会遇到 Ti2AlNb 合金自身及其与 TC4 钛合金异种金属之间的焊接。Ti2AlNb 合金具有特殊的化学成分及显微组织结构，使其室温塑性较差，导致在熔化焊接过程中易产生裂纹等缺陷。

目前，用于 Ti2AlNb 合金及其与 TC4 合金之间的主要焊接方法有电子束焊接、激光焊接、线性摩擦焊、扩散连接和钎焊等。与其他焊接方法相比，电子束焊接具有能量集中、焊缝深宽比大、热影响区窄、焊接变形小和保护气氛好等优点，用于 Ti2AlNb 合金的焊接具有较大优势。

1. 电子束焊接工艺参数选择

利用有限元模拟手段，构建 3.5mm 厚 Ti2AlNb 合金电子束焊接过程的有限元分析模型，依据 JMatPro 软件确定了随温度变化的材料热物理性能参数，确定工件的初始条件及辐射散热和装夹固定边界条件，选取高斯面热源和高斯体热源的组合热源模型，研究不同电子束工艺参数对接头焊缝成形和残余应力分布的影响，优化确定合适的焊接工艺参数，为 Ti2AlNb 合金的实际电子束焊接试验提供指导。

众所周知，焊接热输入是由电子束流、加速电压和焊接速度这几个参数共同决定的。其中，电子束流是决定接头焊缝形貌的主要参数，并且影响焊接接头的质量。根据前期探索性试验和经验数据积累，将电子束流控制在 10～15mA。电子束焊接设备的加速电压最高值低于 60kV，在一定条件下，加速电压如果过低将难以焊透工件，故将加速电压控制在 45～55kV。当焊接速度过快时，接头的熔化区域减小，焊缝的均匀性和焊接过程的稳定性变差，容易产生气孔、未焊透等缺陷；而焊接速度过慢将使焊接热输入过大，易导致接头焊缝组织粗大，焊缝及热影响区变大，焊缝的深宽比减小，甚至导致熔池塌陷，故焊接速度控制在 250～350mm/min。

设计三因素三水平的正交试验方案，并利用有限元数值模拟，分析主焊和修饰焊的焊接工艺参数(包括电子束流、加速电压、焊接速度)对焊缝成形的影响，并利用极差分析法对模拟结果进行分析。其中，进行修饰焊的目的是进一步改善接头焊缝的宏观形貌，所以焊接热输入相对较低。

通过模拟与分析可以得出，电子束流对焊缝熔宽的影响最大，其次是加速电压，焊接速度对熔宽的影响最小；焊缝熔宽随着电子束流的变化明显；相比于电子束流和加速电压，焊接速度在设定的范围内变化时对焊缝熔宽的变化影响很小。基于上述正交试验与极差分析结果，优化确定 Ti2AlNb 合金电子束焊接工艺参数如下：采用圆形电子束扫描，扫描频率为 500Hz，焊接速度为 300mm/min 左右，主焊时的电子束流为 11.5～15mA，修饰焊时的电子束流为 9～12mA，加速电压为焊接设备的固有值 50kV，焊接速度为 300mm/min 左右。

2. 电子束焊接数值模拟结果分析

为了分析电子束焊接过程中各点的温度分布及其变化规律，选取焊件特定点作为研究对象，分析在整个焊接过程中的温度变化情况。如图 10-12 所示，以距离焊接起始点 30mm 处垂直于焊缝的平面作为分析对象，在焊缝中心线上距焊缝顶端的距离分别为 0mm、1mm、2mm 和 3mm 处取点 1～4，分析焊缝中心不同深度处的温度变化；分别在焊缝上表面和焊件的中部距焊缝中心 0.5mm、1.25mm、2.55mm 和 4.2mm 处取点 5～8 和 9～12。

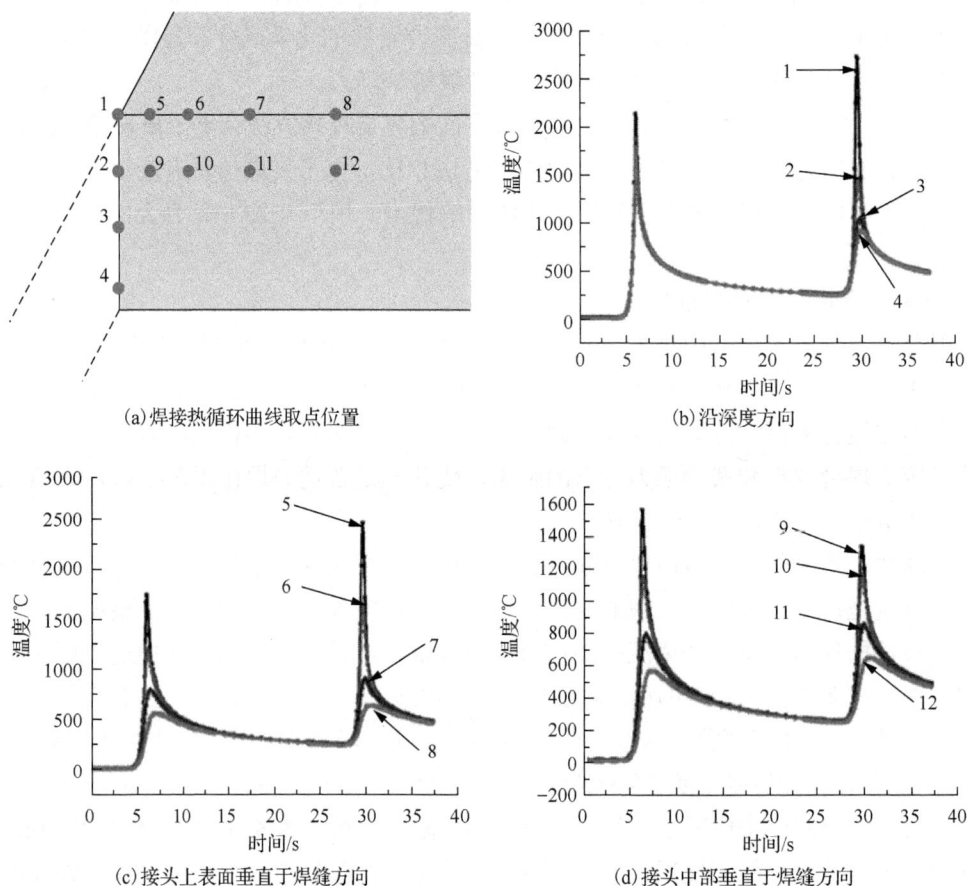

(a) 焊接热循环曲线取点位置

(b) 沿深度方向

(c) 接头上表面垂直于焊缝方向

(d) 接头中部垂直于焊缝方向

图 10-12　焊接热循环曲线取点位置及热循环曲线

图 10-12(b) 为焊缝中心沿深度方向不同点的热循环曲线，各点在 5s 时开始温度急剧升高，6s 时温度达到最高值，1～4 点的峰值温度分别为 2134℃、1882℃、1823℃、1799℃。焊接时，电子束轰击焊件的上表面，高速运动电子的能量转化成大量的热能，使得焊件上表面温度高。随着熔池深度的增加，电子束能量存在一定的衰减，对应的峰值温度也降低。1～4 点在主焊阶段的加热速度和冷却速度分别为 2061℃/s、1803℃/s、1744℃/s、1720℃/s 和 731℃/s、602℃/s、573℃/s、561℃/s，加热速度明显高于冷却速度。在 28s 时温度继续升高，1～4 点的峰值温度分别为 2729℃、1390℃、944℃、792℃，除 1 点处于修饰焊的熔池中心外，2～4 点处均未熔化。与主焊接时相比，修饰焊时的能量主要集中在焊件的上表面，因此工件上表面各点的温度明显高于主焊接时对应点的温度，未熔化区各点的温度均低于主焊接时对应点的温度。

图 10-12(c)为接头上表面垂直于焊缝方向各点的温度变化情况，随着到焊缝中心距离的增加，各点峰值温度下降，5～8 点的峰值温度分别为 1754℃、1198℃、718℃、504℃，其中 1 点位于焊缝中心，5 点为熔合线处，6 点位于热影响区，7、8 点位于母材区。在修饰焊阶段，各点的温度相差较大，5～8 点的峰值温度分别为 2469℃、1613℃、831℃、527℃。如图 10-12(d)所示，工件内部各点的温度变化趋势与工件上表面对应点的相同，均在 6s 和 30s 时刻附近达到峰值温度，但对应点的峰值温度都有所降低，9～12 点主焊接时的峰值温度分别为 1559℃、1133℃、708℃、503℃。随着各点距热源中心之间的距离增加，达到峰值温度的时间有所推迟，这是因为热量向工件两侧传导需要一定的时间。

电子束焊接过程中的温度变化迅速，通过数值模拟方法计算焊缝的冷却速度。一种方法是直接根据选取点的热循环曲线获取；另一种方法是根据焊接时的温度场分布轮廓图，截取焊接路径上两点计算该处的冷却速度，如图 10-13(a)所示。冷却速度按式(10-3)进行计算：

$$R_0 = \frac{\Delta T}{\Delta t} = \frac{T_m - T_0}{\Delta x / v} \tag{10-3}$$

式中，R_0 为冷却速度；ΔT 为温度变化量；Δt 为时间；T_m 为 Ti2AlNb 合金的熔点 1690℃；T_0 为 B_2 相转变的起始温度 1010℃；v 为焊接速度 5mm/s；Δx 为温度分别是 T_m 和 T_0 时两点之间的距离。测量得到 $\Delta x = 4.4$mm，由式(10-3)计算得出冷却速度 R_0 为 600℃/s。

图 10-13(a)为 Ti2AlNb 合金的伪三元相图，合金名义成分为 Ti-22Al-25Nb(原子分数，%)，由低温到高温，合金依次经过 β/B_2+O 相区、$α_2$+β/B_2+O 相区、$α_2$+β/B_2 相区以及单一 B_2 相区。在焊接加热过程中，高能量密度的电子束使焊缝中心及附近区域熔化，冷却时，液态熔池金属首先凝固形成 β 相组织。依据 Ti2AlNb 合金的时间-温度-转变(time-temperature-transformation，TTT)曲线，如图 10-13(b)所示，当冷却速度低于 9℃/s 时，β 相转变成亚稳态 O 相；当冷却速度为 9～120℃/s 时，部分 β 相转变为 O 相；当冷却速度高于 120℃/s 时，β 相转变受到抑制。根据式(10-3)计算得到焊缝中心的冷却速度为 600℃/s，其数值远大于 β 相相变的临界冷却速度 120℃/s，液态焊缝金属凝固得到的 β 相在冷却过程中的相变受到抑制，发生有序化转变，形成 B_2 相。

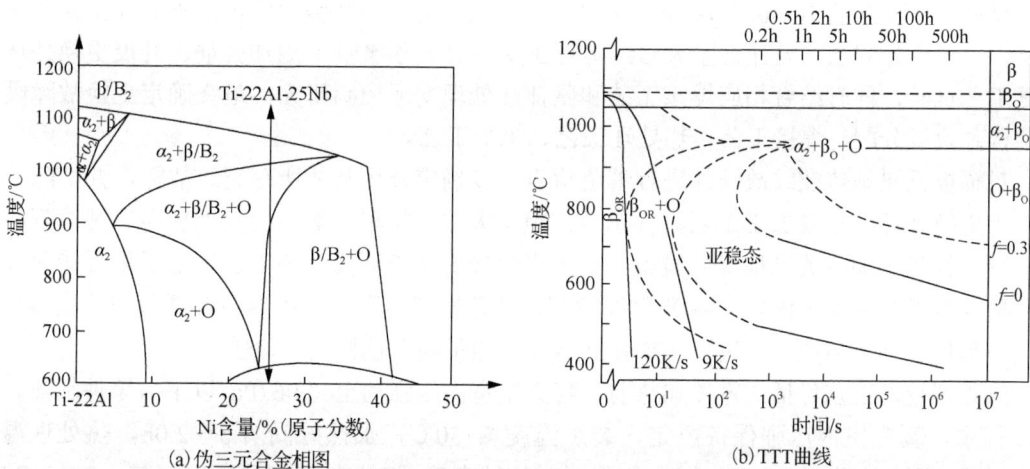

(a) 伪三元合金相图　　　　　　(b) TTT曲线

图 10-13　焊接接头温度场云图、Ti2AlNb 合金相图及 TTT 曲线

10.3　TC4 钛合金辐板机匣裂纹修复工艺研究

钛合金辐板机匣位于涡扇发动机进气口处第一支点位置，是发动机重要的承力构件，由内环、外机匣和 15 块固定支板组成，材质为 TC4 钛合金。固定支板沿圆周均采用电子束焊接和氩弧焊连接外环和内环，对外轮廓尺寸和形位公差要求很高。发动机工作时该部件吸进大量冷气流并受到内部热气流影响，受力情况复杂。在航空发动机运行周期完毕返修时，其支板裂纹故障达到 30%，外机匣基体裂纹故障达到 10%，必须修复才能继续使用。针对钛合金辐板机匣外环基体和支板裂纹缺陷，采用电子束焊接和等离子弧焊工艺进行修复，后经热处理、喷丸等工艺，修复后机匣满足大修发动机使用要求。

辐板机匣基体裂纹多为疲劳裂纹，裂纹起源于辐板机匣环跑道的边角，该位置存在加工形成的锐边，在工作中易引发应力集中，裂纹萌生并扩展。从大修质量、成本和效率三方面考虑，对于辐板机匣基体裂纹制定以下两种修理方案。

(1)高效补片挖补电子束焊接方案：分析裂纹尺寸特征，设计合适的补片结构。通过对焊接热输入及焊接顺序的模拟仿真及试验测试，确定合适的焊接工艺及顺序，并进行修复机匣基体裂纹验证。

(2)高质量更换安装段电子束焊接方案：分析基体裂纹的位置，设计优化的机匣修复结构，根据修复设计图纸制定合理焊接修复工艺及焊接后处理等工艺方案。通过等结构试样电子束焊接试验，确定合适的焊接工艺参数，并进行基体裂纹修复工艺验证。

10.3.1　电子束换段修复工艺

对辐板机匣外基体裂纹位置进行统计分析，确定更换故障段切割方案，控制机械加工变形，囊括上半段基体裂纹所有故障类型。考虑到辐板机匣外机匣壳体外蒙皮立筋可以起到增强抗变形能力的作用，利用立筋局部强度减轻修复区域的振动变形对焊缝疲劳寿命的影响。选取靠近外蒙皮立筋 10mm 处增加 1 条电子束焊接焊缝，为增强大修机匣外壳体抗振动抗变形能力，经设计同意，设计机匣大修结构时在安装边下方增加 1 圈加强筋。开展更换外环段修复工艺试验，同时结合相应焊接工装和整体热处理变形控制研究，最终确定更换故障段工艺结构及余量分配、焊接工艺、热处理工艺、机加工艺。

对辐板机匣基体裂纹故障件进行着色检查，以确定外环基体所有裂纹故障，并切除故障段。待更换外环的主要加工工艺流程包括：粗车大端→粗车小端→稳定处理→腐蚀检查→精车大端→精车小端→荧光检查→检验。电子束焊接更换外环段主要工艺：电子束焊接前准备→装配焊接夹具→电子束焊接→X 射线检查、着色检查→真空热校形→打磨抛修锁底→喷丸处理→车加工外环→铣安装边孔、加强筋→尺寸测量→着色检查→检验。

热处理校形工艺包括：零件加热前，将真空室内压强抽至 0.067Pa 以下→零件加热、保温过程中，真空室内压强保持恒定，装炉温度≤150℃，加热时间 1.5～2.0h，热处理温度600±10℃，保温时间 2～2.25h→热处理保温时间结束后，随炉冷至 350℃，充氩气 0.2～0.4MPa冷至 80℃以下出炉。喷丸工艺主要包括：在喷丸设备 MP500Ti 上，采用工装装夹定位，非喷丸区域采用胶带覆盖→在焊缝及附近区域进行喷丸，喷丸强度为 0.15～0.30N，使用的弹丸为 ZG30（S110），覆盖率≥100%。

10.3.2　基体裂纹补片修复工艺

通过对辐板机匣基体裂纹位置和裂纹长度进行统计分析，如图 10-14 所示，裂纹主要集中在机匣壳体近后安装边半段，同时大部分裂纹跨过跑道，60mm 长度裂纹特征较普遍。考虑到修复成本和周期，认为直接在辐板机匣基体裂纹故障处进行补焊效率高，成本低。曾尝试直接在焊缝裂纹处直接采用电子束焊接补焊，焊接收缩变形和裂纹故障部位不一致等诸多因素，导致焊接参数不能固定，无法保证工程应用质量，并且进气机匣受发动机振动等工况影响，基体裂纹内部多出现氧化等污染，将进一步影响直接补焊修复焊缝的质量。

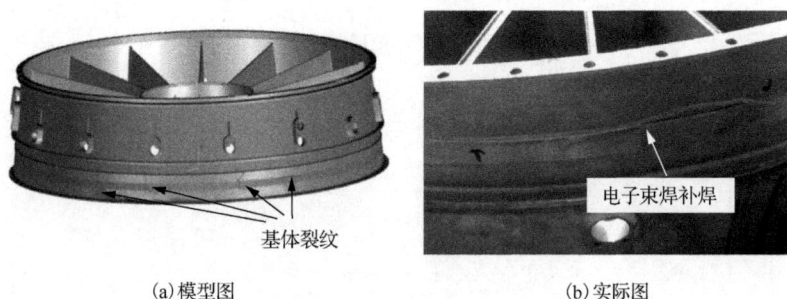

(a) 模型图　　　　　　　　(b) 实际图

图 10-14　辐板机匣基体裂纹

为保证钛合金材料焊接质量，需要在焊前清理待焊表面，在焊接过程中做好气体保护。同时，大修辐板机匣本身结构尺寸和技术指标已是最终设计使用状态，在修复过程中，还要考虑变形等可能影响发动机装配和使用的问题。根据辐板机匣故障件基体裂纹长度，设计补焊用工艺补片，之后采用三维激光切割机按补片形状切孔，并按去除重熔层后待补孔区域结构加工补片，如图 10-15 所示。

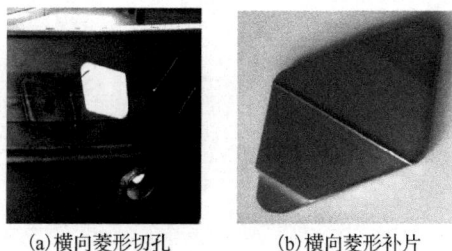

(a) 横向菱形切孔　　　　　(b) 横向菱形补片

图 10-15　焊接切孔与补片

根据对补片方案进行的数值模拟分析发现，采用分段焊接方法，焊接变形更小，变形分布更均匀，并且采用菱形焊接路径时的变形量要远小于采用矩形焊接路径的变形量。当固定线能量时，采用较大焊接速度能够减小焊件的变形。为验证模拟所得结论，设计焊接试验方案，分别在矩形和菱形补片上进行高速和低速电子束焊接。如图 10-16 所示，在厚度变化剧烈的位置，焊接束流将补片棱边烧熔，焊缝与母材过渡区域出现凹坑，需要后续进行填丝补焊，其他位置焊缝合格。当分四段进行焊接时，由于急速地起弧和收弧，在补片尖点位置存在未焊透和较大的凹坑缺陷。后续采用电子束焊或氩弧焊进行补焊，增加焊缝长度，导致焊接变形有所增大。以上试验结果表明，分四段进行焊接的可行性较差，易形成焊接缺陷，增大热输入，可能会增加焊接变形。

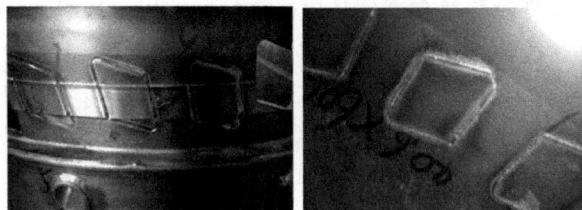

(a)横向菱形补片焊缝正面焊接形貌   (b)焊缝背面形貌

图 10-16　补片焊接表面形貌

第 11 章　火箭推进剂贮箱搅拌摩擦焊技术的应用

11.1　搅拌摩擦焊贮箱特点及要求

11.1.1　搅拌摩擦焊贮箱结构特点

贮箱是火箭的重要组成部分,其配置、尺寸和重量决定了火箭的重量、外形尺寸和飞行性能,一般储存液体燃料的贮箱分为承力贮箱和不承力贮箱两类。承力贮箱,指贮箱是火箭体的一部分,承担着轴向力的传递作用。在承力贮箱中,贮箱的侧蒙皮,同时也是火箭的承力外壳,承受着火箭在飞行过程中及在地面时所承受的内部与外部作用力。不承力贮箱是指贮箱只是一个储存液体的容器,被固定在火箭的壳体上。作用在不承力贮箱上的力是内部的压力和相对来说不大的轴向力(拉力或压力,这取决于贮箱固定的方法)。运载火箭经常使用的是承力贮箱,这种贮箱可以减小火箭的重量,一般结构形式如图 11-1 所示。

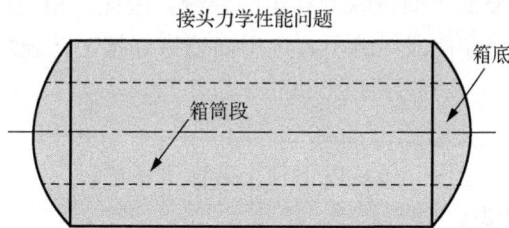

图 11-1　一般搅拌摩擦焊贮箱结构

11.1.2　焊缝分类

按照空间分布和结构特点,贮箱的结构焊缝主要分为纵缝、环缝及其他焊缝几类。

纵缝:箱筒段纵缝、瓜瓣纵缝和 Y 形材框纵缝。

环缝:筒段对接环缝、箱底环缝、箱底顶盖环缝、圆环-Y 形材框环缝、筒段-Y 形材框环缝和法兰环缝。

其中,贮箱筒段纵缝、筒段对接环缝和箱底焊缝属于关键结构焊缝,需要选用适当焊接工艺来保证结构焊缝所需的综合承载性能。

其他焊缝:点焊缝、角焊缝等。

推进剂贮箱有加注准备发射阶段和空间飞行阶段两个受载状态。对液氧/液氢贮箱而言,由于需要深冷绝热结构包覆,为保证良好的深冷绝热效果(即绝热结构和贮箱外密贴合黏结),对液氧贮箱的几何形位制造精度控制更加严格,要求贮箱焊接完成后不得出现"凹塘"等几何失稳缺陷。

11.1.3　结构焊缝承载分析和几何完整性要求

1. 纵缝

无论是在加注准备发射阶段，还是在空间飞行阶段，推进剂贮箱纵缝总是承受拉应力。对焊接质量和形位制造精度的要求为：接头强度系数高，焊缝质量优异，缺陷允许的尺寸小（近无缺陷焊接），焊接残余应力和变形小，对母线直线度要求严格，以保证形位尺寸精度和后续的总体装配。

2. 环缝

在加注准备发射阶段和匀速飞行阶段，由于贮箱的增压作用，贮箱环缝承受一定的拉应力。其中，筒段环缝承受的拉应力为筒段纵缝的一半；箱底结构为椭球面，箱底环缝和顶盖环缝为双向受力状态，且属于高值的拉应力区域，因此其受载为高值的双向拉伸应力。而在发射加速飞行阶段，由于发动机加速推进，上述环缝承受的拉应力有所降低。同时，由于箱底属于薄壁壳体结构，装配难度高，不可避免地存在不同程度的强迫装配。对焊接质量的要求为：接头强度系数高，近无缺陷焊接，焊接残余应力和变形越小越好，接头的塑韧性优异。对于除箱底环缝以外的环缝，其承受的拉应力仅为筒段纵缝的一半，且为单向应力状态。对焊接质量和形位制造精度的要求为：接头强度系数高，近无缺陷焊接，焊接残余应力和变形小，焊接效率高。对比筒段纵缝和筒段环缝的焊接质量及几何完整性要求，可以看到筒段环缝对焊接接头塑性的要求要低于筒段纵缝和箱底焊缝。因此，箱筒段环缝可以选用高能束的焊接工艺施焊，但箱底焊缝和筒段纵缝不宜选用高能束焊接工艺施焊。

3. 焊接工艺选用

1）选用依据

推进剂贮箱焊接工艺的选用一般从以下几个方面来考虑：

(1)结构焊缝的承载状态。

(2)根据接头应力状态确定对接头强度、韧性、残余应力与变形的要求。

(3)贮箱为压力容器类焊接结构，对焊缝内部质量和外观质量的要求依次是近无缺陷成形、美观一致、接头塑韧性好、接头强度高、低应力和近无变形。

(4)装配焊接简单，可靠、可达性好，工艺稳定性好。

2）几种焊接工艺对比

表 11-1 综合对比了方波钨极惰性气体保护焊(TIG)、变极性钨极惰性气体保护焊(variable polarity tungsten inter gas welding, VPTIG)、变极性等离子弧焊(variable polarity plasma arc welding, VPPA)和搅拌摩擦焊(FSW)四种焊接工艺的接头性能和工艺特性。

3）贮箱纵缝和环缝焊接工艺方案

综合以上因素，对于筒段纵缝和箱底焊缝，其装配可达性较好，因此一般选用搅拌摩擦焊工艺施焊。对于筒段环缝，由于装夹存在一定难度，常选用工艺柔性好、焊接工装简单的变极性等离子焊工艺施焊，可以有效降低装焊难度，确保焊缝质量。

对于贮箱上的其他焊缝，如法兰焊缝、锁底焊缝等，实现变极性等离子弧焊和搅拌摩擦焊非常困难，而采用 VPTIG 焊则工艺非常简单，所以这类焊缝首选 VPTIG 焊工艺。

表 11-1　同种贮箱结构材料方波 TIG、VPTIG、VPPA 和搅拌摩擦焊焊接工艺对比

序号	对比项目	方波 TIG	VPTIG	VPPA	FSW
1	接头强度系数	低	一般	高	最高
2	接头延伸率	高	较高	一般	最高
3	接头组织	铸造	铸造	铸造	锻造
4	气孔等缺陷发生率	较高	高	极低	无
5	接头残余应力	较高	高	低	最低
6	焊接热输入	最大	大	小	最小
7	焊缝层数	多层焊	多层焊	单道焊	单道焊
8	工艺柔性	优	优	良	一般
9	装焊要求	低	低	高	高
10	工艺窗口	宽	宽	一般	最宽
11	焊接效率	低	低	高	高
12	环境控制要求	温/湿度控制严格	温/湿度控制严格	不需要	不需要

11.2　国外贮箱结构搅拌摩擦焊应用

自运载火箭诞生以来，国外推进剂贮箱的结构材料已从第 1 代铝镁合金、第 2 代铝铜合金发展到第 3 代铝合金。其发展趋势是材料的比强度越来越高，但其熔焊的焊接性总体呈下降趋势。贮箱的焊接工艺由最初的 TIG 焊、电子束焊接发展到变极性 TIG 焊接/变极性等离子弧焊和搅拌摩擦焊，见表 11-2。

表 11-2　国外推进剂贮箱结构材料与焊接工艺

结构材料	抗拉强度级别/MPa	焊接工艺
铝镁合金(5086_AMF6)	300/(O 状态)	TIG
铝合金(2A14、2219)	450/(T8 状态)	TIG/VPTIG/VPPA/FSW
铝锂合金(1460、2195)	600/(T6 状态)	TIG/VPTIG/VPPA/FSW

1. 波音公司贮箱搅拌摩擦焊应用

1997 年，波音公司就和英国 TWI 合作，对运载火箭上使用的材料和筒形结构件进行了系统的搅拌摩擦焊方法及技术研究。

TWI 为波音公司研制了两个全搅拌摩擦焊制造的运载火箭燃料贮箱缩比筒形结构件，缩比筒形结构件的筒体由 6mm 厚的 2A14-T6 铝合金材料制成，端盖是 2219-T87 铝合金材料，其中圆柱筒体由两道对接搅拌摩擦焊焊缝制造，筒体和端盖由相隔 50mm 的两道搭接搅拌摩擦焊焊缝制造，搅拌摩擦焊整体缩比筒形结构件如图 11-2 所示。

图 11-2　TWI 制造的全搅拌摩擦焊缩比筒形结构件

　　缩比筒形结构件进行了液压循环和爆破试验，研究表明 2A14-T6 铝合金筒体液压爆破试验在搅拌摩擦焊焊缝的焊核区域与热影响区之间韧性断裂；爆破压力与搅拌摩擦焊横向拉伸试验的绝对拉伸指标相符，在爆破以前试验筒体经历了 40 次 315PSI 的载荷循环，没有泄漏及其他任何问题。总之，试验说明搅拌摩擦焊可以以高质量的接头实现航天筒体结构件的制造，这次试验在航天结构制造史上具有里程碑的作用。

　　波音公司将搅拌摩擦焊应用于 Delta-I 型运载火箭中间舱段的连接制造，并于 1999 年 8 月成功发射升空。2001 年 4 月火星奥德赛航天器由 Delta-I 型火箭发射升空，搅拌摩擦焊制造技术首次在压力结构件上得到应用，图 11-3 所示的 Delta-I 型运载火箭首段厚度为 22.22mm 的搅拌摩擦焊铝合金筒体，Delta-I 型火箭的成功发射证明了火箭燃料筒体使用搅拌摩擦焊连接符合强度和质量标准。

图 11-3　搅拌摩擦焊制造的燃料贮箱筒体

　　搅拌摩擦焊技术在 Delta V 型运载火箭中心助推器上的应用使焊缝接头强度增加了 30%～50%，制造周期降低了大约 80%，通过改进接头设计，Delta V 和 Delta I 的制造经费节省了 60%，生产周期由原来的 23 天减少到 6 天，这些焊接接头可以在-195～183℃的温度范围内使用，图 11-3 为波音公司 42m 长的火箭核心助推器的液氢液氧燃料筒体。

　　2001 年，Delta V 型运载火箭贮箱的全部纵缝也采用了搅拌摩擦焊接工艺，同时开展了贮箱筒段环缝的搅拌摩擦焊研究。到目前为止，波音公司采用搅拌摩擦焊方法焊接了多个型号航天运载器贮箱，焊缝长度超过几千米，未发现任何缺陷。搅拌摩擦焊接的应用为波音公司节约了大量的成本和周期，接头强度也提高了 20%～30%，所有这些都极大地提高了波音公司在火箭发射市场上的竞争力。

2. 洛克希德·马丁公司飞机推进剂贮箱搅拌摩擦焊应用

　　洛克希德·马丁公司也积极开展搅拌摩擦焊在航天飞机推进剂贮箱上的应用研究，以提高产品焊接质量，目前已经采用搅拌摩擦焊完成 2195 铝合金的航天飞机推进剂贮箱生产。如图 11-4 所示，该贮箱直径为 8.4m、长达 47m。

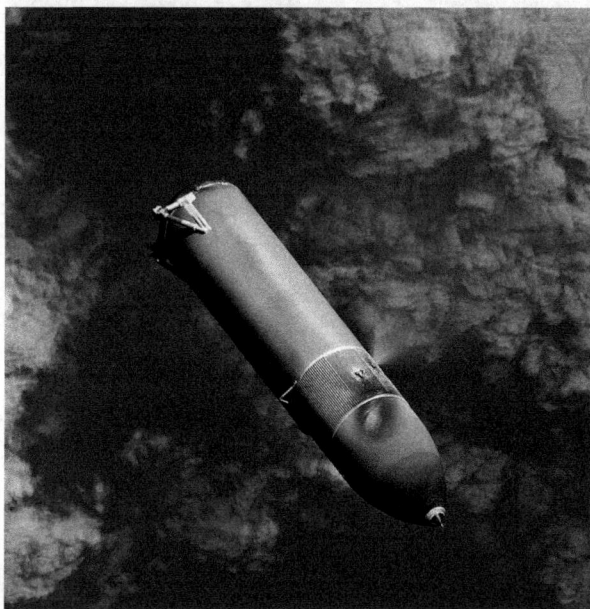

图 11-4　采用搅拌摩擦焊方法焊接的航天飞机推进剂贮箱

3. H-2B 火箭贮箱搅拌摩擦焊应用

　　H-2B 火箭是由日本宇宙航空研究开发机构（Japan Aerospace Exploration Agency, JAXA）和日本三菱重工业股份有限公司在现役火箭 H-2A 的基础上于 2004 年共同开发的一种新型运载火箭。H-2B 火箭直径为 5m，长为 56m，第 I 级使用了两台 LE-7A 发动机（H-2A 第一级只使用一台发动机），火箭运载能力是 H-2A 的 2 倍，将主要用于发射向国际空间站运送货物的转移飞行器，同时实现发射双星的目标。为了提高 H-2B 火箭的可靠性，日本三菱重工业股份有限公司在推进剂贮箱的生产上采用了两种搅拌摩擦焊接技术和大型燃料箱底整体旋压成形工艺。

推进剂贮箱要充入超低温推进剂(-253℃的液氢,-183℃的液氧),并进行加压同时要求能够承受飞行中、瞬间起飞时的空气冲击力及自重载荷。第一级贮箱直径 5.2m,其中液氧箱长约 7m,液氢箱长约 20m,共搭载 170t 推进剂。贮箱的主结构由铝合金板材制成,先将带有加强筋(整体加工)的弯板沿轴向(纵缝)焊接好,再将贮箱和旋压成形的箱底(封头)沿圆周方向(环缝)焊接而成,贮箱焊接位置关系如图 11-5 所示。

图 11-5　贮箱焊接位置关系示意图

11.3　国内贮箱结构搅拌摩擦焊应用

与国外先进航天技术相比,我国现役长征运载火箭在"三化"(通用化、系列化、组合化)、运载能力、可靠性与安全性、发射周期与适应性等方面存在很大差距,尤其在箭体结构材料和制造工艺方面差距明显,很难满足 21 世纪空间运输的发展需求。因此,我国明确提出了研制新型大推力、高可靠、低成本运载火箭的目标,以跟上国际运载技术的发展步伐,确保我国空间技术的竞争优势。新型运载火箭的发展思路为"一个系列、两种发动机、三个模块",并对箭体结构提出"高可靠、低成本、快速制造"的研制要求。目前,我国运载火箭推进剂贮箱的结构材料主要是第 2 代的 2A14 铝合金、2219 铝合金。其中,2A14 铝合金作为贮箱结构材料使用至今已近 30 年,而 2219 铝合金则刚确定为我国新型运载火箭推进剂贮箱的结构材料。随着推进剂贮箱结构材料的更新换代,其焊接工艺也获得了长足的发展,贮箱结构材料和焊接工艺的不同带来明显的工艺焊接性差异。例如,对于 2A14 铝合金,搅拌摩擦焊的焊接性要优于 TIG 焊和 VPPA 焊接工艺,搅拌摩擦焊工艺对于不同的贮箱结构材料均具有良好的工艺焊接性。

箭体结构材料采用 2219 高强铝合金,因对其材料提出高可靠性要求,对箭体结构的制造技术提出了一系列挑战。与原先采用的 2A14 铝合金相比,2219 铝合金的焊接性和断裂韧性显著改善,但其常规熔焊的气孔发生率高,成为贮箱高质量焊接的技术瓶颈;新型运载火箭采用液氧/煤油、液氧/液氯推进剂,其贮箱属于低温推进剂贮箱,除了要求具备优异的低温抗断性能和气密性能外,大尺寸低温贮箱需要采用绝热包敷层,对低温贮箱的制造精度和焊接变形控制提出严格要求,保形制造成为贮箱高质量焊接的关键制约条件,为满足我国未来航天器密集发射需求和 21 世纪环保发展要求，新型运载火箭的生产当量有较大提高，要求贮箱的焊接工艺必须具有鲜明的绿色、快速制造等特点。国内对贮箱进行搅拌摩擦焊应用的主要单位为上海航天设备制造总厂有限公司(149 厂)、首都航天机械有限公司(211 厂)及北京航空制造工程研究所(625 所)，主要焊接产品是直径为 3350mm 及 65000mm 的贮箱。一般采用搅拌摩擦焊实现箱筒体纵缝的焊接成形、箱体瓜瓣焊缝的搅拌摩擦焊成形及箱体与箱筒体的搅拌摩擦焊环缝连接。

1. 筒段纵缝搅拌摩擦焊

采用自主研制的纵缝立式搅拌摩擦焊机、定型的长寿命典型厚度搅拌工具和优化的工艺参数，完成了贮箱筒段纵缝的搅拌摩擦焊。焊缝外观成形均匀美观，表面光滑，基本无需后续表面加工。采用 X 射线、表面着色检验焊缝的内/外部质量。结果表明，焊缝内部无任何缺陷，表面无裂纹。

2. 箱底焊缝搅拌摩擦焊

2008 年 2 月，中国航天科技集团公司第八研究院(航天八院)149 厂应用箱底搅拌摩擦焊设备首次成功研制了我国第一个 2219 铝合金 p3350 推进剂贮箱箱底，第一次实现箱底瓜瓣纵缝和 1380mm 环缝的数控搅拌摩擦焊接(图 11-6)，并顺利通过液压强度试验和气密试验。经外观和内部质量检查，焊接质量全部达到设计标准。

图 11-6　我国第一次实现箱底瓜瓣纵缝和 1380mm 环缝的数控搅拌摩擦焊接

3. 贮箱整箱试验考核

根据贮箱整箱性能试验考核要求，应用搅拌摩擦焊工艺研制了 2219 铝合金 63350 推进剂贮箱，用于动力系统冷流试验的循环预冷贮箱，如图 11-7 所示，均顺利通过液压强度、气密试验、尺寸测量、强度和气密性考核。试验结果表明，应用搅拌摩擦焊工艺研制的新型运载贮箱以及搅拌摩擦焊箱底的焊接质量、几何制造精度均得到跨越式的提升，图 11-8 为利用搅拌摩擦焊接的现役运载火箭ϕ3350 贮箱。

图 11-7　综合应用 VPTIG/VPPA/FSW 的焊接循环预冷贮箱

图 11-8　现役运载火箭 ϕ3350 贮箱

211 厂为验证搅拌摩擦焊技术在航天器贮箱上的技术可行性，采用 2219 铝合金和搅拌摩擦焊技术制造了 p3350 筒段和 p5000 的试验箱，其中纵缝采用搅拌摩擦焊进行焊接，经过液压试验，所焊接的试验件一次合格，焊缝成形美观，无焊接缺陷，液压试验和气密试验合格，满足设计要求，具体焊接过程如下。

1）焊接设备

95000mm 筒段搅拌摩擦焊接采用焊接专有设备，该设备采用卧式结构，从贮箱内部焊接纵缝。利用气动压紧系统进行零件固定，并采用定位销实现定位。同时使用专用压块和卡块压紧对接缝，以防止搅拌过程中将零件撑开。搅拌头前后两侧安装有视频监视系统用于监控焊接过程。

2）焊前准备

在焊接筒段之前，采用前期研究确定的工艺参数试焊了两对平板，焊后测其抗拉强度达到 340MPa，一切调试好以后，准备焊接。试验采用 2219 铝合金，滚弯成 4 个 65000mm 的弧度，然后装配到焊接工装上，根据前期的试验结果和推荐的措施，筒段壁板在焊接前只需经过表面去除油污酸洗，并确保对接缝处平整，但要求对接缝隙不超过 0.3mm，准备就绪后即可开始进行装配和焊接。

3) 用搅拌摩擦焊焊接筒段纵缝

准备工作完毕后，进行筒段试验件的装配工作。针对对接面的贴合间隙、板厚差、搅拌头偏移等问题，试验前对对接面预铣削，然后使用定位销将留有加工余量的壁板装配至加工位置进行压紧，然后进行第一条纵缝焊接，焊接完成后，将零件拆下，依次进行后三道纵缝的装配及焊接工作。

在国内，搅拌摩擦焊作为推进剂贮箱的一项关键制造工艺，正在深入进行工程化应用研究。搅拌摩擦焊在航天工业上的应用和推广，可以提高中国航天运载工具及导弹类产品的性能和生产效率，为国防、载人航天及探月工程等做出贡献。

第 12 章　航空航天轻合金钎焊应用实例

在航空航天领域，钎焊技术发挥了极大的作用。飞机机体上各种钛合金、不锈钢导管在组装过程中采用高频感应钎焊连接，产生了明显的减重效果。机载设备上大量的导线、仪表也采用了钎焊连接。飞行马赫数大于 2.5 的飞行器，由于蒙皮要承受与空气摩擦引起的高温，越来越多地采用不锈钢、钛合金或高温合金的钎焊蜂窝壁板。

航空发动机的大量重要部件，如涡轮叶片、压气机叶片、燃烧室部件、蜂窝封严结构、不锈钢热交换器、铝合金机箱、燃油总管，以及其他管路等构件的制造都涉及钎焊技术。发动机整流器、导流窗叶片与机匣之间采用钎焊连接，既满足了设计要求又达到了减重效果。

12.1　铝及铝合金的钎焊应用

1. 铝合金板翅式机箱的炉中钎焊

铝合金板翅式机箱是机载电子设备的关键部件之一，机箱的优劣直接关系到电子设备的使用性能，因此要求机箱具有尽可能轻的质量和优良的散热效果。该机箱由防锈铝合金板及散热翅片等十余个零件组成，构成高效散热的机箱结构，其外形尺寸为 400mm×200mm×200mm，结构如图 12-1 所示。

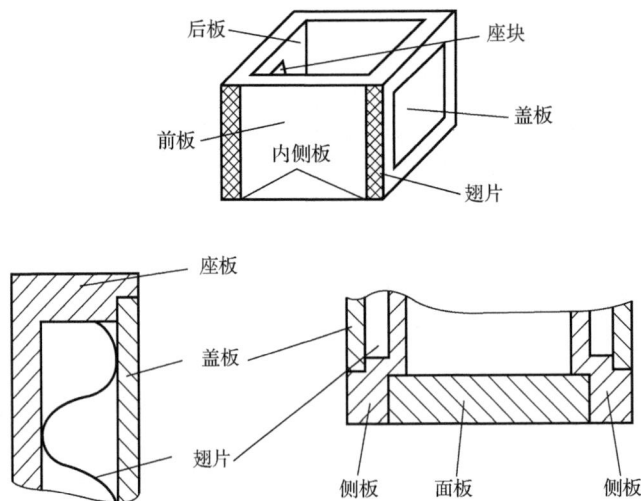

图 12-1　板翅式机箱结构示意图

综合分析机箱的钎焊要求和自身的设备条件,选用了炉中 Nocolok 钎焊工艺,首先对钎焊设备进行改装,在炉内增加一个密封的不锈钢罐体,并且通以氮气,以保证良好的钎焊气氛,从而更好地发挥钎剂的活性。

经过分析,决定采用氩弧焊定位和夹具定位相结合的方法,使焊接零件在受热时能够自由地膨胀,从而避免变形。两侧零件采用夹具定位,而其他采用氩弧焊定位。

钎料、钎剂及保护气体的选择:钎料为 Al-Si;钎剂为无腐蚀性氟化物剂,共晶温度 560℃;保护气体为氩气或氮气。

焊前准备及装配:检查零件符合图样要求后,按照工艺要求清理干净钎料丝、钎料片,并放置于烘箱中烘干。用蒸馏水将钎剂调和成糊状。

先装配机箱侧面各零件,在侧板焊接面均匀涂上钎剂—均匀铺上焊片(焊片与翅片垂直,焊片之间间距为 30~40mm)—在焊片涂上钎剂—放上翅片—将一面涂有钎剂的焊片放置于翅片上—在盖板与翅片焊接面均匀涂上钎剂—将侧板、翅片、盖板按图样尺寸装配到一起—用 6 根 U 形压条和 C 形夹将各零件均匀压紧—将两侧面零件与前后面板用长 U 形压条和双头螺杆装配达到设计图尺寸—弧焊定位焊 16 点—撤去长 U 形压条及双头螺杆—将各缝处均涂上钎剂—在各角缝处放上 ϕ2mm×(30~40)mm 长钎料(用于增加焊接强度),并在钎料上均匀涂上钎剂—放进 250℃烘箱内烘干。

钎焊:将焊接炉温度控制仪预置到 700℃。将保护罩、旋转机箱的垫架一起送入炉中。向炉内通保护气(4~5L/min),以减少空气成分。

将被焊机箱放入罩内垫架上,送入炉中最靠里部位。将炉温调到 640℃,并将炉内压力调为 0,开始计时并通过观察孔观察焊接情况,3~4min 后炉内压力调为 1kPa。当钎剂开始熔化时将保护气流量调大为 16~18L/min。当钎料均匀填满缝时,再停留 20~30s,然后打开炉门,等钎料凝固 4~5min 后再取出焊接零件,关闭保护气。待机箱冷却到 200℃以下时撤除两侧夹具。

焊后处理:待机箱冷却到室温—放入硝酸、草酸溶液中浸泡 3h—用超声波清洗 1.5~2h(温度 80~100℃)—流动水冲洗干净—压缩空气吹干。

为保证必要的焊着率和尺寸精度,钎焊工装的设计非常重要,本实例钎焊时采用结构精巧的弹性工装,可以保证钎料所占据装配间隙在钎料熔化后有效地闭合,压紧机构可以跟随补偿钎料熔化后结构的下塌量,保持一定力度的压紧力,这样还可以对天线零件原有的不平度予以有效矫正,同时控制压力的大小,以免因压力过大而变形。

2. 其他铝合金构件真空钎焊实例

卫星用的波导是一种精度高、表面粗糙度低、形状复杂、焊缝精细的微波器件,过去大多用铜合金或铝合金制造,采用火焰钎焊或盐浴钎焊。现在已有相当数量的铜波导被铝波导取代,并且越来越多的波导采用真空钎焊来代替火焰或盐浴钎焊。波导所用材料也由 3A21 铝合金向 6063 铝合金发展,后者具有更高的刚性。钎料主要有 Al-11.7Si-Mg 和 Al-7.5Si-Mg 等箔材或丝材。采用 Al-11.7Si-Mg 钎料钎焊 3A21 铝合金波导,钎焊温度为 610℃±5℃,钎焊时真空压强不高于 $6×10^{-3}$Pa。为降低炉中的氧含量,常放置适量的镁块。用 3A21 铝合金制造的波导已用于某通信卫星。

某液体火箭发动机涡轮中的铝合金叶轮基体材料为 6A02 铝合金，采用真空钎焊，钎料为 Al-11.7Si-1Mg 丝材。钎焊时，真空压强不高于 $6.5×10^{-3}$Pa，钎焊规范为 590～600℃保温 2～3min。在真空室中加适量镁块，有助于改善焊缝质量。

12.2 钛合金结构的钎焊

1. 金属蜂窝结构的钎焊

金属蜂窝结构具有质量轻、比强度和比刚度高、消声、隔热，以及减振和防潮等性能优势，在飞机机身、机翼、发动机舱门等部位采用蜂窝壁板结构可以有效减轻飞机结构质量、提高结构效率、提高飞机机动性和灵活性。蜂窝结构由上蒙皮、下蒙皮和中间部位的蜂窝芯体组成，通过钎焊方法制造整体结构，如图 12-2 和图 12-3 所示。

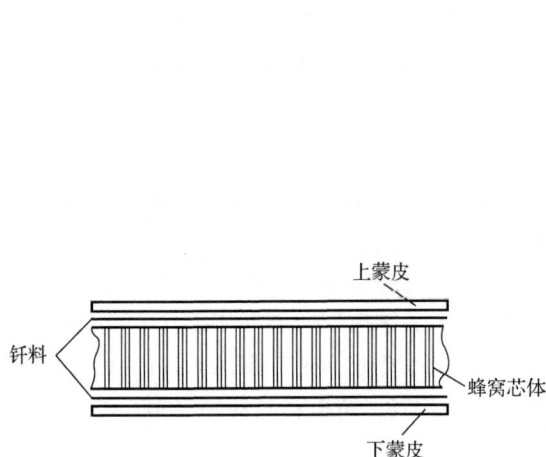

图 12-2 蜂窝壁板结构装配示意图

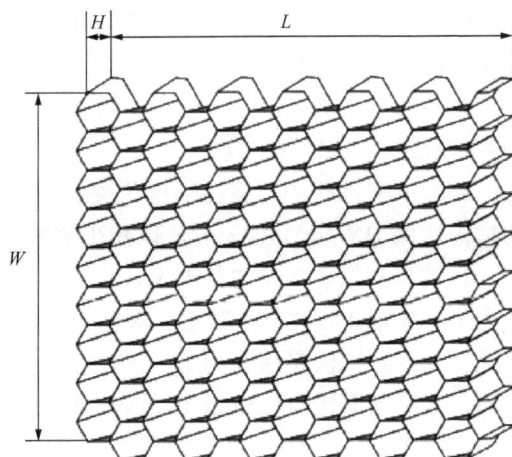

图 12-3 正六边形蜂窝示意图

某型无人机的舵面和翼面部位均采用钛合金蜂窝结构壁板。钛合金蜂窝结构以钛合金为基础材料，兼顾了钛合金和蜂窝夹层结构的优点，可得到更加优良的综合性能。在钛蜂窝密度相当于铝蜂窝密度 3 倍的前提下，钛蜂窝的平压强度和弹性模量已经接近铝蜂窝的 9 倍。因此采用钛合金蜂窝在同等强度和刚度条件下，可以设计得更轻。

某飞机侧壁结构外形面较为平整，处于高温热影响区，也采用了高效、隔热的钛合金蜂窝整体壁板结构。整个壁板跨度较大，最大尺寸为 1800mm×900mm，且气动外形的局部曲率变化较大。该结构的蜂窝芯体材料为 TC1，蒙皮材料为 TC4，最大芯体尺寸为 900mm×600mm。蜂窝区域与夹层板区域通过斜角过渡区连接(图 12-4)。在同样的设计条件下，与传统的加筋组合壁板相比，蜂窝夹层壁板的结构整体性、结构效率都有大幅提升。零件数量上，钛蜂窝结构的零件数量相当于传统加筋壁板结构数量的 1/3 略多、质量上相对减轻了 1/4 以上。

超声速运输机的设计，在很大程度上依赖于高效蜂窝结构。国外在超声速运输机机身、机翼等部位采用冶金结合的钛蜂窝壁板。蜂窝芯为 0.05mm 厚的钛箔，面板为 0.25mm 厚的 TC4 钛合金板；钎料为 3003 铝合金(我国对应牌号为 3A21)；加热工具为带状陶瓷加热器；

保护方式为排气后充氩气。在此种结构、材料、工艺条件下，已成功地制成了以铝钎料钎焊的钛合金蜂窝夹层结构。在其他飞机系统的生产中，还成功地制成了发动机罩。

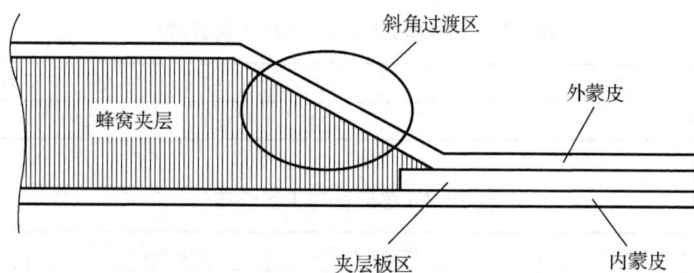

图 12-4　蜂窝侧壁板的斜角过渡区示意图

某典型钛蜂窝壁板结构由三部分组成：上、下蒙皮和蜂窝芯体。上、下蒙皮及蜂窝芯体材料均为 TC4 钛合金，常用正六边形蜂窝芯格边长为 6.4mm，芯格壁厚为 0.1mm，芯格高度为 10mm，面板厚度为 0.8mm。

对于钛合金蜂窝壁板结构的钎焊，常采用的钎料有银基钎料、铝基钎料及钛基钎料。银基钎料具有合适的熔点，钎焊接头具有良好的塑性，但高温强度低、抗腐蚀性能差。铝基钎料价格低廉，熔化温度远远低于 β 相的转变温度，钎焊温度低，钎料流动性好，但其接头强度低、脆性大、疲劳强度低、不耐冲击。与银基、铝基钎料相比，钛基钎料钎焊接头高温强度高，耐腐蚀性和耐热性好。采用非晶态箔状 Ti-Zr-Cu-Ni 钎料（熔化温度为 820～840℃），可以使 TC4 和 TC1 蜂窝壁板结构在相变温度以下 40～50℃进行钎焊，从而使得母材在钎焊时不发生相变，保留其原始组织，并保证接头性能。

钎焊前对蜂窝芯体和上、下面板进行清洗、打磨，去除表面氧化膜及油污等，然后进行装配，控制蜂窝芯体与面板间的装配间隙小于 0.1mm，将蜂窝芯体及面板组成的蜂窝壁板结构放入真空钎焊炉中进行钎焊，钎焊过程中真空压强不高于 $4×10^{-3}$Pa。

2. 钛合金风扇叶片减振凸台耐磨层的钎焊

某发动机风扇叶片采用 TC4 合金制造，叶片的叶盆和叶背上带有减振凸台，目的是减小风扇叶片的振动，叶片结构如图 12-5 所示。为提高风扇叶片减振凸台表面的硬度和耐磨性，延长其使用寿命，需在减振凸台表面处制备硬度和耐磨性高于钛合金的耐磨层。可采用钎焊的方法制备耐磨层，即将钎料粉末与耐磨合金粉末按一定比例混合，通过钎料把耐磨合金颗粒之间、耐磨合金颗粒与叶片材料之间牢固地连接成一体。耐磨层的厚度和结合强度要满足叶片的设计使用要求。

所用的耐磨材料为碳化钨粉末，其成分见表 12-1。采用的钎料为 B-Ti57CuZrNi 粉末。钎焊方法为真空充氩感应钎焊。将 55%～60%的耐磨合金粉末与 40%～45%的 B-Ti57CuZrNi 钎料粉末放入搅拌器中混合均匀，再把混合粉末与专用黏结剂调制成膏状，均匀地涂覆于叶片减振凸台表面，并放置干燥。然后将叶片在专用

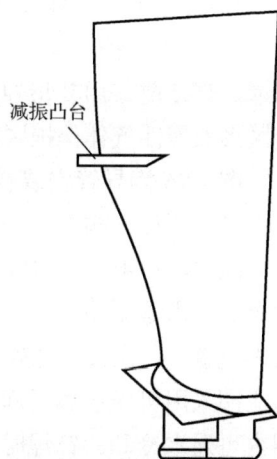

图 12-5　风扇叶片结构示意图

工装上固定并装入专用感应钎焊装置的真空室中,先抽真空至 3～5Pa,再往真空室内充入高纯度的氩气,控制氩气流量为 6～8L/min。感应焊工艺参数见表 12-2。

表 12-1　耐磨合金化学成分(质量分数)　　　　　　　　　　　(单位：%)

W	C	游离 C	氯化残渣	Fe	Cr	V	TiTaNb	CoNiMo
95～96	3.7～4.0	≤0.05	≤0.1	≤0.15	≤0.2	≤0.2	0.2	0.3

表 12-2　感应钎焊工艺参数

正极电压 U/kV	加热电压 U_e/V	正极电流 I/A	冷却水温度 T/℃	钎焊温度 T_w/℃
7.5	11.5～13	2～3	19～25	960～975

12.3　导管接头的安装式感应焊接

某飞机不锈钢导管采用感应钎焊连接,其连接工艺分为固定式感应钎焊和安装式感应钎焊两种。其中,安装式感应钎焊需要在飞机总装或部装现场,在装配位置完成钎焊。导管安装式感应钎焊装置由以下部分组成。

(1)高频电源:高频电发生装置。

(2)温度控制器:控制钎焊温度及保温时间。在温度控制器上有两块显示表,一块用于显示热电偶所测温度,另一块用于显示光电传感器所反馈的信息值。

(3)柔性感应圈:将电源能量传递给工件的装置。焊接时将其缠绕在焊接保护器上,通过高频感应将能量传递给工件。

(4)光电传感器:焊接时将光电传感器固定在焊接保护器上,通过光电信号反映焊接区温度。

(5)热电偶:试样焊接时,直接测量焊接区温度。

(6)焊接保护夹具:导管安装钎焊的主要工装,由两半组成,具有冷却水通道和保护气体通道。焊接前,用其将导管焊接区夹紧,将柔性感应圈缠绕在对开夹具外面。在导管接头焊接区形成惰性气体保护区。

图 12-6 为导管安装感应钎焊示意图。安装感应钎焊时接头形式基本为简单的导管对接,接头具有两种结构形式(图 12-7),对于外径≤10mm 的导管,钎料装配在管接头内导管对接的间隙内,对于外径>10mm 的导管,钎料装配在开有料槽的管接头的料槽内。安装感应钎焊的核心技术是采用两半对开保护夹具和柔性感应圈技术,对开保护夹具采用铜合金制造,夹具内充氩气,在被钎焊处形成良好的氩气环境,以利于钎焊过程的进行,夹具本身通水冷却;感应圈采用可缠绕和拆卸的柔性感应圈,缠绕在对开夹具外面与同轴电缆相连接,柔性感应圈内可通水冷却。钎焊时高频功率通过同轴电缆远距输送至柔性感应圈,加热保护夹具内的导管和钎料实现钎焊。焊后柔性感应圈和两半对开夹具可以方便地拆下。

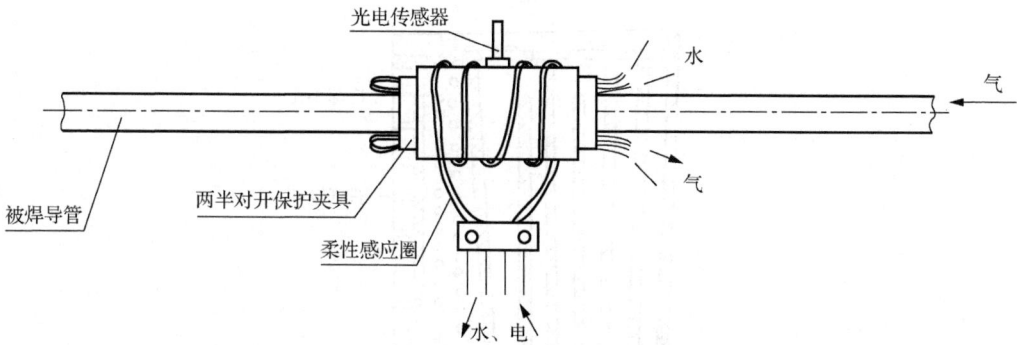

图 12-6　导管安装感应钎焊示意图

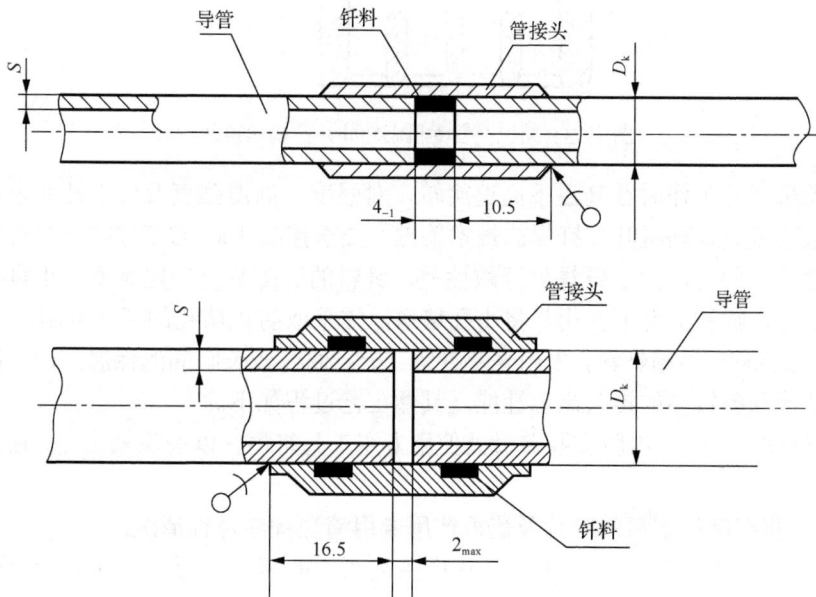

图 12-7　导管安装感应钎焊的两种接头形式(单位：mm)

12.4　航空发动机涡轮叶片的钎焊

某型航空发动机高压涡轮工作叶片由定向凝固高温合金 DZ125 精密铸造而成，内部设有复杂冷却通道，由于铸造技术所限，叶片铸造后会在叶尖及叶根处留下工艺通道，这些工艺通道需采用钎焊技术进行封堵。在叶尖处，两个盖板分别插入铸在叶片顶部内壁腔面的小凸台下部，与叶片基体钎焊到一起。在叶根处，两个堵头通过叶片榫头底部两个矩形孔送入内腔，与基体钎焊起来堵住两个榫头处的工艺孔。该叶片为气膜冷却结构，真空钎焊前在叶身打有多个直径约为 0.3mm 的冷却小孔，在叶片排气边开了矩形排气缝，结构如图 12-8 所示。

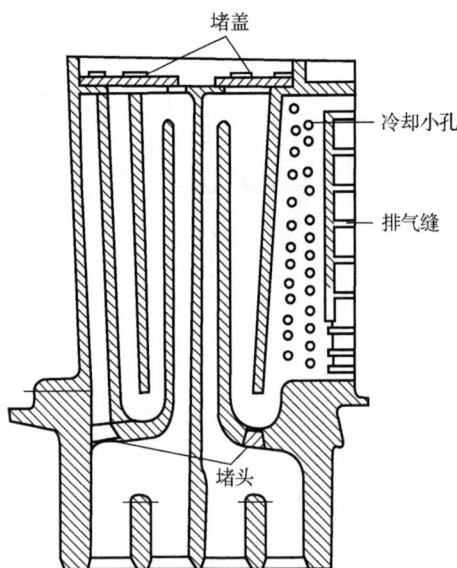

图 12-8　某航空发动机涡轮叶片结构示意图

堵盖

冷却小孔

排气缝

堵头

航空发动机叶片工作时在高温下高速旋转，对强度、高温强度及可靠性要求较高，因此获得高的高温强度是发动机叶片钎焊的技术关键，要求接头 1000℃工作时应具有与基体基本匹配的高温性能。同时，由于钎焊处开敞性差，钎料的装配具有一定难度，小直径的冷却孔距钎焊部位很近，钎料的毛细作用易将小孔堵塞，需采取防止堵孔的工艺措施。

选取 Co-Cr-Ni-W 钴基钎料，采用真空钎焊工艺，通过较长时间的保温扩散来降低可熔元素的浓度，从而获得较高的接头高温性能，具体工艺过程如下。

(1)打磨修配。对叶片内腔安装盖板处使用专用工具打磨，以去除氧化皮。盖板应打磨至合适尺寸。

(2)清洗。将打磨修配后的叶片及盖板使用专用清洗程序进行清洗。

(3)装堵头。用专用工具将堵头从叶片榫头端两边的两个矩形孔处深入叶片内腔工艺孔处，按事先确定的比例将高温合金粉末和钎料混合均匀，调和成膏状，注射适量到工艺孔处。注射后应将叶片榫头朝上放置，待钎料干燥后，刮去残留在矩形孔处及其他非钎焊区域的钎料。

(4)X 射线检查。对叶片进行 X 射线检查，检查堵头装配情况，并确定叶身内是否有多余钎料。

(5)装配盖板。将清洗干净的盖板插入叶片内腔凸台内，调整合适后采用储能点焊定位，防止盖板移动。

(6)涂注钎料。将高温合金粉调和成膏状涂注到接缝处，干燥后使用专用工具刮去多余的高温合金粉。然后将膏状钎料涂注到接缝处，干燥后整修刮去多余钎料。

(7)涂阻流剂。将白色阻流剂涂抹在叶片上，以保证气膜孔不被钎料堵塞。

(8)装炉。将叶片榫头朝上放在料框内陶瓷上，以保证堵头无法移位，装入钎焊炉内。

(9)钎焊。在 300～500℃内保温或缓升，使黏结剂充分挥发，保持真空度在 2×10^{-2}Pa 以上，在 1000℃保温 10～30min，升温至 1220～1230℃保温 4h，降温，随炉冷却。

200℃以下出炉，采用压缩空气吹去阻流剂，检查焊接质量和堵孔情况。

12.5　铝合金雷达平板缝阵天线的钎焊

某型平板缝阵天线为七层结构，材料为某防锈铝，图 12-9 为典型平板缝阵天线实物图，由裂缝阵列、波导阵列、隔板、馈电网络等构成，直径小于 200mm。各零件采用高速数控铣精密加工而成，零件两面加工有复杂的槽格，结构厚度 0.5～2.0mm 不等，零件典型精度为 0.01mm 量级。要求各层之间钎焊连接，所有接触面均钎焊上，工作波导钎缝钎着率基本达到 100%，无可见变形，辐射面平面度 0.1mm，钎焊圆角小于 R0.2mm。

图 12-9　平板缝阵天线实物图

由于平板缝阵天线尺寸精度及焊着率要求很高，需钎焊的钎缝有 100 多条，加上铝合金钎焊具有工艺性差、易变形等特点，钎焊难度较大。钎焊工艺的关键是如何保证良好的焊着率，将变形控制到最小的程度。国外平板缝阵天线钎焊普遍采用盐浴钎焊工艺，工艺过程复杂，污染耗能，而此天线采用真空钎焊工艺。

钎料选取真空钎焊工艺性较好的 Ai-Si-Mg 钎料，以 0.1mm 厚的箔带形式使用。钎料预先加工成条状或与钎焊面相一致的形状。

(1) 工件及钎料钎焊前进行化学清洗，按照铝合金常规清洗工艺经过除油、碱洗和酸洗钝化，最后丙酮清洗、晾干。

(2) 采用储能点焊机进行钎料的装配和定位，确认无漏装钎料后进行天线的整体装配，并装入专用工装内，放入铝用真空钎焊炉内进行钎焊。

(3) 采用储能点焊机进行钎料的装配和定位，确认无漏装钎料后进行天线的整体装配，并装入专用工装内，放入铝用真空钎焊炉内进行钎焊。

(4) 以 10℃/min 的升温速度升温至 600℃，保温，待钎料熔化后停止加热，随炉降温至 100℃以下取出工件。升温及保温过程中保持真空度不低于 $2×10^{-2}$Pa。

为保证必要的焊着率和尺寸精度，钎焊工装的设计非常重要，钎焊采用结构精巧的弹性工装，可以保证钎料所占据的装配间隙在钎料熔化后有效地闭合，压紧机构可以跟随补偿钎料熔化后结构的下塌量，保持一定力度的压紧力，这样还可以对天线零件原有的不平度予以有效的矫正，同时控制压力的大小，以免因压力过大而变形，这样既保证钎焊质量，又能保证尺寸精度。

12.6 铝合金航空燃油-液体热交换器的钎焊

铝合金航空燃油-液体热交换器是用燃油冷却闭路循环冷却系统液体的交换设备。热交换器的主要组件是芯体，主要由隔板、扁平板、薄板、侧板、冷边和热边翅片等组成。在芯体的一端焊有管板、半封头体及进出口接管嘴，其隔板在半封头体内起隔流的作用。另一端焊有封头体。液体从进口接管嘴流入半封头体，经过部分扁平管组件到封头体，再反向流经其余部分扁平管组件到另一半封头体，最后从出口接管嘴流出，并与冷边的燃油进行热交换。热交换器的全部焊缝不允许泄漏。

热交换器是典型的铝制焊接结构，除双金属板外，均采用 LF21 防锈铝。热交换器外部焊缝采用交流氩弧焊连接，其核心组件——芯体采用管板式与板翅式相结合的形式。芯体的钎焊国内外广泛采用真空钎焊工艺，其优点是装配简单，钎焊后不需要清洗，无腐蚀，但该产品隔板厚度太薄，易产生溶蚀和泄漏。该波纹板距较大，易于清洗，在大批量生产中采用盐浴焊接设备造价低，加热快，钎焊质量高，生产效率高，故采用了盐浴钎焊。

该产品冷、热通道选用不同形式的翅片，热通道为梯形截面的锯齿形翅片，冷边为矩形截面的平直形翅片，这两种翅片都是冲制成形的。翅片材料为 LF21-0.2。

芯体钎焊工艺过程如下所述。

钎焊工艺流程：零件焊前清洗—装配—预热—盐浴钎焊—焊后清洗—气密性试验—火焰补焊—烘干。

(1)焊前清洗：化学除油—流动热水洗—流动冷水洗—碱腐蚀—流动热水洗—流动冷水洗—25%～30%硝酸洗—流动冷水洗—烘干。

除油槽液配方及工艺：磷酸钠 20～50g/L；硅酸钠 25～35g/L；氢氧化钠 8～12g/L；温度 40～70℃。

碱腐蚀配方及工艺：氢氧化钠 40～60g/L；温度 35～45℃；时间 1～2min。

(2)装配：芯体的装配是在专用钎焊夹具上进行的，钎焊间隙一般不大于 0.1mm。在保证装配的条件下，燃油腔冷边翅片与薄板、扁平管侧的间隙越小越好。压紧方式采用重力压紧，用螺钉螺母连接。

(3)预热：芯体装配好后，盐浴钎焊前与夹具一起预热，其主要目的是预除水分，防止爆炸溅盐；使芯体受热均匀，减小芯体变形；有利于盐浴内温度场均匀，便于控温；缩短盐浴钎焊时间，使芯体快速加热至钎焊温度。

预热温度不宜过高，一般以 500～550℃为宜。保温时间也不宜过长，否则双金属板中的硅扩散及表面氧化将影响钎焊质量。

(4)盐浴钎焊：钎焊前盐槽内盐浴要经常维护，可用铝板来浸入盐槽，去除各类有害杂质。定期化验和补加易挥发组分。观察盐浴颜色变化，当颜色呈浅灰色时，钎剂为正常。芯体预热后浸入盐槽进行盐浴钎焊，钎焊的温度和时间取决于工件的大小。钎焊完毕，取出工件，在钎料凝固后、钎剂凝固前，将吸附在工件内的钎剂倒出，及时送到清洗间清洗。

(5)焊后清洗：首先将芯体和夹具放入 60～90℃的流动热水槽中反复清洗，然后卸下钎焊夹具，在淋浴装置下淋洗，最后在 60～90℃的流动热水槽中反复自动清洗，清洗完毕后进行光泽处理。其槽液成分为：磷酸 80～100g/L，氟硅酸钠 4～6g/L。温度为室温，时间随工件大小而定。

光泽处理后，在流动冷水槽内反复进行除酸清洗，最后烘干，烘干温度为 100～110℃，至烘干为止。

(6)气密性试验：盐浴钎焊、火焰补焊后的芯体经清洗检验合格后，按技术要求进行焊缝气密性试验检查。若试验检查不合格，须再火焰补焊、烘干，再气密性试验检查，直至合格。

参 考 文 献

曹朝霞, 2015. 特种焊接技术[M]. 2 版. 北京: 机械工业出版社.

陈彦宾, 2005. 现代激光焊接技术[M]. 北京: 科学出版社.

杜则裕, 2018. 焊接冶金学——基本原理[M]. 北京: 机械工业出版社.

方洪渊, 2000. 简明钎焊工手册[M]. 北京: 机械工业出版社.

方洪渊, 2008. 焊接结构学[M]. 北京: 机械工业出版社.

方洪渊, 冯吉才, 2005. 材料连接过程中的界面行为[M]. 哈尔滨: 哈尔滨工业大学出版社.

巩水利, 2016. 先进激光加工技术[M]. 北京: 航空工业出版社.

巩水利, 庞盛永, 王宏, 等, 2018. 激光焊接熔池动力学行为[M]. 北京: 航空工业出版社.

李力钧, 1993. 现代激光加工及其装备[M]. 北京: 北京理工大学出版社.

李亚江, 王娟, 2018. 特种焊接技术及应用[M]. 5 版. 北京: 化学工业出版社.

刘鹏, 赵宝中, 曾志, 等, 2020. 焊接质量控制及缺陷分析检验[M]. 北京: 化学工业出版社.

荣佑民, 黄禹, 2020. 激光焊接应力变形分析及其抑制[M]. 武汉: 华中科技大学出版社.

孙承伟, 2002. 激光辐照效应[M]. 北京: 国防工业出版社.

王娟, 李亚江, 2016. 钎焊与扩散焊[M]. 北京: 化学工业出版社.

王文先, 王东坡, 齐芳娟, 2012. 焊接结构[M]. 北京: 化学工业出版社.

于启湛, 史春元, 2012. 复合材料的焊接[M]. 北京: 机械工业出版社.

于文强, 陈宗民, 2020. 金属材料及工艺[M]. 北京: 北京大学出版社.

张学军, 2008. 航空钎焊技术[M]. 北京: 航空工业出版社.

张彦华, 2022. 焊接结构原理[M]. 2 版. 北京: 北京航空航天大学出版社.

赵越, 等, 2004. 钎焊技术及应用[M]. 北京: 化学工业出版社.

中国航空材料手册编辑委员会, 2002. 中国航空材料手册: 变形高温合金铸造高温合金[M]. 2 版. 北京: 中国标准出版社.

朱明亮, 轩福贞, 2022. 焊接结构的疲劳损伤与断裂[M]. 北京: 科学出版社.

朱艳, 2018. 钎焊[M]. 2 版. 哈尔滨: 哈尔滨工业大学出版社.

邹僎, 1989. 钎焊[M]. 2 版. 北京: 机械工业出版社.

HELMUT S, 2020. 电子束焊接技术[M]. 周山山, 译. 武汉: 华中科技大学出版社.

SINDO K, 2012. 焊接冶金学[M]. 闫久春, 杨建国, 张广军, 译. 北京: 高等教育出版社.